普通高等教育"十三五"规划教材

生物化学实验指导

主　编　张兴丽　王永敏

图书在版编目（CIP）数据

生物化学实验指导/张兴丽，王永敏主编. —北京：中国轻工业出版社，2019.5

普通高等教育"十三五"规划教材

ISBN 978-7-5184-1250-1

Ⅰ.①生… Ⅱ.①张… ②王… Ⅲ.①生物化学—化学实验—高等学校—教材 Ⅳ.①Q5-33

中国版本图书馆CIP数据核字（2017）第075787号

责任编辑：马　妍　　责任终审：张乃东　　封面设计：锋尚设计
版式设计：锋尚设计　　责任校对：晋　洁　　责任监印：张　可

出版发行：中国轻工业出版社（北京东长安街6号，邮编：100740）

印　　刷：北京君升印刷有限公司

经　　销：各地新华书店

版　　次：2019年5月第1版第2次印刷

开　　本：787×1092　1/16　印张：11.5

字　　数：260千字

书　　号：ISBN 978-7-5184-1250-1　　定价：30.00元

邮购电话：010-65241695

发行电话：010-85119835　传真：85113293

网　　址：http://www.chlip.com.cn

Email：club@chlip.com.cn

如发现图书残缺请与我社邮购联系调换

190489J1C102ZBW

本书编委会

主　　编　张兴丽（齐鲁工业大学）
　　　　　王永敏（齐鲁工业大学）
参编人员　檀琮萍（齐鲁工业大学）
　　　　　姜　华（齐鲁工业大学）
　　　　　孙　锐（齐鲁工业大学）
　　　　　丁　烽（齐鲁工业大学）
　　　　　李方方（齐鲁工业大学）
　　　　　曹际云（德州学院）

前言 Preface

生物化学是二十一世纪最活跃和最具生命力的学科之一，它在生命科学中是一门重要的前沿基础学科，同时也是一门实验性、技术性很强的学科，生物化学实验是生物化学教学的重要组成部分，动手能力、综合分析能力和创新能力的培养主要依靠实验教学来完成。

近年来，随着创新人才教育的开展，能力培养已引起国家和学校的普遍重视。教育部下发的《关于加强高等学校本科教学工作提高教学质量的若干意见》中特别强调"进一步加强实践教学，注重学生创新精神和实践能力的培养"，其中指出："实践教学对于提高学生的综合素质、培养学生的创新精神与实践能力具有特殊作用。高等学校要重视本科教学的实验环节，保证实验课的开出率达到本科教学合格评估标准，并开出一批综合性、设计性实验。"本教材的编写就是顺应这样的要求，对生物化学实验内容进行精选，使实验内容难易适度，可操作性强，与生物化学理论教学内容相匹配。

生物化学实验内容庞杂，涉及实验方法繁多。本实验教材在充分考虑实际教学课时数有限的前提下，合理选择实验内容，既保留传统经典实验以强化和训练学生的基本操作技能；又开设综合性实验来提高学生的综合性、创新性思维和能力。该课程作为高校生物科学、食品科学、酿酒、制药及药剂及其他相关专业学生必修的一门重要专业基础课，在训练学生的基本技能、培养学生动手能力和创新能力等方面发挥着重要的作用。

本书共分五部分：生物化学基本知识、实验技术基本原理、基础实验、综合性实验和附录。第一章主要介绍实验室安全及实验数据的相关问题；第二章介绍离心、光谱、层析等实验技术的基本原理；第三章选编了 30 个基础实验，基础性实验是最基本的、最代表学科特点的实验方法和技术，包括了糖、脂、蛋白、核酸、维生素等含量的测定和性质实验，强调对基本实验技能的培养，是在几学时内可以完成的精选实验，通过学习使学生掌握相应学科的基本知识与基本技能，为综合性实验奠定基础；第四章选编了 10 个综合性实验，综合性实验由多种实验手段与技术和多层次的实验内容所组成，主要介绍生物大分子的纯化和鉴定及部分分子生物学实验技术，其过程相对复杂、耗时较长，要求学生独立完成预习报告、试剂配制、仪器安装与调试、实验记录、数据处理和总结报告。综合性实验主要训练学生对所学知识和实验技术的综合运用能力、对实验的独立工作能力、对实验结果的综合分析能力，使学生得到科学研究的初步训练，为以后学生自己设计实验方案，开展科学研究，撰写课程研究论文打下基础；最后附录部分包括常用仪器的使用、常用试剂的配制和常用酸碱的比重和浓度。

长期以来，齐鲁工业大学生物化学教研室老师在教学实践中积极探索，不断改革，在总结多年开设生物化学实验课程实践基础上，将科研团队的成果融入到实验教学当中，参阅大量资料编写了这本《生物化学实验指导》教材。本教材是在齐鲁工业大学"生物化学（含实验）"精品课程建设的基础上，集群体智慧和一线教师的工作经验编写而成。希望这本教材的出版，能为深化生物化学实验教学改革，为生命科学创新人才培养作出贡献。

  本教材由齐鲁工业大学张兴丽、王永敏、檀琮萍、姜华、丁烽、孙锐、李方方及德州学院曹际云等老师参与编写。

  尽管各位主编和编委已经尽了最大努力，但是，由于编者水平所限，肯定会有不少的错误，恳请各位同仁不吝赐教。

  教材的出版，得到齐鲁工业大学和中国轻工业出版社的领导与老师的大力支持，在此一并表示感谢。

编者

2017. 4

| 目录 | Contents

第一章 生物化学实验基本知识 ... 1
    一、生物化学实验室规则 ... 1
    二、生物化学实验室安全与防护常识 ... 2
    三、化学药品的安全性及溶液配制 ... 3
    四、实验误差与数据处理 ... 6
    五、实验记录及实验报告 ... 9

第二章 现代生物化学实验技术基本原理 ... 10
    一、离心技术 ... 10
    二、光谱技术 ... 16
    三、层析技术 ... 21
    四、电泳技术 ... 30
    五、免疫化学技术 ... 43
    六、基因工程技术 ... 48
    七、生物大分子的制备 ... 53

第三章 生物化学基础实验 ... 64
    实验1 3,5-二硝基水杨酸比色法测定还原糖 ... 64
    实验2 蒽酮-硫酸比色法测定糖含量 ... 67
    实验3 硫酸-苯酚比色法测定可溶性糖 ... 68
    实验4 蛋白质的性质实验 ... 70
    实验5 纸上层析法分离鉴定氨基酸 ... 75
    实验6 微量凯氏定氮法测定蛋白质含量 ... 77
    实验7 双缩脲法测蛋白含量 ... 80
    实验8 福林-酚法测定蛋白质含量 ... 81
    实验9 紫外吸收法测定蛋白质含量 ... 84
    实验10 考马斯亮蓝染色法测定蛋白质含量 ... 85
    实验11 BCA法测定蛋白质浓度 ... 87
    实验12 醋酸纤维薄膜电泳分离血清蛋白 ... 89

实验 13　凝胶柱层析法分离血红蛋白 …………………………………… 92
实验 14　油脂品质指标的测定 …………………………………………… 94
实验 15　动物肝脏中 DNA 的提取 ……………………………………… 97
实验 16　二苯胺显色法测定 DNA 含量 ………………………………… 98
实验 17　紫外吸收法测定核酸含量 ……………………………………… 100
实验 18　酵母 RNA 的提取、组分鉴定及含量测定 …………………… 101
实验 19　维生素 C 的定量测定及其稳定性实验 ……………………… 104
实验 20　酶的特异性 ……………………………………………………… 107
实验 21　温度、pH、激活剂和抑制剂对酶活力的影响 ……………… 109
实验 22　琥珀酸脱氢酶的竞争性抵制 …………………………………… 112
实验 23　糖化酶的分离纯化 ……………………………………………… 114
实验 24　糖化酶活力测定 ………………………………………………… 116
实验 25　枯草芽孢杆菌蛋白酶活力测定 ………………………………… 118
实验 26　碱性磷酸酶（AKP）的分离纯化 ……………………………… 121
实验 27　糖酵解中间产物的鉴定 ………………………………………… 125
实验 28　脂肪酸的 β - 氧化 ……………………………………………… 126
实验 29　氨基移换作用的定性鉴定 ……………………………………… 129
实验 30　饱食、饥饿、肾上腺素、胰岛素对肝糖原含量的影响 …… 131

第四章　生物化学综合实验

实验 1　天然产物中多糖的提取、纯化与鉴定 ………………………… 134
实验 2　鸡卵类黏蛋白的分离与纯化 …………………………………… 136
实验 3　凝胶过滤层析法测定蛋白质相对分子质量 …………………… 140
实验 4　SDS - PAGE 法测定蛋白质相对分子质量 …………………… 142
实验 5　植物中超氧化物歧化酶（SOD）的分离纯化 ………………… 146
实验 6　亲和层析法纯化麦胚凝集素 …………………………………… 152
实验 7　重组蛋白质的表达、分离、纯化和鉴定 ……………………… 156
实验 8　聚合酶链式反应 ………………………………………………… 159
实验 9　血清 γ - 球蛋白的分离、纯化与鉴定 ………………………… 161
实验 10　溶菌酶的结晶提取及酶活力测定 …………………………… 165

附　录 …………………………………………………………………… 168

一、常用仪器的使用方法 ………………………………………… 168
二、常用缓冲液的配制 …………………………………………… 171
三、实验室常用酸碱的相对密度和浓度 ………………………… 175

第一章 生物化学实验基本知识

一、生物化学实验室规则

（1）每位同学都应该自觉遵守课堂纪律，维护教学秩序，不迟到、不早退；实验室内要保持安静，严禁嬉笑打闹。

（2）实验室里严禁吃东西，严禁穿拖鞋进实验室。

（3）实验前要认真预习实验内容，熟悉本次实验的目的、基本原理、操作步骤和实验技能，懂得每一操作步骤的意义，了解所用仪器的使用方法。

（4）实验中要听从老师的指导，严格地按操作规程进行实验，并注意与同组同学的配合。

（5）实验数据和实验现象应随时、如实记录在实验记录本上，文字要简练、准确。完成实验后经教师检查同意，方可离开实验室。

（6）要精心使用和爱护仪器，贵重仪器使用前应熟悉使用方法，严格遵守操作规程，严禁随意开动，发现故障后应立即报告指导教师，不要自己动手检修。

（7）公用仪器、药品用后放回原处。不要用个人的吸量管取公用药品，多取的药品不得放入原试剂瓶内。公用试剂瓶的瓶盖要随开随盖，不得混淆。

（8）实验过程中要保持台面整洁，勿使试剂、药品洒在实验台面和地面。实验完毕，需将药品试剂排列整齐，仪器要洗净后置于实验柜中并排列整齐，将实验台面清理干净才能离开实验室。

（9）实验室内严禁吸烟。使用乙醇、丙酮、乙醚等易燃品时，不允许在电炉、酒精灯上直接加热，实验中需远离火源操作和放置。

（10）固体废物，如滤纸、棉花、离心沉淀的废弃物等要倒入废品缸内，不能倒入水槽或到处乱扔；废液体可倒入水槽内，同时放水冲走，但强酸、强碱或有毒废液必须倒入指定废液缸。

（11）实验室内一切物品未经本室负责教师批准，严禁携带出室外。出借物品必须办理登记手续。

（12）实验完成后，如有仪器损坏须说明原因，经指导老师同意后方可补领。实验完毕，应立即关好水龙头，关掉仪器的电源、拔下插头。离开实验室前应认真、负责地进行检查，严防发生安全事故。

（13）每次实验课由班长安排轮流值日。值日生的职责是负责当天实验室的卫生、安全和一切服务性的工作。经教师验收合格后，方可离开实验室。

二、生物化学实验室安全与防护常识

（一）实验室安全

在生物化学实验中，经常要与有腐蚀性、易燃、易爆和毒性很强的化学药品及有潜在危害性的生物材料直接接触，经常要用到煤气、水、电。因此，安全操作是一个至关重要的问题。

（1）熟悉实验室水阀门及电闸所在位置。离开实验室时，一定要将室内检查一遍，应将水阀门和电闸关好。

（2）熟悉如何处理着火事故。在可燃液体燃烧时，应立即转移着火区内一切可燃物质。酒精及其他可溶于水的液体着火时，应用石棉网或沙土扑灭。

（3）了解化学物品的警告标志（见表1-1）。

表1-1　　　　　　　　　　危险化学品标识

符号	说明	标志图
T	有毒	
T^+	极毒	
O	氧化剂	
Xi	刺激	
Xn	有害	
F	易燃	
F+	很易燃	
F++	极易燃	
C	腐蚀性	

（4）实验操作过程中凡有烟雾、毒性或腐蚀性气体产生时，应在通风橱内进行，并保持室内空气流通。

（5）使用毒性物质和致癌物质，必须根据试剂瓶标签上的说明严格操作，安全称量、转移和保管。操作时应戴手套，必要时戴口罩或防毒面罩，并在通风橱中进行。沾污过毒性、致癌物的容器应单独清洗处理。

（6）进行遗传重组的实验室应根据有关规定加强生物安全的防范措施。

(7) 使用电器设备（如烘箱、恒温水浴、离心机、电炉等）时，严防漏电。应该用试电笔检查电器设备是否漏电，凡是漏电的电器，一律不能使用。

(8) 毒物应按实验室的规定办理审批手续后领取，使用时严格操作，用后妥善处理。

（二）实验室应急处理

在生物化学实验中，如不慎发生受伤事故，应立即采取适当的急救措施。

(1) 如不慎被玻璃割伤或其他机械损伤，应先检查伤口中有无玻璃或金属等碎片，然后用硼酸水洗净，再涂擦碘酒消毒，必要时用纱布包扎。如伤口较大或过深，应迅速在伤口上部或下部扎紧血管止血，送医院诊治。

(2) 轻度烫伤时一般可涂上苦味酸软膏。如果伤处红痛（一级烧伤），可擦医用橄榄油；如皮肤起泡（二级烧伤），不要弄破水泡，防止感染；如烫伤皮肤呈现棕色或黑色（三级烧伤），应用干燥无菌的消毒纱布轻轻包扎，急送医院诊治。

(3) 皮肤不慎被强酸、溴、氯气等物质灼伤时，应先用大量自来水冲洗，然后再用5%的碳酸氢钠溶液冲洗。

(4) 当酚试剂触及皮肤引起灼伤时，应先用大量的水冲洗，再用酒精洗涤。

(5) 酸、碱等化学物质溅入眼中，应先用自来水或蒸馏水冲洗眼睛。如溅入酸性物质，则可用5%碳酸钠溶液仔细冲洗；如溅入碱性物质，可用2%的硼酸溶液清洗，然后滴入1~2滴油性护眼液，起滋润保护作用。

(6) 生化实验室内电器设备较多，如有人不慎触电，首先应立刻切断电源，在没有断开电源的情况下，千万不可徒手去拉触电者，应用木棍等绝缘物质使导电物质与触电者分开，然后对触电者实行抢救。

（三）实验室灭火法

实验中一旦发生火灾，切不可惊慌失措，应保持镇静。首先立即切断室内一切火源与电源，然后根据具体情况进行正确的抢救和灭火。常用的方法有：

(1) 在可燃液体燃烧时，应立即拿开着火区域的一切可燃物质，关闭通风器，防止扩大燃烧。若着火面积较小，可用抹布或湿布覆盖，隔绝空气使其熄灭。但覆盖时动作要轻，避免碰坏或打翻盛有易燃溶剂的玻璃器皿，导致更多的液体流出而再着火。

(2) 酒精及其他可溶于水的液体着火时，可用水灭火。

(3) 汽油、乙醚、甲苯等有机溶剂着火时，应用石棉网或沙土灭火。绝对不能用水，否则反而会扩大燃烧面积。

(4) 导线着火时，不能用水或二氧化碳灭火器，应切断电源或用四氧化碳灭火器。

(5) 衣服烧着时切忌奔走，可用大衣、衣服等包裹身体或躺在地上滚动以灭火。

(6) 发生火灾时应注意保护现场，较大的着火事故应立即报警。

三、化学药品的安全性及溶液配制

（一）化学药品的安全性

在生物化学实验课上，指导老师要告诉同学使用化学药品时可能存在的危险及有关防护措施。几种有代表性的危险化学药品及使用时防护措施如表1-2所示。

表1-2　几种有代表性的危险化学药品及使用时防护措施

化学药品	潜在危险	防护措施
十二烷基硫酸钠（SDS）	刺激性、有毒	戴手套
氢氧化钠	高腐蚀性、强刺激性	戴手套
苯酚	剧毒、灼伤、致癌	使用通风橱、戴手套
氯仿	挥发性、有毒、刺激性、腐蚀性、可致癌	使用通风橱、戴手套
巯基乙醇	挥发性、有毒、强刺激性、腐蚀性	使用通风橱、戴手套
甲醇	慢性中毒损害神经系统	使用时保持良好通风
丙烯酰胺	神经毒性	戴手套

（二）配制溶液

溶液常以物质的量浓度（如 mol/L 或 mmol/L）或质量浓度（g/L 或 mg/L）配制。

1. 配制溶液的一般步骤

（1）确定配制药品需要的浓度和要求的纯度。

（2）确定配置溶液的体积。

（3）查出所用药品的相对分子质量（M_r），即各组成元素的相对原子质量之和，可在瓶子的标签上查到。如果所用药品含有结晶水，在计算所需药品时，应把结晶水计算在内。

（4）算出要配置的溶液中所需药品的质量。

（5）准确称取所需药品。如因所称的量太少而不够精确，可加大溶液的体积；或配制母液，用时稀释。

（6）把药品放在烧杯中，加水溶解后转入容量瓶，定容。如果有药品附在称量纸上，要用水冲洗下来。

（7）必要时可加热、搅拌，使药品彻底溶解。

（8）必要时在冷却后测量并调节 pH。

（9）定容到所需体积。如果要求浓度精确，用容量瓶定容，否则用量筒。加水定容时，使凹液面达到刻度线。精确定容时用水冲洗原烧杯，并将洗液加在容量瓶中。

（10）将溶液转移到试剂瓶或锥形瓶中，贴好标签。

2. 注意事项

（1）配制试剂所用的玻璃仪器都要清洁干净。接触干净玻璃仪器时，勿使手指接触仪器内部。

（2）用蒸馏水或去离子水配制水溶液，然后搅拌以确保化学药品充分溶解。对难溶的药品可加热促溶，但确保所用温度不会破坏药品。加热时可用搅拌加热使溶质溶解，待溶液冷却后才能测量体积或 pH。

（3）配制溶液时，应根据实验要求选择不同规格的试剂。

（4）不要用滤纸称量药品。

（5）试剂瓶上应贴标签，写明试剂名称、浓度、配制日期及配制人。

（6）试剂使用后要用原瓶塞盖紧，瓶塞不得随便乱放以免沾染其他污物和桌面。

（7）有些化学试剂极易变质，需要特殊保存。如试剂需要避光保存，需用棕色试剂瓶盛装，必要时裹上遮光纸。变质后的试剂不能继续使用。

（三）搅拌和振荡

配制溶液时，必须充分搅拌或振荡混匀。常用的溶液混匀方法有以下3种。

1. 搅拌式

搅拌式方法适用于烧杯内溶液的混匀。

（1）搅拌使用的玻璃棒必须两头都烧圆。

（2）搅拌棒的粗细长短，必须与容器的大小和所配制的溶液的多少呈适当比例。

（3）搅拌时，尽量使搅棒沿着器壁运动，不搅入空气，不使溶液飞溅。

（4）倾入液体时，必须沿器壁慢慢倾入，以免有大量空气混入。倾倒表面张力低的液体（如蛋白质溶液）时，更需缓慢仔细。

（5）研磨配制胶体溶液时，要使杵棒沿着研钵的一个方向进行，不要来回研磨。

2. 旋转式

旋转式方法适用于锥形瓶、大试管内溶液的混匀。振荡溶液时，手握住容器后以手腕或肩做轴旋转容器，不应上下振荡。

3. 弹打式

弹打式方法适用于离心管、小试管内溶液的混匀。

混合容量瓶中液体时，应用食指或手心顶住瓶塞，倒持容量瓶摇动，并不时翻转容量瓶。搅拌分液漏斗中的液体时，应一手用食指或手心顶住瓶塞，在适当斜度下倒持漏斗，并用另一手控制漏斗的活塞，一边振荡、一边开动活塞，使气体可以随时由漏斗泄出。

（四）母液

当要配制不同系列浓度的溶液或同一溶液长期使用时，配制母液是非常有用的。母液通常比最终所需溶液的浓度大好几倍，经过适当稀释可配成最终溶液。

（五）配制一定浓度的稀释溶液

在生化实验中，经常要把母液稀释到一定质量浓度或摩尔浓度。可按下列步骤进行：

（1）精确量取一定体积的母液到容量瓶中。

（2）用适当的溶剂定容至标准刻度。

（3）双手握容量瓶反复颠倒3~5次，充分混匀。

（六）配制系列浓度的稀释液

在生化实验中绘制标准曲线时，系列浓度的稀释应用非常广泛。常用的方法如下：

1. 线性稀释

线性稀释的系列浓度可在分光光度法测定蛋白质或酶的浓度时用来绘制标准曲线。此时稀释的浓度梯度是相同的，如蛋白质含量为0、$0.2\mu g/mL$、$0.4\mu g/mL$、$0.6\mu g/mL$、$0.8\mu g/mL$、$1.0\mu g/mL$ 的系列稀释液。可用 $c_1V_1 = c_2V_2$ 来计算配制该系列中每一浓度稀释液所需母液的量。

2. 对数稀释

这种稀释法用于需要配制浓度范围较大的系列溶液的情形。常见的有2倍稀释和10倍稀释。以2倍稀释为例（即每一稀释液的浓度是它前一溶液浓度的一半）：首先配制2倍于所需体积的最大浓度的溶液，然后取一半到另外一个装有同样体积稀释液的容器中，充分混匀，如此重复，便得到2倍稀释液的一系列溶液，浓度分别为原浓度的1/2、1/4、1/8、

1/16 等。

   3. 调和浓度稀释

系列溶液的浓度为连续排列整数的倒数，如 1、1/2、1/3、1/4、1/5 等。如在依次排列的一组试管中分别加 0、1、2、3、4 和 5 倍体积的稀释液，然后分别在每一管中加入 1 体积的母液，就得到每一浓度的稀释液。这种方法配制的稀释液没有稀释转移带来的误差，但最大的缺点是这样的系列溶液的浓度梯度是非线性的，随着溶液系列增多，浓度梯度会越来越小。

（七）药品和溶液的储藏

化学危险品应当按照药品的不同种类，实行分类存放，相互之间保持安全距离。

（1）化学性质防护和灭火方法相互抵触的化学危险品，不得在同一存储柜存放。

（2）腐蚀性液体应放在下层，以免不慎跌下，洒出发生灼伤事故。

（3）剧毒和致癌药品应当锁上。

（4）不稳定的化学药品必须保存在冰箱或冰柜中。

（5）容易吸潮的药品必须保存于放有干燥剂的干燥器中。

（6）见光易变色、分解或氧化的药品应避光保存。

（7）一般试剂分类存放于阴凉通风，温度低于 30℃ 的橱柜内即可。

对存放的危险化学药品要定期检查，并做好检查记录。炎夏、寒冬等特殊季节要加大检查密度，以防燃烧、爆炸、挥发、泄漏等事故发生，所有储藏的溶液都要标明试剂名称、浓度、配制日期和配制人及有关危险的警告信息。

四、实验误差与数据处理

（一）实验误差

在进行定量分析实验的测定过程中，由于受分析方法、测量仪器、所用试剂和其他人为因素的影响，不可能使测出的数据与客观存在的真实数据完全相同。真实值（客观存在的准确值）与测量值（包括直接与间接测量值）之间的差别称为误差。通常用准确度和精密度来评价测量误差的大小。

实验误差的特点：

（1）实验误差永远不等于零。不管人们主观愿望如何，也不管人们在测量过程中怎样精心细致地控制，误差还是要产生，并且不会消除，误差的存在是绝对的。

（2）实验误差具有随机性。在相同的实验条件下，对同一个研究对象进行多次的实验、测试或观察，所得到的不是一个确定的结果，即实验结果具有不确定性。

（3）实验误差是未知的，通常情况下，由于真实值是未知的，研究误差时，一般都从偏差入手。

（4）准确度是实验分析结果与真实值接近的程度，通常用误差 N 的大小来表示；N 值越小，准确度越高。误差又分为绝对误差和相对误差，其表示式分别如下：

$$绝对误差 \Delta N = N - N'$$

$$相对误差(\%) = \frac{\Delta N}{N} \times 100\%$$

式中　N——测定值；

N'——真实值。

(5) 从以上两式可以看出，用相对误差来表示分析结果的准确度是比较合理的。因为它反映了误差值在整个结果的真实值中所占的比例。

然而在实际工作中，真实值是不可能知道的，因此分析的准确度就无法求出，只能用精确度来评价分析的结果。精确度是指在相同条件下，进行多次测量后所得数据相近的程度。精确度一般用偏差来表示，偏差也分绝对偏差和相对偏差：

$$绝对偏差 = 个别测定值 - 算术平均数（不计正负）$$

$$相对偏差 = \frac{绝对偏差}{算术平均数} \times 100\%$$

当然，和误差的表示方法一样，用相对偏差来表示实验的精确度比用绝对偏差更有意义。

在实验中，常对某一物品进行多次平行检测，求得其算术平均数作为该样品的分析结果，而该结果的精确度则用平均绝对偏差和平均相对偏差来表示。

$$平均绝对偏差 = \frac{个体测定值的绝对偏差之和}{测定次数}$$

$$平均相对偏差 = \frac{平均绝对偏差}{算术平均值}$$

应该指出，误差与偏差具有不同的含义，前者以真实值为标准，偏差是以多次测量结果的平均值为标准。由于物质的真实值是不知道的，在实际工作中得到的结果只能是多次分析后得到的相对正确的平均值，而其精确度只能用偏差来表示。分析结果表示为：

$$算术平均数 \pm 平均绝对偏差$$

还应指出，用精确度来评价分析的结果是有一定的局限性的。分析结果的精确度很高，并不一定说明实验的准确度也很高。如果分析过程中存在系统误差，可能并不能影响数据间的精确度，但此结果却必然偏离真实值，也就是分析的准确度不高。

（二）产生误差的原因及其校正

产生误差的原因有很多。一般根据性质和来源，可将误差分为系统误差和偶然误差两种。

1. 系统误差

系统误差与分析结果的准确度有关，由分析过程中某些经常发生的原因所造成，对分析结果的影响比较稳定，在重复测定时常常重复出现。这种误差的大小与正负往往可以估计出来，因而可以设法减少或校正。系统误差的来源主要有：

（1）方法误差　由分析方法本身所造成。如重量分析中沉淀物少量溶解或吸附杂质；滴定分析中等摩尔反应终点与滴定终点不完全符合等。

（2）仪器误差　因仪器本身不够精密所造成，如天平、量器、比色杯不符合要求。

（3）试剂误差　来源于试剂或蒸馏水的不纯。

（4）操作误差　由于每个人掌握的操作规程与控制条件常有出入而造成，如不同的操作者对滴定颜色的判断常有差别等。

为了减少系统误差，常采取下列措施：

（1）空白实验　为了消除由试剂等原因引起的误差，可在不加样品的情况下，按与样品测定完全相同的操作程序，在完全相同的条件下进行分析，所得的结果为空白值。将样品分析的结果扣除空白值，可以得到比较准确的结果。

（2）回收率测定　取一标准物质（其中组分含量都已精确地知道）与待测的未知样品同时做平行测定。测得的物质量与所取量之比的百分率就为回收率，可用来表达某些分析过程的系统误差（系统误差越大，回收率越低）。通过下式可对样品测量值进行校正：

$$被测样品的实际含量 = \frac{样品的分析结果}{回收率}$$

（3）仪器校正　对测量仪器校正以减少误差。

2. 偶然误差

偶然误差与分析结果的精确度有关，来源于难以预料的因素，或是由于取样不均匀，或是由于测定过程中某些不易控制的外界因素的影响。为了减少偶然误差，一般采取的措施有：

（1）平均取样　将动植物新鲜组织制成匀浆；细菌制成悬液，打散摇匀后量取一定体积菌液；极不均匀的固体样品，则取样前先粉碎、混匀。

（2）多次测定　根据偶然误差的规律，多次取样平行测定后取其算术平均值，就可以减少偶然误差。

除以上两大类误差外，还有因操作事故引起的"过失误差"，如读错刻度，溶液溅出，加错试剂等，这时可能出现一个较大的"误差值"，在计算算术平均值时，此数值应以弃去。

（三）有效数字

在生化定量分析中，应在记录数据和进行计算时注意有效数字的取舍。

有效数字应是实际可能测量到的数字，即在一个数值中除最后一位是可疑数外，其他各数都是确定的。数字1~9都可作为有效数字，而"0"特殊，它在数值中间或后面是一般有效数字，但在数字前面时，它只是定位数字，用以表示小数点的位置。

在加减乘除等运算中，要特别注意有效数字的取舍，否则会使计算结果不准确。运算规则如下：

（1）加减法　几个数值相加之和或相减之差，只保留一位可疑数。在弃去过多的可疑数时，按四舍五入的规则取舍。因此，几个数相加或相减时，有效数字的保留应以小数最少的数字为准。

（2）乘除法　几个数值相乘除时，其积或商的相对误差接近于这几个数中相对误差最大值。因此积或商保留有效数位数与各运算数字中有效数位数最少的相同。

（四）数据处理

对实验中所取得的一系列数值，采取适当的处理方法进行整理分析，才能准确地反映出被研究对象的数量关系。在生化实验中通常采用列表法或作图法表示实验结果，可使结果表达得清晰明了，而且还可以减少和弥补某些测定的误差。根据对标准样品的一系列测定，也可以列出表格或绘制标准曲线，然后由测定数值直接查出结果。

（1）列表法　将实验所得的各数据用适当的表格列出，并表示出它们之间的关系。通常数据的名称与单位写在标题栏中，表内只填写数字。数据应正确反映测定的有效数字，必要时应计算出误差值。

（2）作图法　实验所得的一系列数据之间的关系及其变化情况，可用图线直观地表现出来。作图时通常先在坐标纸上确定坐标轴，标明轴的名称和单位，然后将各数值点用"+"

或 "×" 等标记标注在图纸上，再用直线或曲线把各点连接起来。图形必须平滑，可不通过所有的点，但要求线两旁偏离的点分布较均匀。画线时，个别偏离较大的点应当舍去，或重复试验校正。采用作图法时至少要有 5 个以上的点，否则就没有意义。

五、实验记录及实验报告

每次做实验前认真预习，实验操作中仔细观察，并如实记录实验现象与数据，课后及时完成实验报告。

（一）课前预习

实验课前应认真预习，写好预习报告。交老师审阅。预习报告内容：

（1）实验目的；（2）实验原理；（3）仪器和试剂；（4）实验步骤；（5）预习中的问题。

实验原理要简明扼要；操作方法和步骤要用流程图或表格形式表达；预习中遇到的问题要记录并提出。

（二）记录

详细、准确地做好实验记录是极为重要的，也是培养学生实验能力和严谨的科学作风的重要方面。

（1）实验中观测的结果和数据都应及时、如实地记在记录本上，必须公正客观，不可夹杂主观因素。

（2）实验记录要准确、清楚。每一结果至少要重复两次以上，即使观测的数据相同或偏差很大，也应如实记录，不得涂改。

（3）实验中使用仪器的类型、编号以及试剂的规格、化学式、相对分子质量、浓度等，都应记录清楚，以便总结实验、完成报告时进行核对和作为查找成败原因的参考依据。

（三）实验报告

实验报告是实验的总结和汇报，通过实验报告的写作可以分析总结实验的经验，学会处理各种实验数据的方法，加深对生物化学原理和实验技术的理解和掌握，同时也是学习撰写科学研究论文的过程。

实验报告的内容包括：

（1）实验目的；（2）实验原理；（3）实验步骤；（4）数据处理及结果分析；（5）思考题；（6）讨论及心得。

实验报告的写作水平是衡量学生实验成绩的一个重要方面。实验报告必须独立完成，严禁抄袭。实验报告使用的语言要简明清楚，抓住关键，各种实验数据尽可能整理成表格（三线表）并作图表示。

实验结果和讨论是实验报告书写的重点，一定要充分，多查阅有关的文献和教科书，充分运用已学过的知识，进行深入的探讨，勇于提出自己独到的分析和见解，并欢迎对实验提出改进意见。

第二章
现代生物化学实验技术基本原理

生物科学是 20 世纪自然科学中发展最迅速的学科，其中生物化学与分子生物学的发展尤为突出，出现了许多新思想、新成果和新技术，主要依赖于生物化学与分子生物学实验技术的不断发展和完善。在生化实验技术发展史上，出现了一些非常重要的实验技术。

1924 年，瑞典著名的化学家 T. Svedberg 发明了"超离心技术"，制成了第一台 $5000g$（5000~8000r/min）相对离心力的超离心机，开创了生化物质离心分离的先河，并准确测定了血红蛋白等复杂蛋白质的相对分子质量，获得了 1926 年诺贝尔化学奖。

1937 年，瑞典生化学家 Tiselius 发明了 Tiselius 电泳仪，在此基础上建立了研究蛋白质的自由界面电泳方法，利用该法首次证明人血清是由白蛋白（A）、α-球蛋白、β-球蛋白、γ-球蛋白组成，并因此获得 1948 年诺贝尔化学奖。在此基础上，电泳技术不断发展，1969 年，Weber 应用 SDS-聚丙烯酰胺凝胶电泳技术测定了蛋白质的相对分子质量。

1938 年，英国科学家 Martin 和 Synge 发明了分配色谱，利用氨基酸在水和有机溶剂中的溶解度差异分离不同种类的氨基酸，层析技术成为分离生化物质的关键技术，他们因此获得 1952 年的诺贝尔化学奖。

1985 年，美国 PE-Cetus 公司人类遗传研究室的 Mullis 等发明了具有划时代意义的聚合酶链式反应（Polymerase Chain Reaction，PCR）的 DNA 扩增技术，对于生物化学和分子生物学具有划时代的意义，他获得了 1993 年的诺贝尔生理学奖。

生物化学的发展离不开生化实验技术的发展，实验技术每一次的新发明都极大地推动了生物化学研究的进展，因此学习和掌握各种生物化学实验原理和技术是极为重要的。

一、离心技术

离心是利用旋转运动的离心力以及物质的沉降系数或浮力密度的差异进行分离、浓缩和提纯的一种方法。颗粒的沉降速度取决于离心机的转速及其自身与中心轴的距离。不同大小、形状和密度的颗粒会以不同的速度沉降。

悬浮在液体中的固相颗粒的运动速度取决于重力。液体中的颗粒处在重力场内时，如在一支平稳的试管内，将会受到地球的重力作用而运动。离心的效果主要受以下因素的影响。

（1）固液相对密度的差别。相对密度小于液相的颗粒悬浮在上面，相对密度大于液相的颗粒则沉淀下来。

(2) 颗粒的大小与形状。

(3) 沉降介质的黏滞力。

(一) 离心力的计算

离心机的加速度通常以重力加速度（$g = 9.80\text{m/s}^2$）的倍数来表示，称为相对离心力 RCF（或"g 值"）。RCF 取决于转子的转速 n（单位为 r/min）和旋转半径 r（单位为 cm），可用如下公式表示：

$$\text{RCF} = 1.119 \times 10^{-5} n^2 r$$

上式变形后，在已知 r 和 RCF 值时可以用来计算转速：

$$n = 298.9 \sqrt{\frac{\text{RCF}}{r}}$$

一般情况下，低速离心时常以转速"r/min"来表示，高速离心时则以"g"表示。计算颗粒的相对离心力时，应注意离心管与旋转轴中心的距离"r"不同，即沉降颗粒在离心管中所处位置不同，则所受离心力也不同。因此在报告超离心条件时，通常总是用地心引力的倍数"$\times g$"代替每分钟转数"r/min"，因为它可以真实地反映颗粒在离心管内不同位置的离心力及其动态变化。

(二) 离心分离的方法

1. 差速沉降（沉淀）法

将一混合悬浮液以一定的 RCF 离心一定的时间后，混合物将会被分为沉淀和上清液两部分（见图 2-1）。①离心前盛在离心管内的是含有大、中、小三种颗粒的悬浮液；②低速离心后，沉淀主要由最大的颗粒组成；③进一步用高速离心上清液，得到主要由中等大小颗粒组成的第二种沉淀；④最后一步离心把余下的小颗粒沉淀下来。

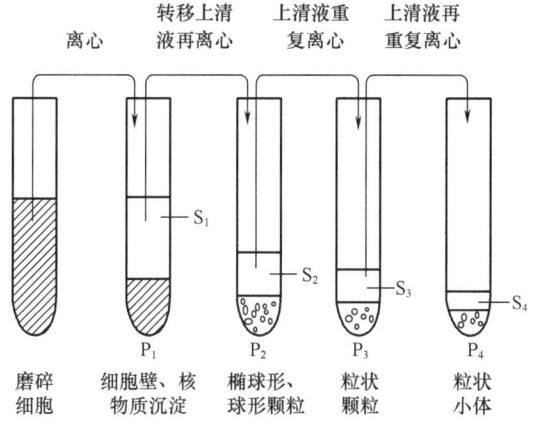

图 2-1 差速离心法

差速沉降法主要用于分离细胞器和病毒，在各类分子生物学实验中还被应用于基因组 DNA、质粒 DNA 以及 RNA 等遗传物质的初级分离。其优点是：操作简单，离心后用倾倒法即可将上清液与沉淀分开，并可使用容量较大的角式转子。缺点是：①分离效果差，不能一次得到纯颗粒；②壁效应严重，特别是当颗粒很大或浓度很高时，在离心管一侧会出现沉淀；③颗粒会被挤压，离心力过大、离心时间过长会使颗粒变形、聚集而失活。这些效应在实验中往往会导致细胞器的破裂、基因组 DNA 的断裂等。所以在应用差速沉降离心法分离时必须严格控制离心的速度与时间，以期在最大程度上防止负效应的产生。

进行差速离心首先要选择好颗粒沉降所需的离心力和离心时间。当以一定的离心力在一定的离心时间内进行离心时，在离心管底部就会得到最大和最重颗粒的沉淀，分出的上清液在加大转速下再进行离心，又得到第二部分较大较重颗粒的沉淀及含较小和较轻颗粒的上清液，如此多次离心处理，即能把液体中的不同颗粒较好地分离开。此法所得的沉淀是不均一的，仍杂有其他成分，需经过 2~3 次的再悬浮和再离心，才能得到较纯的颗粒。

2. 密度梯度离心法

密度梯度离心法简称区带离心法，是样品在一定惰性梯度介质中进行离心沉淀或沉降平衡，在一定离心力下把颗粒分配到梯度中某些特定位置上，形成不同区带的分离方法（见图 2-2）。其原理是利用离心力使样品混合物中具有不同密度的组分沿着介质的梯度移动，最终停留在与其密度相等的介质区域。

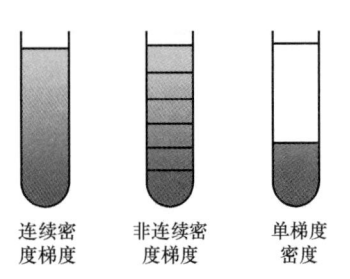

图 2-2　密度梯度离心法

该法的优点是：①分离效果好，可一次获得较纯颗粒；②适用范围广，既能分离具有沉淀系数差的颗粒，又能分离有一定浮力密度的颗粒；③颗粒不会积压变形，能保持颗粒活性，并防止已形成的区带由于对流而引起混合。其缺点是：①离心时间较长；②需要制备梯度；③操作严格，不易掌握，且在离心完成后，样品往往需要用穿刺法吸出，操作较为复杂。在生物化学实验中，密度梯度离心法主要用于分离那些由于密度或沉降系数相似从而用差速离心法难以分离的物质，例如，同一组分中 DNA 与 RNA 的分离、同一组分中线性 DNA 与超螺旋 DNA 的分离。

下列技术使用了密度梯度，即离心试管中的溶液从管顶到管底密度逐渐增加。

(1) 差速区带离心法　将样品置于平缓的预先制好密度梯度的介质上进行离心，较大的颗粒将比较小的颗粒更快地沉降通过梯度介质，形成几个明显的区带（条带）。这种方法有时间限制，在任一区带到达管底之前必须停止离心。差速区带离心法仅用于分离有一定沉降系数差的颗粒，与密度无关。大小相同、密度不同的颗粒（如溶酶体、线粒体和过氧化物酶体）不能用本法分离。离开原样品层，按不同沉降速率沿管底沉降。离心一定时间后，沉降的颗粒逐渐分开，最后形成一系列界面清楚的不连续区带。沉降系数越大，往下沉降得越快，所呈现的区带也越低。沉降系数较小的颗粒，则在较上部分依次出现。从颗粒的沉降情况来看，离心必须在沉降最快的颗粒（大颗粒）到达管底前或刚到达管底时结束，使颗粒处于不完全的沉降状态而出现在某一些特定的区带内。

在离心过程中，区带的位置和形式（或带宽）随时间而改变。因此，区带的宽度不仅取决于样品组分的数量、梯度的斜率、颗粒的扩散作用和均一性，也与离心时间有关。时间越长，区带越宽。适当增加离心力可缩减离心时间，并可减少扩散导致的区带加宽现象，增加区带界面的稳定性。

(2) 等密度离心法　当不同颗粒存在浮力密度差时，在离心力场下，颗粒或向下沉降，或向上浮起，一直沿梯度移动到与它们密度恰好相等的位置上（即等密度点）形成区带，称为等密度离心法。等密度离心的有效分离取决于颗粒的浮力密度差，密度差越大，分离效果越好，与颗粒的大小和形状无关。但后两者决定着达到平衡的速度、时间和区带的宽度。颗粒的浮力密度不是恒定不变的，还与其原来密度、水化程度及梯度溶质的通透性或溶质与颗粒的结合等因素有关。例如某些颗粒容易发生水化使密度降低。

这种技术根据浮力密度的不同分离物质。其分辨率受颗粒性质（密度、均一性、含量）、梯度性质（形状、黏度、斜率）、转子类型、离心速率和时间的影响。颗粒区带宽度与梯度斜率、离心力、颗粒相对分子质量成正比。几种物质可通过离心法形成密度梯度（如蔗糖、葡萄糖等）。将样品与适合的介质混合后离心——各种颗粒在与其等密度的介质带处形成沉淀区带。这种方法要求介质梯度应有一定的陡度，要有足够的离心时间形成梯度颗粒的再分配，进一步离心对其不会有影响。

可以使用一根细的巴氏滴管或带有细长针头的注射器来收集某个密度梯度内的条带。另一种方法可将试管刺穿，将内容物分段逐滴收集到几个管中。

3. 分析性超速离心

分析性超速离心主要是为了研究生物大分子的沉降特性和结构，而不是专门收集某一特定组分，因此它使用了特殊的转子和检测手段，以便连续监视物质在一个离心场中的沉降过程。

（1）分析性超速离心的工作原理　分析性超速离心机主要由一个椭圆形的转子、一套真空系统和一套光学系统所组成（见图2-3）。该转子通过一个柔性的轴连接成一个高速的驱动装置，此轴可使转子在旋转时形成自己的轴。转子在一个冷冻的真空腔中旋转，可容纳两个小室：分析室和配衡室。配衡室是一个经过精密加工的金属块，作为分析室的平衡用。分析室的容量一般为1mL，呈扇形排列在转子中，其工作原理与一个普通水平转子相同。分析室有上下两个平面的石英窗，离心机中装有的光学系统可保证在整个离心期间都能观察到小室中正在沉降的物质，可以通过对紫外线的吸收（如对蛋白质和DNA）或折射率的不同对沉降物进行监视。后一方法的原理是：当光线通过一个具有不同密度区的透明液，在这些区带的界面上产生光的折射。在分析室中物质沉降时重粒子和轻粒子之间形成的界面就像一个折射的透镜，结果在检测系统的照相底板上产出一"峰"。由于沉降不断进行，界面向前推进，故"峰"也在移动，从峰移动的速度可以得到物质沉降速度的指标。

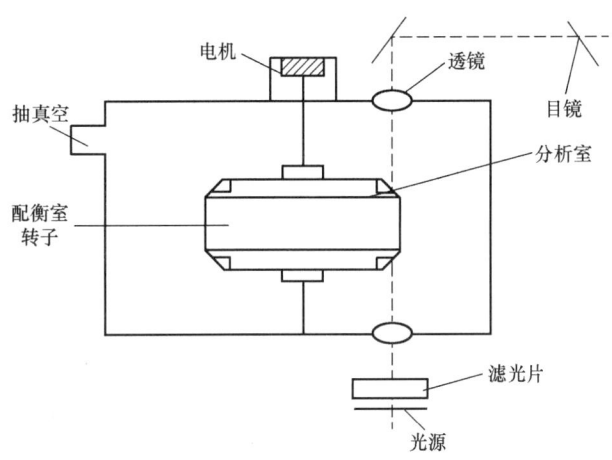

图2-3　分析性超速离心系统示意图

(2) 分析性超速离心的应用

①测定生物大分子的相对分子质量。测定相对分子质量主要有三种方法：沉降速度、沉降平衡和接近沉降平衡。其中应用最广的是沉降速度。超速离心在高速中进行，这个速度使得任意分布的粒子通过溶剂从旋转的中心辐射地向外移动，在清除了粒子的那部分溶剂和尚含有沉降物的那部分溶剂之间形成一个明显的界面，该界面随时间的移动而移动，这就是粒子沉降速度的一个指标，然后用照相记录，即可求出粒子的沉降系数。

②生物大分子的纯度估计。分析性超速离心已广泛地应用于研究 DNA 制剂，病毒和蛋白质的纯度。用沉降速度的技术来分析沉降界面是测定制剂均质性的最常用方法之一，出现单一清晰的界面一般认为是均质的，如有杂质则在主峰的一侧或两侧出现小峰。

③分析生物大分子中的构象变化。分析性超高速离心已成功地用于检测大分子构象的变化，例如 DNA 可能以单股或双股出现，其中每一股在本质上可能是线性的，也可能是环状的，如果遇到某种因素（温度或有机溶剂）DNA 分子可能发生一些构象上的变化，这些变化也许可逆、也许不可逆，这些构象上的变化可以通过检查样品在沉降速度上的差异来证实。

（三）离心机的类型

离心机的类型如表 2-1 所示。

表 2-1　　　　　　　　　　　　　　离心机的类型

项目\类型	普通离心机	高速离心机	超高速离心机
最大转速/（r/min）	6000	25000	可达 75000 以上
最大 RCF/g	6000	60000	可达 600000 以上
分离形式	固液沉淀	固液沉淀分离	密度梯度区带分离或差速沉降分离
转子	角式和外摆式转子	角式、外摆式转子等	角式、外摆式、区带转子等
仪器结构性能和特点	速率不能严格控制，多数室温下操作	有消除空气和转子间摩擦热的制冷装置，速率和温度控制较准确、严格	备有消除转子与空气摩擦热的真空和冷却系统，有更为精确的温度和速度控制、监测系统、有保证转子正常运转的传动和制动装置等
应用	收集易沉降的大颗粒（如细胞、较大的细胞器等）	收集微生物、细胞碎片、大细胞器、硫酸铵沉淀物和免疫沉淀物等。但不能有效沉淀病毒、小细胞器（如核糖体）、蛋白质等大分子	主要分离细胞器、病毒、核酸、蛋白质、多糖等甚至能分开分子大小相近的同位素标记物 N-DNA 和未标记的 DNA

（四）转子

许多离心机可以配用不同大小的离心管，只需要改变转子或使用一个与不同的吊桶/适配器相配的转子。

（1）水平转子　盛样品的离心管放在吊桶内，以转子的加速度运转［见图2-4（a）］。水平转子用于低速离心机，其主要缺陷是延长了沉淀的路径。同时，减速过程中产生的对流会引起沉淀物的重新悬浮。

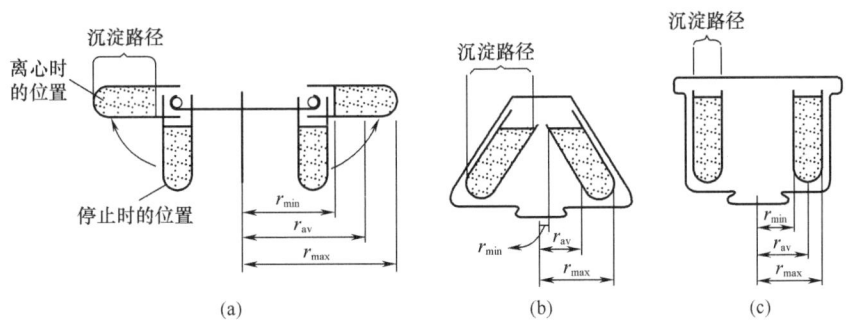

图2-4　转子类型

（2）角式转子　许多高速离心机及微量离心机安装有角式转子［见图2-4（b）］。由于沉降路径短，沉淀颗粒时角式转子比水平转子的效率更高。

（3）垂直管转子　用于高速及超高速离心机进行等密度梯度离心时［见图2-4（c）］。这种转子在沉淀没有形成之前不能用来收集悬浮液中的颗粒。

（五）离心管

离心管有各种大小（1.5~1000mL），所用材料也不一，下面是选择离心管时应考虑的一些性能：

（1）大小　由样品的体积决定。注意在有些应用中（如高速离心）离心管必须装满。

（2）形状　收集沉淀时，用圆锥形管底的离心管较好，而进行密度梯度离心时常用圆底试管。

（3）最大离心力　详细信息由厂家提供。在进行分子生物学实验中尤其要注意离心管的最大离心力，以免在高速离心时离心管破裂造成实验失败。

（4）耐腐蚀性　玻璃管是惰性物质，聚碳酸酯管对有机溶剂（如乙醇、丙酮）敏感，而聚丙烯具有更好的耐腐蚀性。详细信息可参考厂家的说明书。

（5）灭菌　一次性塑料离心管出厂时通常是消过毒的。玻璃管及聚丙烯管可重复灭菌使用。多次高压灭菌可能会导致聚碳酸酯崩裂或变形。

（6）透明度　玻璃管和聚碳酸酯是透明的，而聚丙烯管为半透明的。

（7）能否刺穿　若想用刺穿管壁的方法收集样品，通常聚丙烯管易于用注射管针头刺穿。

（8）密封性　离心管一般利用管帽保持系统的密封性。大多数角式及垂直管式转子要求离心管有管帽，用以防止使用过程中样品漏出并在离心过程中支撑离心管，防止其离心时变形。对于放射性样品，即使是低速离心也一定要盖管帽，并且要使用与所用离心管配套的管帽。

(六) 平衡转子

为确保离心机的安全运转,使用时必须平衡转子,否则转轴及转子组件可能会损坏,严重时转子可能会停转,造成事故。当离心转速达 $5\times10^4 r/min$ 时,如对称管相差 $1g$,转头半径 $5cm$,则根据离心力公式:$F = m \cdot RCF$,离心机两边产生的不平衡将达到 1470N(150kgf)。使用前平衡离心管至关重要,通常的原则是用托盘天平平衡所有样品管,差值控制在 1% 以内或更少。把平衡好的试管成对放在相对位置上。绝不可以用目测来平衡离心管。

在差速离心实验中向离心管中添加样品时,样品的容量不得超过离心管容量的 2/3,这是为了防止离心管内的液体在高速离心过程中产生外溢,导致离心系统失去平衡并产生污染。

(七) 安全措施

高速与超速离心机是生化实验教学和生化科研的重要精密设备,因其转速高,产生的离心力大,使用不当或缺乏定期的检修和保养,都可能发生严重事故,因此使用离心机时必须严格遵守操作规程。

(1) 使用各种离心机时,必须事先在天平上精密地平衡离心试管和其内容物,平衡时质量之差不得超过各个离心机说明书上所规定的范围,每个离心机不同的转头有各自的允许差值,转头中绝对不能装载单数的管子,当转头只是部分装载时,管子必须互相对称地放在转头中,以便使负载均匀地分布在转头的周围。

(2) 装载溶液时,要根据各种离心机的具体操作说明进行,根据待离心液体的性质及体积选用适合的离心管。有的离心管无盖,液体不能装得太多,以防离心时甩出,造成转头不平衡、生锈或被腐蚀,而制备性超速离心机的离心管,则常常要求必须将液体装满,以免离心时塑料离心管的上部凹陷变形。每次使用后,必须仔细检查转头,及时清洗、擦干。转头是离心机中须重点保护的部件,搬动时要小心,不能碰撞,避免造成伤害。转头长时间不用时,要涂上一层上光蜡保护,严禁使用显著变形、损伤或老化的离心管。

(3) 若要在低于室温的温度下离心时,转头在使用前应放置在冰箱或置于离心机的转头室内预冷。

(4) 离心过程中不得随意离开,应随时观察离心机上的仪表是否正常工作,如有异常的声音应立即停机检查,及时排除故障。

(5) 如果在离心中出现由诸如离心管破裂等原因导致的不平衡现象,必须首先立即关闭离心机的开关,使离心机停止转动,等待转子完全停止后方可取出样品。切忌在离心机尚在工作时切断电源,这将导致离心机瞬间停转,可能会导致严重的事故。

(6) 每个转头各有其最高允许转速和使用累计限时,使用转头时要查阅说明书,不得过速使用。每一个转头都要有一份使用档案,记录累积的使用时间,若超过了该转头的最高使用限时,则须按规定降速使用。

二、光谱技术

(一) 紫外和可见光谱法

紫外和可见光谱法是一种只在可见光及紫外光光谱应用范围内测量物质吸收辐射线的技术,应用十分广泛。其中分光光度计可用于精确测量特定波长的吸收值,而比色计是一种较简单的测量仪器,其原理是利用滤光片来测量较宽波段(如可见光中的绿光、红光或蓝光范围)的吸收值。

1. 紫外光/可见光分光光度计

分光光度计是一种靠光栅或棱镜提供单色光的比色计。不论型式如何,各种型号的分光光度计基本上都由五部分组成(图2-5):①光源;②单色器(包括产生平行光和把光引向检测器的光学系统);③吸收池;④接收检测放大系统;⑤显示或记录器。

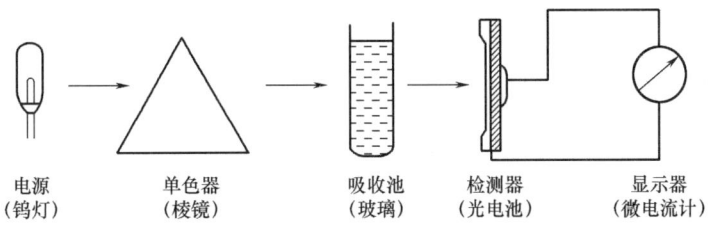

图2-5 分光光度计基本结构

分光光度计的工作原理与光电比色计相似,但它的单色器比滤光片所选择的波长范围要小得多,为3~5nm,因此是较单纯的单色光。其次,它不仅能在可见光区域内测定有色物质的吸收光谱,而且也能在紫外区及红外区域测定无色物质的吸收光谱。

分光光度计常用的光源有两种,即钨灯和氘灯。在可见光区,近紫外光区和近红外光区常用钨灯。在紫外光区,多使用氘灯。通常,用紫外光源测定无色物质的方法,称为紫外分光光度法;用可见光光源测定有色物质的方法,称为可见光光度法。

分光光度法(spectrophotography)是利用物质所特有的吸收光谱来鉴别物质或测定其含量的一项技术。在分光光度计中,将不同波长的光连续地照射到一定浓度的样品溶液,并测定物质对各种波长光的吸收程度(吸光度 A 或光密度 OD)或透射程度(透光度 T),以波长 λ 作横坐标,A 或 T 为纵坐标,画出连续的"$A-\lambda$"或"$T-\lambda$"曲线,即为该物质的吸收光谱曲线(图2-6)。

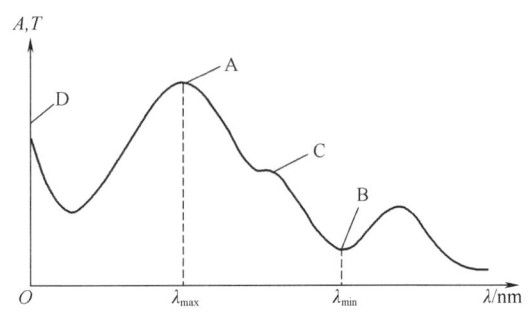

图2-6 吸收光谱曲线示意图

由图2-6中可以看出吸收光谱的特征:

(1) 曲线上 A 处称为最大吸收峰,它所对应的波长称最大吸收波长,以 λ_{max} 表示。

(2) 曲线上 B 处称为最小吸收,它所对应的波长称为最小吸收波长,以 λ_{min} 表示。

(3) 曲线上在最大吸收峰旁边有一小峰 C,称为肩峰。

(4) 在吸收曲线波长最短的一端,即曲线上 D 处,吸收相当强,但不成峰,此处称为末端吸收。

λ_{max} 是化合物中电子能级跃迁时吸收的特征波长,不同物质有不同的最大吸收峰,所以它对鉴定化合物极为重要。吸收光谱中,λ_{max}、λ_{min}、肩峰以及整个吸收光谱的形状决定于物质的性质，其特征随物质的结构而异，所以是物质定性的依据。

在分光比色分析中，有色物质溶液颜色的深度决定于入射光的强度、有色物质溶液的浓度和液层的厚度。当一束单色光透过有色物质溶液时，溶液的浓度越大，透过液层的厚度越大，则光线的吸收越多。朗伯-比尔（Lambert-Beer）定律是利用分光光度计进行比色分析的基本原理。

朗伯（Lambert）定律，当单色光通过一吸收光的物质时其光强度随吸光介质的厚度 L（cm）增长而呈指数减少：

$$\frac{I}{I_0} = e^{-k_1 L}$$

比尔（Beer）定律，单色光通过一光吸收介质时，光强度随物质浓度 [c (mol/L)，若不知相对分子质量，则为g/L或%浓度] 增长呈指数减少：

$$\frac{I}{I_0} = e^{-k_2 c}$$

两者结合在一起即为朗伯-比尔（Lambert-Beer）定律。

$$\frac{I}{I_0} = e^{-\varepsilon c L}$$

式中　ε——常数，也称摩尔吸光度，L/（mol·cm）；

T——透光度，等于 $\frac{I}{I_0}$，通常以百分率表示；

k_1、k_2——常数。

$$T = \frac{I}{I_0} = e^{-\varepsilon c L}$$

取对数　　　　　　　　　$-\lg \frac{I}{I_0} = -\lg T = A = \varepsilon c L$

式中　$\lg T$——光吸收度 A。

若遵循朗伯-比尔定律，且 L 为一常数，用光吸收度对浓度绘图可得一通过原点的直线。

根据朗伯-比尔定律，作出标准物质吸收对浓度的标准曲线，借助于这样的标准曲线，很容易通过测定其光吸收得知一未知溶液的浓度。

分光光谱技术可用于如下几个方面：

（1）通过测定某种物质吸收或发射光谱来确定该物质的组成。

（2）通过测定不同波长下的吸收来测定物质的相对纯度。在 DNA 的浓度测定中最为常用，测定 $\frac{A_{280nm}}{A_{260nm}}$ 值，纯净的 DNA 样品的比值为1.8。样品中若混有蛋白，$\frac{A_{280nm}}{A_{260nm}}$ 值将变小。

（3）通过测量适当波长的信号强度确定某种单独存在或与其他物质混合存在的一种物质的含量。

（4）通过测量某一种底物消失或产物出现的量同时间的关系，追踪反应过程。

（5）通过测定微生物培养体系中的 OD 值，可以得到体系中微生物的密度，从而可以对培养体系中微生物的数量进行动态的监测。

2. 分光光度计的定量分析

假如已知一种物质在某一波长下的吸光率（通常是该物质的最大吸收值，这时灵敏度最高），这种物质纯溶液的浓度可用朗伯-比尔关系式算出。摩尔吸光系数是指物质在1mol/L

的浓度下，比色杯厚度为 1cm 时的吸收值。该值可以从光谱数据表中查到，也可以用实验方法通过测量一系列已知浓度的物质的吸收值来绘制一条标准曲线。这样，在所要求的浓度范围内，便可确定吸收值与浓度之间存在的线性关系，该直线的斜率即为摩尔吸光系数。

比吸光率是指物质质量溶液浓度为 10g/L 时，比色杯厚度为 1cm 时测定的吸光值。该值对于未知分子质量的物质如蛋白质、核酸的测定很有用，这种情况下溶液中物质的含量以其质量表示而不用摩尔浓度表示。使用公式 $-\lg\frac{I}{I_0} = \varepsilon cL$ 时，比吸光率要除以 10 才可以得到一个以 g/L 为单位的浓度值。

这种简单的方法不能用于测定混合样品。在这种情况下，也许可以通过测量几个波长下的吸光度来估算每种成分的含量，如可用此方法在核酸存在下进行蛋白质含量的估算。

3. 分光光度计使用过程中的几个问题

（1）比色杯的使用和清洗　大多数 UV/可见光分光光度计使用的比色杯的光穿过路径为 10mm。由于 300nm 以下的光不能透过玻璃，UV 区测量要用石英比色杯。比色杯必须配套，以装有纯溶剂的两个比色杯在相同波长下测定光吸收是否一致来进行配对。

进行测量之前，比色杯要干净，无划痕，外表面干燥，盛装液体到适当高度，并放在比色槽中的正确位置。每次使用后，应立即倒空。然后用蒸馏水冲洗比色杯 3～4 次，最后用甲醇冲洗，在倒去甲醇后，以洁净空气吹干。生物样品中蛋白质和核酸可能会在玻璃/石英杯的内表面沉积，因而要用棉球沾上丙酮擦去比色杯内的沉淀或用 1mol/L 硝酸浸泡过夜。

（2）狭缝宽度　分光光度计使用了一个衍射光栅将光源的复色光转换为单色平行光束。实际上从这种单色仪器中产生的光不是某个波长的光，而是一段窄的带宽上的光，带宽是分光光度计的一个重要特性。要获得特定波长下的精确数据，尽可能使用最小的缝宽度。然而，减少了缝宽也会减少到达监测器的光度，降低了信噪比。缝宽可减少的程度取决于检测/放大系统的灵敏度及稳定性和离散光的存在。

（3）测量波长　正确选择波长是测定的关键，一般选择最强吸收带的最大吸收波长（λ_{max}）为测量波长。

（4）吸光度范围　吸光度在 0.2～0.7 之间时，测量精确度最好。被测样品溶液浓度过大时，应适当稀释，再进行吸光度测定。

（5）选取溶剂要注意以下几点：

①当光的波长减少到一定数值时，溶剂会对其产生强烈的吸收，即所谓"端吸收"，样品的吸收带应处于溶剂的透明范围；

②要注意溶剂的挥发性、稳定性等；

③充分考虑溶质和溶剂分子之间的作用力，尽量采用低极性溶剂。

（二）荧光分光光度法

当紫外光照射某一物质时，该物质会在极短的时间内，发射出比照射波长长的光，而当紫外光停止照射时，这种光也随之很快消失，这种光称为荧光。荧光是一种光致发光现象。物质所吸收光的波长和发射的荧光波长与物质分子结构有密切关系。同一种分子结构的物质，用同一波长的激发光照射，可发射相同波长的荧光，但其所发射的荧光强度随着该物质浓度的增大而增大。利用这些性质对物质进行定性和定量分析的方法，称为荧光光谱分析法，也称荧光分光光度法。与分光光度法相比较，这种方法具有较高的选择性及灵敏度，试样量少，操作简单，且能提供比较多的物理参数，现已成为生化分析和研究的常用手段。

1. 荧光分光光度计

用于测量荧光的仪器种类很多，如荧光分析灯、荧光光度计、荧光分光光度计及测量荧光偏振的装置等。其中实验室里常用的是荧光分光光度计。

荧光分光光度计的结构包括五个基本部分：

（1）激光光源　用来激发样品中荧光分子产生荧光。常用汞弧灯、氢弧灯及氙灯等，目前荧光分光光度计以用氙灯为多。

（2）单色器　用来分离出所需要的单色光。仪器中具有两个单色器：一是激发单色器，用于选择激发光波长；二是发射单色器，用于选择发射到检测器上的荧光波长。

（3）样品池　放置测试样品，都用石英做成。

（4）检测器　作用是接受光信号，并将其转变为电信号。

（5）记录显示系统　检测器出来的电信号经过放大器放大后，由记录仪记录下来，并可数字显示和打印。

2. 荧光分析法

荧光分析有定性和定量两种，一般定性分析采用直接比较法，即将被测样品和已知标准样品在同样条件下，根据它们所发出荧光的性质、颜色、强度等来鉴定它们是否属于同一种荧光物质。荧光物质特性的光谱包括激发光谱和荧光光谱两种。在分光光度法中，被测物质只有一种特征的吸收光谱，而荧光分析法能测出两种特征光谱，因此，鉴定物质的可靠性较强。

荧光分析法的定量测定方法较多，可分为直接测定法和间接测定法两类。

（1）直接测定法　利用荧光分析法对被分析物质进行浓度测定，最简单的是直接测定法。某些物质本身能发荧光，只需将含这类物质的样品作适当的前处理或分离除去干扰物质，即可通过测量它的荧光强度来测定其浓度。具体方法有以下两种：

①直接比较法。通过标准溶液的荧光强度 F_1，已知标准溶液的浓度 c_1，便可求得样品中待测荧光物质的含量。

②标准曲线法。将已知含量的标准品经过和样品同样处理后，配成一系列标准溶液，测定其荧光强度，以荧光强度对荧光物质含量绘制标准曲线。再测定样品溶液的荧光强度，由标准曲线便可求出样品中待测荧光物质的含量。

为了使各次所绘制的标准曲线能重合一致，每次应以同一标准溶液对仪器进行校正。如果该溶液在紫外光照射下不够稳定，则必须改用另一种稳定而荧光峰相近的标准溶液来进行校正。例如，测定维生素 B_1 时，可用硫酸奎宁溶液作为基准；测定维生素 B_2 时，可用荧光素钠溶液作为基准来校正仪器。

（2）间接测定法　许多物质本身不能发荧光，或者荧光量子产率很低仅能显现非常微弱的荧光，无法直接测定，这时可采用间接测定方法。

间接测定方法有以下几种：

①化学转化法。通过化学反应将非荧光物质转变为适合于测定的荧光物质。例如，金属离子与螯合剂反应生成具有荧光的螯合物。有机化合物可通过光化学反应、降解、氧化还原、偶联、缩合或酶促反应，使它们转化为荧光物质。

②荧光淬灭（quenching）法。这种方法是利用本身不发荧光的被分析物质所具有使某种

荧光化合物的荧光淬灭的能力，通过测量荧光化合物荧光强度的下降，间接地测定该物质的浓度。

③敏化发光法。对于很低浓度的分析物质，如果采用一般的荧光测定方法，其荧光信号太微弱而无法检测。在此种情况下，可使用一种物质（敏化剂）以吸收激发光，然后将激发光能传递给发荧光的分析物质，从而提高被分析物质测定的灵敏度。

以上三种方法均为相对测定方法，实验时须采用某种标准进行比较。

3. 影响荧光强度的因素

（1）溶剂　溶剂能影响荧光效率，改变荧光强度，因此，在测定时必须用同一溶剂。

（2）浓度　在较浓的溶液中，荧光强度并不随溶液浓度呈正比增长。因此，必须找出与荧光强度呈线性的浓度范围。

（3）pH　荧光物质在溶液中绝大多数以离子状态存在，而发射荧光最有利的条件就是它们的离子状态。因为在这种情况下，由于离子间的斥力，最大限度地避免了分子之间的相互作用。每一种荧光物质都有它的最适发射荧光的离子状态，也就是最适pH。因此，须通过条件试验，确定最适宜的pH范围。

（4）温度　荧光强度一般随温度降低而提高，这主要是由于分子内部能量转化的缘故。因为温度升高，分子的振动加强，通过分子间的碰撞将吸收的能量转移给了其他分子，干扰了激发态的维持，从而使荧光强度下降，甚至熄灭。因此，有些荧光仪的液槽配有低温装置，使荧光强度增大，以提高测定的灵敏度。在高级的荧光仪中，液槽四周有冷凝水并附有恒温装置，以便使溶液的温度在测定过程中尽可能保持恒定。

（5）时间　有些荧光化合物需要一定时间才能形成，有些荧光物质在激发光较长时间照射下会发生光分解。因此，过早或过晚测定荧光强度均会带来误差。必须通过条件试验确定最适宜的测定时间，使荧光强度达到最大且稳定。为了避免光分解所引起的误差，应在荧光测定的短时间内才打开光闸，其余时间均应关闭。

（6）共存干扰物质　有些干扰物质能与荧光分子作用使荧光强度显著下降，这种现象称为荧光的淬灭；有些共存物质能产生荧光或产生散射光，也会影响荧光的正确测量。故应设法除去干扰物，并使用纯度较高的溶剂和试剂。

三、层析技术

层析法是利用不同物质理化性质的差异而建立起来的技术。所有的层析系统都由两个相组成：一是固定相；另一是流动相。当待分离的混合物随溶液（流动相）通过固定相时，由于各组分的理化性质存在差异，与两相发生相互作用（吸附、溶解、结合等）的能力不同，在两相中的分配（含量对比）不同，而且随溶液向前移动，各组分不断地在两相中进行再分配。与固定相相互作用力越弱的组分，随流动相移动时受到的阻滞作用越小，向前移动的速度越快。反之，与固定相相互作用越强的组分，向前移动速度越慢。分部收集流出液，可得到样品中所含的各单组组分，从而达到将各组分分离的目的。

层析系统的必要组分有：

（1）固定相　固定相是层析的一个基质。它可以是固体物质（如吸附剂、凝胶、离子交换剂等，也可以是液体物质（如固定在硅胶或纤维素上的溶液），这些基质能与待分离的化合物进行可逆的吸附、溶解、交换等作用。它对层析的效果起着关键的作用。

(2) 层析床　把固定相填入一个玻璃或金属柱中，或者薄薄涂布一层于玻璃或塑料片上或者吸附在醋酸纤维纸上。

(3) 流动相　在层析过程中，推动固定相上待分离的物质朝着一个方向移动的液体、气体或超临界体等，都称为流动相。柱层析中一般称为洗脱剂，薄层层析时称为展层剂。它也是层析分离中的重要影响因素之一。起溶剂作用的液体或气体，用于协助样品平铺在固定相表面及将其从层析床中洗脱下来。

(4) 运送系统　用来促使流动相通过层析床。

(5) 检测系统　用于检测试管中的物质。

（一）层析的概念

1. 分配系数及迁移率

分配系数是指在一定的条件下，某种组分在固定相和流动相中含量（浓度）的比值，常用 K 来表示。分配系数是层析分离纯化物质的主要依据。

$$K = \frac{c_s}{c_m}$$

式中　c_s——固定相中的浓度；

　　　c_m——流动相中的浓度。

迁移率（或比移值）是指在一定条件下，在相同时间内某一组分在固定相中移动的距离与流动相本身移动的距离之比值。常用 R_f 来表示。

实验中还常用相对迁移率的概念。相对迁移率是指一定条件下，在相同时间内，某一组分在固定相中移动的距离与某一标准物质在固定相中移动的距离之比值。它可以小于等于1，也可以大于等于1，通常用 R_x 来表示。不同物质的分配系数或迁移率是不同的。分配系数或迁移率的差异是决定几种物质采用层析方法能否分离的先决条件。很显然，差异越大，分离效果越理想。

分配系数主要与下列因素有关：①被分离物质本身的性质；②固定相与流动相的性质；③层析柱的温度。对于温度的影响有下列关系式：

$$\ln K = -\left(\frac{\Delta G^0}{RT}\right)$$

式中　K——分配系数（或平衡系数）；

　　　ΔG^0——标准自由能变化；

　　　R——气体常数；

　　　T——绝对温度。

上式是层析分离的热力学基础。一般情况下，层析时组分的 ΔG^0 为负值，则温度与分配系数成反比关系。通常温度上升20℃，K 值下降一半，它将导致组分移动速率增加。这也是为什么在层析时最好采用恒温柱的原因。有时对于 K 值相近的不同物质，可通过改变温度的方法，增大 K 值之间的差异，达到分离的目的。

2. 分辨率（或分离度）

分辨率一般定义为：相邻两个峰的分开程度，通常用 R_s 来表示。

$$R_s = \frac{V_{R1} - V_{R2}}{\frac{W_1 + W_2}{2}} = \frac{2Y}{W_1 + W_2}$$

式中　V_{R1}——组分 1 从进样点到对应洗脱峰值之间的洗脱液的总体积；
　　　V_{R2}——组分 2 从进样点到对应洗脱峰值之间的洗脱液的总体积；
　　　W_1——组分 1 的洗脱峰宽度；
　　　W_2——组分 1 的洗脱峰宽度；
　　　Y——组分 1 和组分 2 洗脱峰值处洗脱液的总体积之差值。

由上式可见，R_s 值越大，两种组分分离越好。当 $R_s=1$ 时，两组分具有很好的分离，互相沾染约 2%，即每种组分的纯度约为 98%。当 $R_s=1.5$ 时，两组分基本完全分开，每种组分的纯度可达到 99.8%。如果两组成分的浓度相差较大时，尤其要求较高的分辨率。

对于一个层析柱来说，可作如下基本假设：

（1）层析柱的内径和柱内的填料是均匀的，而且层析柱由若干层组成。每层高度为 H，称为一个理论塔板。塔板一部分为固定相占据，一部分为流动相占据，且各塔板的流动相体积，称为板体积，以 V_m 表示。

（2）每个塔板内溶质分子在固定相与流动相之间瞬间达到平衡，且忽略分子的纵向扩散。

（3）溶质在各塔板之上的分配系数是一常数，与溶质在塔板的量无关。

（4）流动相通过层析柱可以看成是脉冲式的间歇过程（即不连续过程）。从一个塔板到另一个塔板流动体积为 V_m。当流过层析柱的流动相的体积为 V 时，则流动相在每个塔板上跳跃的次数为：$n = \dfrac{V}{V_m}$。

（5）溶质开始加在层析柱的第零塔板上。

为了提高分辨率 R_s 的值，可采用以下方法：

（1）使理论塔板数 N 增大，则 R_s 上升。

①增加柱长，N 可增大，可提高分离度，但它造成分离的时间加长，洗衣液体积增大，并使洗脱峰加宽，因此不是一种特别好的方法。

②减小理论塔板的高度，如减小固定相颗粒的尺寸，并加大流动相的压力。高效液相色谱（HPLC）就是这一理论的实际应用。一般液相层析的固定颗粒直径为 100μm；而 HPLC 柱子的固定相颗粒为 10μm 以下，且压力可达 14700kPa（150kg/cm²），它使 R_s 大大提高，也使分离的效率大大提高了。

③采用适当的流速，也可使理论塔板的高度降低，增大理论塔板数。太高或者太低的流速都是不可取的。对于一个层析柱，它有一个最佳的流速。特别是对于气相色谱，流速影响相当大。

（2）改变容量因子 D（固定相与流动相中溶质量的分布比）。一般是加大 D，但 D 的数值通常不超过 10，再大对于提高 R_s 不明显，反而使洗脱的时间延长，谱带加宽。一般 D 限制在范围 $1<D<10$，最佳范围 1.5~5 之间。可以通过改变柱温（一般降低温度）来改变流动相的性质及组成（如改变 pH、离子强度、盐浓度、有机溶剂比例等），或改变固定相体积与流动相体积之比（如用细颗粒固定相，填充得紧密与均匀些），提高 D 值，使分离度增大。

（3）增大 α（分离因子，也称选择性因子，是两组分容量因子 D 之比），使 R_s 变大。实际上，使 α 增大，就是使两种组分的分配系数差值增大。同样，我们可以通过改变固定相的性质、组成，改变流动相的性质、组成，或者改变层析的温度，使 α 发生改变。应当指出的是，温度对分辨率的影响，是对分离因子与理论塔板高度的综合效应。因为温度升高，理论塔板高度有时会降低，有时会升高，这要根据实际情况去选择。通常，α 的变化对 R_s 影响最明显。

总之，影响分离度或者说分离效率的因素是多方面的。我们应当根据实际情况综合考虑，特别是对于生物大分子，我们还必须考虑它的稳定性、活性等问题，如 pH、温度等都会产生较大的影响，这是生化分离绝不能忽视的。否则，我们将不能得到预期的效果。

3. 正相色谱与反相色谱

正相色谱是指固定相的极性高于流动相的极性，因此，在这种层析过程中非极性分子或极性小的分子比极性大的分子移动速度快，先从柱中流出来。

反相色谱是指固定相的极性低于流动相的极性，在这种层析过程中，极性大的分子比极性小的分子移动速度快而先从柱中流出。

一般来说，分离纯化极性大的分子（带电离子等）采用正相色谱（或正相柱），而分离纯化极性小的有机分子（有机酸、醇、酚等）多采用反相色谱（或反相柱）。

4. 操作容量（或交换容量）

在一定条件下，某种组分与基质（固定相）反应达到平衡时，存在于基质上的饱和容量，我们称为操作容量（或交换容量）。它的单位是 mmol（或 mg）/g（基质）或 mmol（或 mg）/mL（基质），数值越大，表明基质对该物质的亲和力越强。应当注意，同一种基质对不同种类分子的操作容量是不相同的，这主要是由于分子大小（空间效应）、带电荷的多少、溶剂的性质等多种因素的影响。因此，实际操作时，加入的样品量要尽量少些，特别是生物大分子，样品的加入量更要进行控制，否则用层析办法不能得到有效的分离。

（二）层析法的分类

层析根据不同的标准可以分为多种类型：

（1）根据固定相基质的形式分类，层析可以分为纸层析、薄层层析和柱层析。纸层析是指以滤纸作为基质的层析。薄层层析是将基质在玻璃或塑料等光滑表面铺成一薄层，在薄层上进行层析。柱层析则是指将基质填装在管中形成柱形，在柱中进行层析。纸层析和薄层层析主要适用于小分子物质的快速检测分析和少量分离制备，通常为一次性使用，而柱层析是常用的层析形式，适用于样品分析、分离。生物化学中常用的凝胶层析、离子交换层析、亲和层析、高效液相色谱等通常都采用柱层析形式。

（2）根据流动相的形式分类，层析可以分为液相层析和气相层析。气相层析是指流动相为气体的层析，而液相层析指流动相为液体的层析。气相层析测定样品时需要汽化，大大限制了其在生化领域的应用，主要用于氨基酸、核酸、糖类、脂肪酸等小分子的分析鉴定。而液相层析是生物领域最常用的层析形式，适于生物样品的分析、分离。

（3）根据分离的原理不同分类，层析主要可以分为吸附层析、分配层析、凝胶过滤层析、离子交换层析、亲和层析等。吸附层析是以吸附剂为固定相，根据待分离物与吸附剂之间吸附力不同而达到分离目的的一种层析技术。分配层析是根据在一个有两相同时存在的溶剂系统中，不同物质的分配系数不同而达到分离目的的一种层析技术。凝胶过滤层析是以具有网状结构的凝胶颗粒作为固定相，根据物质的分子大小进行分离的一种层析技术。离子交换层析是以离子交换剂为固定相，根据物质的带电性质不同而进行分离的一种层析技术。亲和层析是根据生物大分子和配体之间的特异性亲和力（如酶和抑制剂、抗体和抗原、激素和受体等),将某种配体连接在载体上作为固定相,而对能与配体特异性结合的生物大分子进行分离的一种层析技术。亲和层析是分离生物大分子最为有效的层析技术,具有很高的分辨率。

(三) 常见的几种层析方法

1. 纸层析(paper chromatography,PC)

纸层析是以滤纸为惰性支持物的分配层析。滤纸纤维和水有较强的亲和力,能吸收22%左右的水,而且其中6%~7%的水是以氢键形式与纤维素的羟基结合,在一般条件下较难脱去,而滤纸纤维与有机溶剂的亲和力甚弱,所以一般的纸层析实际上是以滤纸纤维的结合水为固定相,以有机溶剂为流动相。纸层析对混合物进行分离时,发生两种作用:第一种是溶质结合纤维上的水与流过滤纸的有机相进行分配(即液-液分离);第二种是根据滤纸纤维对溶质的吸附及溶质溶解于流动相的不同分配比进行分配(即固-液分配)。混合物的彼此分离是这两种因素共同作用的结果。

在实际操作中,点样后的滤纸一端浸没于流动相液面之下,由于毛细作用,有机相即流动相开始从滤纸的一端向另一端渗透扩展。当流动相(有机相)沿滤纸经点样处时,样品点上的溶质在水和有机相之间不断进行分配,一部分样品离开原点随流动相移动,进入无溶质区,此时又重新分配,一部分溶质由流动相进入固定相(水相)。随着流动相的不断移动,因样品中各种不同的溶质组分有不同的分配系数,移动速率也不一样,所以各种不同的部分按其各自的分配系数不断进行分配,并沿着流动相流动的方向移动,从而使样品中各组分得到分离和纯化。

可以用相对迁移率(R_f)来表示一种物质的迁移:

$$R_f = \frac{组分移动的距离}{溶剂前沿移动的距离} = \frac{原点至组分斑点中心的距离}{原点至溶剂前沿的距离}$$

在滤纸、溶剂、温度等各项实验条件恒定的情况下,各物质的R_f值是不变的,它不随溶剂移动距离的改变而变化。R_f与分配系数K的关系:$R_f = 1/(1 + AK)$

A是由滤纸性质决定的一个常数。由此可见,K值越大,溶质分配于固定相的趋势越大,R_f值越小;反之,K值越小,分配于流动相的趋势越大,R_f值越大。R_f值是定性分析的重要指标。

在样品所含溶质较多或某些组分在单相纸层析中的R_f比较接近,不易明显分离时,可采用双向纸层析法。该法是将滤纸在某一特殊的溶剂系统中按一个方向展层以后,予以干燥,再旋转90°,在另一溶剂系统中进行展层,待溶剂到达所要求的距离后,取出滤纸,干燥显色,从而获得双向层析谱。应用这种方法,如果溶质在第一溶剂中不能完全分开,而经过第二种溶剂的层析能得以完全分开,就大大提高了分离效果。纸层析还可以与区带电泳法结合,能获得更有效的分离,这种方法称为指纹谱法。

2. 薄层层析(thin-layer chromatography,TLC)

薄层层析是在玻璃板上涂布一层支持剂,待分离样品点在薄层板一端,然后让推动剂向上流动,从而使各组分得到分离的物理方法。常用的支持剂有:硅胶G、硅胶GF、氧化铝、纤维素、硅藻土、硅胶G硅藻土、纤维素G、DEAE-纤维素、交联葡聚糖凝胶等。使用的支持剂种类不同,其分离原理也不尽相同,有分配层析、吸附层析、离子交换层析、凝胶层析等多种。图2-7所示为TLC系统组成。

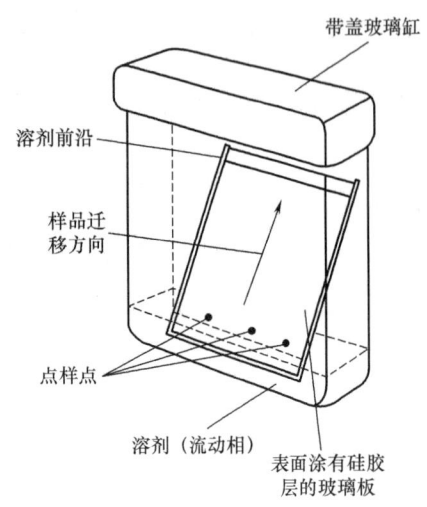

图2-7 薄层层析系统

一般实验中应用较多的是以吸附剂为固定相的薄层吸附层析。物质之所以能在固体表面停留，这是因为固体表面的分子和固体内部分子所受的吸引力不同。在固体内部，分子之间互相作用的力是对称的，其力场互相抵消。而处于固体表面的分子所受的力是不对称的，向内的一面受到固体内部分子的作用力大，而表面层所受的作用力小，因而气体或溶质分子在运动中遇到固体表面时受到这种剩余力的影响，就会被吸引而停留下来。吸附过程是可逆的，被吸附物在一定条件下可以解吸出来。在单位时间内被吸附于吸附剂的某一表面上的分子和同一单位时间内离开此表面的分子之间可以建立动态平衡，称为吸附平衡。吸附层析过程就是不断地产生平衡和不平衡、吸附与解吸的动态平衡过程。

薄层层析设备简单，操作简单，快速灵敏。改变薄层厚度，既能做分析鉴定，又能做少量制备。配合薄层扫描仪，可以同时做到定性定量分析，在生物化学、植物化学等领域是一类应用广泛的物质分离方法。

3. 离子交换层析（ion exchange chromatography，IEC）

离子交换层析是利用离子交换剂上的可交换离子与周围介质中被分离的各种离子间的亲和力不同，经过交换平衡达到分离目的的一种柱层析法。该法可以同时分析多种离子化合物，具有灵敏度高、重复性、选择性好，分离速度快等优点，是当前最常用的层析法之一，常用于多种离子型生物分子的分离，包括蛋白质、氨基酸、多肽及核酸等。

离子交换层析对物质的分离通常是在一根充填有离子交换剂的玻璃管中进行的。离子交换剂为人工合成的多聚物，其上带有许多可电离基团，根据这些基团所带电荷的不同，可分为阴离子交换剂和阳离子交换剂。含有预被分离的离子的溶液通过离子交换柱时，各种离子即与离子交换剂上的荷电部位竞争结合。任何离子通过柱时的移动速率取决于与离子交换剂的亲和力、电离程度和溶液中各种竞争性离子的性质和浓度。

离子交换剂是由基质、荷电基团和反离子构成，在水中呈不溶解状态，能释放出反离子。同时它与溶液中的其他离子或离子化合物相互结合，结合后不改变本身和被结合离子或离子化合物的理化性质。

离子交换层剂与水溶液中离子或离子化合物所进行的离子交换反应是可逆的。假定以RA代表阳离子交换剂，在溶液中解离出来的阳离子A^+与溶液中的阳离子B^+可发生可逆的交换反应：$RA + B^+ \leftrightarrow RB + A^+$；该反应能以极快的速度达到平衡，平衡的移动遵循质量作用定律。

溶液中的离子与交换剂上的离子进行交换，一般来说，电性越强，越易交换。对于阳离子树脂，在常温常压的稀溶液中，交换量随交换剂离子的电价增大而增大，如 $Na^+ < Ca^{2+} < Al^{3+} < Si^{4+}$。如原子价数相同，交换量则随交换离子的原子序数的增大而增大，如 $Li^+ < Na^+ < K^+ < Pb^+$。在稀溶液中，强碱性树脂各负电性基团的离子结合力次序是：$CH_3COO^- < F^- < OH^- < HCOO^- < Cl^- < SCN^- < Br^- < CrO_4^{2-} < NO^{2-} < I^- < C_2O_4^{2-} < SO_4^{3-} <$ 柠檬酸根。弱酸性阴

离子交换树脂对各负电性基团结合力的次序为：$F^- < Cl^- < Br^- = I^- = CH_3COO^- < MoO_4^{2-} < PO_4^{3-} < AsO_4^{3-} < NO_3^- <$ 酒石酸根 < 柠檬酸根 $< CrO_4^{2-} < SO_4^{2-} < OH^-$。两性离子如蛋白质、核苷酸、氨基酸等与离子交换剂的结合力，主要取决于它们的理化性质和特定的条件呈现的离子状态：当 pH < pI 时，能被阳离子交换剂吸附；反之，当 pH > pI 时，能被阴离子交换剂吸附。若在相同 pI 条件下，且 pI > pH 时，pI 越高，碱性就越强，就越容易被阳离子交换剂吸附。

选择离子交换剂的一般原则：

（1）选择阴离子抑或阳离子交换剂，决定于被分离物质所带的电荷性质。如果被分离物质带正电荷，应选择阳离子交换剂；如带负电荷，应选择阴离子交换剂；如被分离物为两性离子，则一般应根据其在稳定 pH 范围内所带电荷的性质来选择交换剂的种类。

（2）强型离子交换剂使用的 pH 范围很广，所以常用它来制备去离子水和分离一些在极端 pH 溶液中解离且较稳定的物质。

（3）离子交换剂处于电中性时常带有一定的反离子，使用时选择何种离子交换剂，取决于交换剂对各种反离子的结合力。为了提高交换容量，一般应选择结合力较小的反离子。据此，强酸型和强碱型离子交换剂应分别选择 H 型和 OH 型；弱酸型和弱碱型交换剂应分别选择 Na 型和 Cl 型。

（4）交换剂的基质是疏水性还是亲水性，对被分离物质有不同的作用，因此对被分离物质的稳定性和分离效果均有影响。一般认为，在分离生命大分子物质时，选用亲水性基质的交换剂较为合适，它们对被分离物质的吸附和洗脱都比较温和，活性不易破坏。

主要操作要点：①交换剂的预处理、再生与转型；②交换剂装柱；③样品上柱、洗脱和收集。

4. 凝胶层析法（gel chromatography，GC）

凝胶层析法也称分子筛层析法，是指混合物随流动相经过凝胶层析柱时，其中各组分按其分子大小不同而被分离的技术。该法设备简单、操作方便、重复性好、样品回收率高，除常用于分离纯化蛋白质、核酸、多糖、激素等物质外，还可以用于测定蛋白质的相对分子质量，以及样品的脱盐和浓缩等。

凝胶是一种不带电的具有三维空间的多孔网状结构、呈珠状颗粒的物质，每个颗粒的细微结构及筛孔的直径均匀一致，像筛子，小的分子可以进入凝胶网孔，而大的分子则排阻于颗粒之外。当含有分子大小不一的混合物样品加到用此类凝胶颗粒装填而成的层析柱上时，这些物质即随洗脱液的流动而发生移动。大分子物质沿凝胶颗粒间隙随洗脱液移动，流程短，移动速率快，先被洗出层析柱；而小分子物质可通过凝胶网孔进入颗粒内部，然后再扩散出来，故流程长，移动速度慢，最后被洗出层析柱，从而使样品中不同大小的分子彼此获得分离。如果两种以上不同相对分子质量的分子都能进入凝胶颗粒网孔，但由于它们被排阻和扩散的程度不同，在凝胶柱中所经过的路程和时间也不同，从而彼此也可以分离开来，如图 2-8 所示。

5. 高效液相色谱（high performance liquid chromatography，HPLC）

高效液相色谱是一种多用途的层析方法，可以使用多种固定相和流动相，并可以根据特定类型分子的大小、极性、可溶性或吸收特性的不同将其分离开来。高效液相色谱仪一般由溶剂槽、高压泵（有一元、二元、四元等多种类型）、色谱柱、进样器（手动或自动）、检

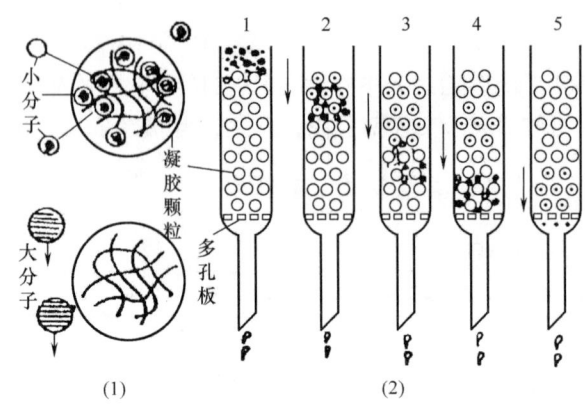

图 2-8 分子筛层析法示意图

(1) 小分子由于扩散作用进入凝胶颗粒内部而被滞留，大分子被排阻在凝胶颗粒外面，在颗粒之间迅速通过；(2) 1 蛋白质混合物上柱；2 洗脱开始，小分子扩散进入凝胶颗粒内，大分子则被排阻于颗粒之外；3 小分子被滞留，大分子向下移动，大小分子开始分开；4 大小分子完全分开；5 大分子行程较短，已洗脱出层析柱，小分子尚在行进中。

测器（常见的有紫外检测器、折光检测器、荧光检测器等）、数据处理机或色谱工作站等组成。

其核心部件是耐高压的色谱柱。HPLC 柱通常由不锈钢制成，并且所有的组成元件、阀门等都是用可耐高压的材料制成。溶剂运送系统的选择取决于：①等度（无梯度）分离：在整个分析过程中只使用一种溶剂（或混合溶剂）；②梯度洗脱分离：使用一种微处理机控制的梯度程序来改变流动相的组分，该程序可通过混合适量的两种不同物质来产生所需要的梯度。

由于 HPLC 的高速、灵敏和多用途等优点，它成为许多生物小分子分离所选择的方法，常用的是反相分配层析法。大分子物质（尤其是蛋白质和核酸）的分离通常需要一种"生物适合性"的系统如 Pharmacia FPLC 系统。在这类层析中用钛、玻璃或氟化塑料代替不锈钢组件，并且使用较低的压力以避免其生物活性的丧失。这类分离用离子交换层析、凝胶渗透层析或疏水层析等方法来完成。

HPLC 的类型主要有以下几种：

（1）液-固吸附层析 固定相是具有吸附活性的吸附剂，常用的有硅胶、氧化铝、高分子有机酸或聚酰胺凝胶等。液-固吸附层析中的流动相依其所起的作用不同，分为"底剂"和洗脱剂两类，底剂起决定基本色谱的分离作用，洗脱剂调节试样组分的滞留时间长短，并对试样中某几个组分具有选择性作用。流动相中底剂与洗脱剂成分的组合和选择，直接影响色谱的分离情况，一般底剂为极性较低的溶剂，如正乙烷、环己烷、戊烷、石油醚等，洗脱剂则根据试样性质选用针对性溶剂，如醚、酯、酮、醇和酸等。本法可用于分离异构体、抗氧化剂与维生素等。

（2）液-液分配层析 固定相由单体固定液构成。将固定液的官能团结合在薄壳或多孔型硅胶上，经酸洗、中和、干燥活化，使表面保持一定的硅羟基。这种以化学键合相为固定相的液-液层析称为化学键合相层析。另一种利用离子对原理的液-液分配层析为离子对层析。

化学键合层析分为：①极性键合相层析。固定相为极性基团，分氰基、氨基及双羟基三种。流动相为非极性或极性较小的溶剂。极性小的组分先出峰，极性大的后出峰，这称为正相层析法，适用于分离极性化合物。②非极性键合相层析。固定相为非极性基团，如十八烷基（C18）、辛烷基（C8）、甲基与苯基等，流动相用强极性溶剂，如水、醇、乙腈或无机盐缓冲液。最常用的是不同比例的水和甲醇配制的混合溶剂，水不仅起洗脱作用，还可掩盖载体表面的硅羟基，防止因吸附而至的拖尾现象。极性大的组分先出峰，极性小的组分后出峰，恰好与正相法相反，故称反相层析。本法适用于小分子物质的分离，如肽、核苷酸、糖类、氨基酸的衍生物等。

离子对分配层析分为：①正相离子对层析。此法常以水吸附在硅胶上作为固定相，把与分离组分带相反电荷的配对离子以一定浓度溶于水或缓冲液涂渍在硅胶上。流动相为极性较低的有机溶剂。在层析过程中，待分离的离子与水相中配对离子形成中性离子对，在水相和有机相中进行分配，而达到分离。本法优点是流动相选择余地大，缺点是固定相易流失。②反向离子对层析。固定相是疏水性键合硅胶，如 C18 键合相，待分离离子和带相反电荷的配对离子同时存在于强极性的流动相中，生成的中性离子对在流动相和键合相之间进行分配，而得到分离。本法优点是固定相不存在流失问题，流动相含水或缓冲液更适用于电离性化合物的分离。

（3）离子交换层析　原理与普通离子交换相同。在离子交换 HPLC 中，固定相多用离子性键合相，故本法又称离子性键合相层析。流动相主要是水溶液，pH 最好在被分离酸、碱的 pK 值附近。

6. 气相色谱（gas chromatography，GC）

现代的气相色谱使用长达 50m 的毛细管层析柱（内径为 0.1~0.5mm）。固定相通常为一种交联的硅多体，附着在毛细管内壁成一层膜。在正常操作温度下，其性质类似于液体膜，但要结实得多。流动相（载气）通常为氮气或氢气。依据不同组分在载气与硅多体相之间的分配能力不同达到选择性分离的目的。大多数生物大分子的分离受柱温的影响。柱温有时在分析过程中维持恒定（等温——通常为 50~250℃），更常见的为设定一个增温的程序（如以每分钟 10℃ 的速度从 50℃ 升高到 250℃）。样品通过一个包含有气紧阀门的注射孔注入柱顶部。柱中的产物可用下列方法检测出：

（1）火焰离子检测法　流出气体通过一种可使任何有机复合物离子化的火焰，然后被一个固定在火焰顶部附近的电极所检测。

（2）电子捕获法　使用一种发射 β - 射线的放射性同位素作为离子化的方式。这种方法可以检测极微量（pmol）的亲电复合物。

（3）分光光度计法　包括质谱分析法（GC-MS）和远红外光谱分析法（GC-IR）。

7. 亲和层析

亲和层析是利用某些生物分子之间专一可逆结合特性的一种高度专一的吸附层析类型。固体基质具有一个与之共价相连的特殊结合分子（如配位体），连接后的配体对互补分子的亲和力不会改变。配体是发生亲和反应的功能部位，也是载体和被亲和分子之间的桥梁。配体本身必须有两个基团：一个能与载体共价结合，一个能与被亲和分子结合。配基的固定化方法有载体结合法、物理吸附法、交联法和包埋法等四类方法。常用的配位体如下：

(1) 三嗪染色剂，用于蛋白质的纯化。
(2) 酶的底物或偶联因子，用于特定酶的纯化。
(3) 抗体，用于相应的抗原。
(4) 蛋白质 A，用于 IgG 抗体的纯化。
(5) 单链寡核苷酸，用于互补的核酸如 mRNA，或特定的单链 DNA 序列。
(6) 凝集素，用于特定的单糖亚基。

亲和层析的基本操作如下：
(1) 寻找能被分离分子（称配体）识别和可逆结合的专一性物质——配基。
(2) 把配基共价结合到层析介质（载体）上，即把配基固定化。
(3) 把载体-配基复合物灌装在层析柱内做成亲和柱。
(4) 上样亲和→洗涤杂质→洗脱收集亲和分子（配体）→亲和柱再生。

8. 聚焦层析

聚焦层析是一种操作简单、廉价的层析技术。它的原理是根据各种蛋白质的等电点不同来进行分离的过程，因此本方法具有高分辨、高度浓缩和高度专一等特点。聚焦层析所用的凝胶首先用高 pH 溶液平衡，然后用多元缓冲液进行洗脱，多元缓冲液 pH 呈梯度下降。

聚焦层析所用凝胶主要有两种：MONOP 和多元缓冲液交换剂（PBE）。其中 MONOP 是带孔小珠，孔中被带正电荷的胺基填充，适用于高效聚焦层析。多元缓冲液交换剂是一种交换凝胶，适于作普通聚焦层析的介质。各种凝胶性质见表 2-2。

表 2-2　　　　　　　　　　聚焦层析技术数据

凝胶名称	pH 范围	洗脱
MONOP	11~8	Pharmalyte 8~10.5
PEB	11~8	Pharmalyte 8~10.5
MONOP	9~6	多元缓冲液 96
PBE94	7~4	多元缓冲液 74

四、电泳技术

电泳技术，是指在电场作用下，带电颗粒由于所带的电荷不同以及分子大小差异而有不同的迁移行为从而彼此分离开来的一种实验技术。

许多生物分子都带有电荷，其电荷的多少取决于分子结构及所在介质的 pH 和组成。由于混合物中各种组分所带电荷性质、电荷数量以及相对分子质量的不同，在同一电场的作用下，各组分泳动的方向和速率也各异。因此，在一定时间内各组分移动的距离不同，从而达到分离鉴定各组分的目的。

电泳过程必须在一种支持介质中进行。Tiselius 等在 1937 年进行的自由界面电泳没有固定支持介质，所以扩散和对流都比较强，影响分离效果。于是出现了固定支持介质的电泳，样品在固定的介质中进行电泳过程，减少了扩散和对流等干扰作用。最初的支持介质是滤纸和醋酸纤维素膜，目前这些介质在实验室已经应用得较少。在很长一段时间里，小分子物质如氨基酸、多肽、糖等通常用滤纸或纤维素、硅胶薄层平板为介质的电泳进行分离、分析，但目前一般使用更灵敏的技术如 HPLC 等来进行分析。这些介质适合于分离小分子物质，操作简单、方便。但对于复杂的生物大分子则分离效果较差。凝胶作为支持介质的引入大大促进了电泳技术的发展，使电泳技术成为分析蛋白质、核酸等生物大分子的重要手段之一。最初使用的凝胶是淀粉凝胶，但目前使用得最多的是琼脂糖凝胶和聚丙烯酰胺凝胶。蛋白质电泳主要使用聚丙烯酰胺凝胶。

电泳装置主要包括两个部分：电源和电泳槽。电源提供直流电，在电泳槽中产生电场，驱动带电分子的迁移。电泳槽可以分为水平式和垂直式两类。垂直板式电泳是较为常见的一种，常用于聚丙烯酰胺凝胶电泳中蛋白质的分离。电泳槽中间是夹在一起的两块玻璃板，玻璃板两边由塑料条隔开，在玻璃平板中间制备电泳凝胶，凝胶的大小通常是 12~14cm，厚度为 1~2mm，近年来新研制的电泳槽，胶面更小、更薄，以节省试剂和缩短电泳时间。制胶时在凝胶溶液中放一个塑料梳子，在胶聚合后移去，形成上样品的凹槽。水平式电泳，凝胶铺在水平的玻璃或塑料板上，用一薄层湿滤纸连接凝胶和电泳缓冲液，或将凝胶直接浸入缓冲液中。由于 pH 的改变会引起带电分子电荷的改变，进而影响其电泳迁移的速度，所以电泳过程应在适当的缓冲液中进行，缓冲液可以保持待分离物带电性质的稳定。

为了更好地了解带电分子在电泳过程中是如何被分离的，下面简单介绍一下电泳的基本原理。

在稀溶液中，电场对带电分子的作用力（F），等于所带净电荷与电场强度的乘积：

$$F = q \cdot E$$

式中　q——带电分子的静电荷；

E——电场强度。

这个作用力使得带电分子向其电荷相反的电极方向移动。在移动过程中，分子会受到介质黏滞力的阻碍。黏滞力（F'）的大小与分子大小、形状、电泳介质孔径大小以及缓冲液黏度等有关，并与带电分子的移动速度成正比，对于球状分子，F 的大小服从 Stokes 定律，即：

$$F' = 6\pi r \eta v$$

式中　r——球状分子的半径；

η——缓冲液黏度；

v——电泳速度（$v = \dfrac{d}{t}$，单位时间粒子运动的距离，cm/s）。

当带电分子匀速移动时：

$$F = F', 即 q \cdot E = 6\pi r \eta v$$

由上式可知，相同带电颗粒在不同强度的电场里泳动速度是不同的。为了便于比较，常用迁移率代替泳动速度表示粒子的泳动情况。迁移率为带电粒子在单位电场强度下的泳动速度。若以 m 表示迁移率，上式两边同时除以电场强度 E，则得：

$$m = \frac{q}{6\pi r \eta}$$

这就是迁移率公式，由上式可以看出，迁移率与带电分子所带净电荷成正比，与分子的大小和缓冲液的黏度呈反比。

用 SDS 聚丙烯酰胺凝胶电泳测定蛋白质分子量时，实际使用的是相对迁移率 m。即：

$$m = \frac{m_1}{m_2} = \frac{\dfrac{d_1/t}{V/L}}{\dfrac{d_2/t}{V/L}} = \frac{d_1}{d_2}$$

式中　　d——带电粒子泳动的距离；

　　　　t——电泳的时间；

　　　　V——电压；

　　　　L——两电极交界面之间的距离，即凝胶的有效长度。

因此，相对迁移率 m，就是两种带电粒子在凝胶中泳动迁移的距离比。

带电分子由于各自的电荷和形状、大小不同，因而在电泳过程中具有不同的迁移速度，形成了依次排列的不同区带而被分开。即使两个分子具有相似的电荷，如果它们的分子大小不同，则它们所受的阻力不同，因此迁移速度也不同，在电泳过程中就可以被分离。有些类型的电泳几乎完全依赖于分子所带的电荷不同进行分离，如等电聚焦电泳；而有些类型的电泳主要依靠分子大小的不同即电泳过程中产生的阻力不同而得到分离，如 SDS - 聚丙烯酰胺凝胶电泳。分离后的样品通过各种方法的染色，或者如果样品有放射性标记，则可以通过放射性自显影等方法进行检测。

（一）　影响电泳的主要因素

由电泳迁移率的公式可以看出，影响电泳分离的因素很多，下面简单讨论一些主要的影响因素。

1. 待分离生物大分子的性质

待分离生物大分子所带的电荷、分子大小和性质都会对电泳有明显影响。一般来说，分子带的电荷量越大、直径越小、形状越接近球形，则其电泳迁移速度越快。

2. 缓冲液的性质

缓冲液的 pH 会影响待分离生物大分子的解离程度，从而对其带电性质产生影响，溶液 pH 距离其等电点越远，其所带净电荷量就越大，电泳的速度也就越大，尤其对于蛋白质等两性分子，缓冲液 pH 还会影响到其电泳方向，当缓冲液 pH 大于蛋白质分子的等电点，蛋白质分子带负电荷，其电泳的方向指向正极。为了保持电泳过程中待分离生物大分子的电荷以及缓冲液 pH 的稳定性，缓冲液通常要保持一定的离子强度，一般在 0.02 ~ 0.2，离子强度过低，则缓冲能力差，但如果离子强度过高，会在待分离分子周围形成较强的带相反电荷的离子扩散层（即离子氛），由于离子氛与待分离分子的移动方向相反，它们之间产生了静电引力，因而引起电泳速度降低。另外缓冲液的黏度也会对电泳速度产生影响。

3. 电场强度

电场强度（V/cm）是每厘米的电位降，也称电位梯度。电场强度越大，电泳速度越快。但增大电场强度会引起通过介质的电流强度增大，而造成电泳过程产生的热量增大。电流在介质中所做的功（W）为：

$$W = I^2 Rt$$

式中　　I——电流强度；

　　　　R——电阻；

　　　　t——电泳时间。

电流所作的功绝大部分都转换为热，因而引起介质温度升高，这会造成很多影响：①样品和缓冲离子扩散速度增加，引起样品分离带加宽；②产生对流，引起待分离物的混合；③如果样品对热敏感，会引起蛋白变性；④引起介质黏度降低、电阻下降等。电泳中产生的热通常是由中心向外周散发的，所以介质中心温度一般要高于外周，尤其是管状电泳，由此引起中央部分介质相对于外周部分黏度下降,摩擦因数减小,电泳迁移速度增大,由于中央部分的电泳速度比边缘快,所以电泳分离带通常呈弓形。降低电流强度,可以减小生热,但会延长电泳时间,引起待分离生物大分子扩散的增加而影响分离效果。所以电泳实验中要选择适当的电场强度,同时可以适当降低温度以获得较好的分离效果。

4. 电渗

液体在电场中,对于固体支持介质的相对移动,称为电渗现象。由于支持介质表面可能会存在一些带电基团,如滤纸表面通常有一些羧基,琼脂可能会含有一些硫酸基,而玻璃表面通常有 Si—OH 基团等。这些基团电离后会使支持介质表面带电,吸附一些带相反电荷的离子,在电场的作用下向电极方向移动,形成介质表面溶液的流动,这种现象就是电渗。在 pH 高于 3 时,玻璃表面带负电,吸附溶液中的正电离子,引起玻璃表面附近溶液层带正电,在电场的作用下,向负极迁移,带动电极液产生向负极的电渗流。如果电渗方向与待分离分子电泳方向相同,则加快电泳速度;如果相反,则降低电泳速度。

5. 支持介质的筛孔

支持介质的筛孔大小对分离生物大分子的电泳迁移速度有明显影响。在筛孔大的介质中泳动速度快,反之,则泳动速度慢。

综上所述,电泳受粒子本身大小、形状、所带电量、溶液黏度、温度、pH、电渗及离子强度等多种因素的影响。当电泳结果欠佳时,应检查或重新设计实验条件以便改进。

(二) 电泳方法的分类

1. 按支持物的物理性状不同分类

按支持物的物理性状,区带电泳可分为:

(1) 滤纸及其他纤维(如醋酸纤维、玻璃纤维、聚氯乙烯纤维)薄膜电位;

(2) 粉末电泳,如纤维素粉、淀粉、玻璃粉电泳;

(3) 凝胶电泳,如琼脂、琼脂糖、硅胶、淀粉胶、聚丙烯酰胺凝胶等电泳;

(4) 丝线电泳,如尼龙丝、人造丝电泳。

2. 按支持物的装置形式不同分类

按支持物的装置形式不同,区带电泳可分为:

(1) 平板式电泳,支持物水平放置,是最常用的电泳方式;

(2) 垂直板式电泳,聚丙烯酰胺凝胶常做成垂直板式电泳;

(3) 垂直柱式电泳,聚丙烯酰胺凝胶盘状电泳即属于此类;

(4) 连续液动电泳,首先应用于纸电泳,将滤纸垂直竖立,两边各放一电极,溶液自顶端向下流,与电泳方向垂直。后来有用淀粉、纤维素粉、玻璃粉等代替滤纸来分离血清蛋白质的,分离量最大。

3. 按 pH 的连续性不同分类

按 pH 的连续性不同,区带电泳可分为:

(1) 连续 pH 电泳,即在整个电泳过程中 pH 保持不变,常用的纸电泳、醋酸纤维薄膜电泳等属于此类;

(2) 非连续性 pH 电泳,缓冲液和电泳支持物间有不同的 pH,如聚丙烯酰胺凝胶盘状电泳分离血清蛋白质时常用这种形式。它的优点是易在不同 pH 区之间形成高的电位梯度区,使蛋白质移动加速并压缩为一极狭窄的区带而达到浓缩的作用。

(三) 电泳技术的应用

电泳技术主要用于分离各种有机物（如氨基酸、多肽、蛋白质、脂类、核苷酸、核酸等）和无机盐；也可用于分析某种物质纯度，还可用于相对分子质量的测定。电泳技术与其他分离技术（如层析法）结合，可用于蛋白质结构的分析，"指纹法"就是电泳法与层析法的结合产物。用免疫原理测试电泳结果，提高了对蛋白质的鉴定能力。电泳与酶学技术结合发现了同工酶，对于酶的催化和调节功能有了深入的了解。所以电泳技术是医学科学中的重要研究技术。

1. 纸电泳和醋酸纤维薄膜电泳

纸电泳用于血清蛋白质分离已有相当长的历史，在实验室和临床检验中都曾得到广泛应用。自从1957年Kohn首先将醋酸纤维薄膜用作电泳支持物以来，纸电泳已被醋酸纤维薄膜电泳所取代。因为后者具有比纸电泳电渗小、分离速率快、分离清晰、血清用量少以及操作简单等优点。

纸电泳是用滤纸作支持介质的一种早期电泳技术。尽管分辨率比凝胶介质要差，但由于其操作简单，所以仍有很多应用，特别是在血清样品的临床检测和病毒分析等方面有重要用途。

纸电泳使用水平电泳槽。分离氨基酸和核苷酸时常用 pH 2.0～3.5 的酸性缓冲液，分离蛋白质时常用碱性缓冲液。选用的滤纸必须厚度均匀，常用国产新华滤纸和进口的 Whatman I 号滤纸。点样位置是在滤纸的一端距纸边 5～10cm 处。样品可点成圆形或长条形，长条形的分离效果较好。点样量为 5～100μg 和 5～10μL。点样方法有干点法和湿点法。湿点法是在点样前即将滤纸用缓冲液浸湿，样品液要求较浓，不要多次点样。干点法是在点样后用缓冲液和喷雾器将滤纸喷湿，点样时可用吹风机吹干后多次点样，因此可以用较稀的样品。电泳时要选择好正、负极，电压通常使用 2～10V/cm 的高压电泳，电泳时间可以大大缩短，但必须解决电泳时的冷却问题，并要注意安全。

电泳完毕记下滤纸的有效使用长度，然后烘干，用显色剂显色，显色剂和显色方法，可查阅有关书籍。定量测定的方法有洗脱法和光密度法。洗脱法是将确定的样品区带剪下，用适当的洗脱剂洗脱后进行比色或分光光度测定。光密度法是将染色后的干滤纸用光密度计直接定量测定各样品电泳区带的含量。

醋酸纤维薄膜电泳与纸电泳相似，只是换了醋酸纤维薄膜作为支持介质。将纤维素的羟基乙酰化为醋酸酯，溶于丙酮后涂布成有均一细密微孔的薄膜，其厚度为 0.1～0.15mm。

醋酸纤维薄膜电泳与纸电泳相比有以下优点：①醋酸纤维薄膜对蛋白质样品吸附极少，无"拖尾"现象，染色后蛋白质区带更清晰。②快速省时。由于醋酸纤维薄膜亲水性比滤纸小，吸水少，电渗作用小，电泳时大部分电流由样品传导，所以分离速度快，电泳时间短，完成全部电泳操作只需 90min 左右。③灵敏度高，样品用量少。血清蛋白电泳仅需 2μL 血清，点样量甚至少到 0.1μL，仅含 5μg 的蛋白样品也可以得到清晰的电泳区带。临床医学用于检测微量异常蛋白的改变。④应用面广。可用于那些纸电泳不易分离的样品，如胎儿甲种球蛋白、溶菌酶、胰岛素、组蛋白等。⑤醋酸纤维薄膜电泳染色后，用乙酸、乙醇混合液浸泡后可制成透明的干板，有利于光密度计和分光光度计扫描定量及长期保存。

由于醋酸纤维薄膜电泳操作简单、快速、价廉，目前已广泛用于分析检测血浆蛋白、脂蛋白、糖蛋白、胎儿甲种球蛋白、体液、脊髓液、脱氢酶、多肽、核酸及其他生物大分子，为心血管疾病、肝硬化及某些癌症鉴别诊断提供了可靠的依据,因而已成为医学和临床检验的常规技术。

2. 琼脂糖凝胶电泳

琼脂经处理去除其中的果胶成分即为琼脂糖。由于琼脂糖中硫酸根含量较琼脂为少,电渗影响减弱,因而使分离效果显著提高。例如,血清脂蛋白用琼脂凝胶电泳只能分出两条区带(α-脂蛋白、β-脂蛋白),而琼脂糖凝胶电泳可将血清脂蛋白分出三条区带(α-脂蛋白、前β-脂蛋白和β-脂蛋白)。所以琼脂糖是一种较理想的凝胶电泳材料。

琼脂糖凝胶的制作是将干的琼脂糖悬浮于缓冲液中,通常使用的浓度是1%~3%,加热煮沸至溶液变为澄清,注入模板后室温下冷却凝聚即成琼脂糖凝胶。琼脂糖之间以分子内和分子间氢键形成较为稳定的交联结构,这种交联的结构使琼脂糖凝胶有较好的抗对流性质。琼脂糖凝胶的孔径可以通过琼脂糖的最初浓度来控制,低浓度的琼脂糖形成较大的孔径,而高浓度的琼脂糖形成较小的孔径。尽管琼脂糖本身没有电荷,但一些糖基可能会被羧基、甲氧基特别是硫酸根不同程度地取代,使得琼脂糖凝胶表面带有一定的电荷,引起电泳过程中发生电渗以及样品和凝胶间的静电相互作用,影响分离效果。琼脂糖凝胶可以用于蛋白质和核酸的电泳支持介质,尤其适合于核酸的提纯、分析。如浓度为1%的琼脂糖凝胶的孔径对于蛋白质来说是比较大的,对蛋白质的阻碍作用较小,这时蛋白质分子大小对电泳迁移率的影响相对较小,所以适用于一些忽略蛋白质大小而只根据蛋白质天然电荷来进行分离的电泳技术,如免疫电泳、平板等电聚焦电泳等。琼脂糖也适合于DNA、RNA分子的分离、分析,由于DNA、RNA分子通常较大,所以在分离过程中会存在一定的摩擦阻碍作用,这时分子的大小会对电泳迁移率产生明显影响。例如对于双链DNA,电泳迁移率的大小主要与DNA分子大小有关,而与碱基排列及组成无关。DNA分子的电泳迁移率与其相对分子质量的常用对数成反比(切记:不是线性的关系);分子构型也对迁移率有影响,如共价闭环DNA > 直线DNA > 开环双链DNA。为了方便在电泳图中迅速读出待测定DNA片段的大小,在电泳过程中往往加入固定片段大小的DNA marker作为参照物。另外,一些低熔点的琼脂糖(62~65℃)可以在65℃时融化,因此其中的样品如DNA可以重新溶解到溶液中而回收。

3. 聚丙烯酰氨凝胶电泳(polyacrylamide gel electrophoresis,PAGE)

聚丙烯酰氨凝胶电泳是以聚丙烯酰氨凝胶作为支持介质。聚丙烯酰氨凝胶是由单体的丙烯酰胺(CH_2=$CHCONH_2$,acrylamide)和甲叉双丙烯酰胺[$CH_2(NHCOHC$=$CH_2)_2N$,N-mechylene bisacrylamide]聚合而成,这一聚合过程需要有自由基催化完成,通常是加入催化剂过硫酸铵(AP)以及加速剂四甲基乙二胺(TEMED)引发自由基聚合反应:

$$S_2O_8^{2-} + e^- = SO_4^{2-} + SO_4^-$$

以R^*代表自由基,M^*代表丙烯酰胺单体,则聚合过程可以表示为:

$$R^* + M \longrightarrow RM^*$$
$$RM^* + M \longrightarrow RMM^*$$
$$RMM^* + M \longrightarrow RMMM^* \cdots$$

这样,由于乙烯基"CH_2=CH—"一个接一个地聚合,就形成了丙烯酰胺长链,同时甲叉双丙烯酰胺在不断延长的丙烯酰胺链间形成甲叉键交联,从而形成交联的三维网状结构。

聚丙烯酰胺凝胶的孔径可以通过改变丙烯酰胺和甲叉双丙烯酰胺的浓度来控制,丙烯酰胺的浓度可以在3%~30%之间。低浓度的凝胶具有较大的孔径,如3%的聚丙烯酰胺凝胶对蛋白质没有明显的阻碍作用，可用于平板等电聚焦或 SDS - 聚丙烯酰胺凝胶电泳的浓缩胶，也可以用于分离 DNA；高浓度凝胶具有较小的孔径，对蛋白质有分子筛的作用，可以用于根据蛋白质的相对分子质量进行分离的电泳中，如 10% ~ 20% 的凝胶常用于 SDS - 聚丙烯酰胺凝胶电泳的分离胶。

未加 SDS 的天然阳离子聚丙烯酰胺凝胶电泳可以使生物大分子在电泳过程中保持其天然的形状和电荷，它们的分离是依据其电泳迁移率的不同和凝胶的分子筛作用，因而可以得到较高的分辨率，尤其是在电泳分离后仍能保持蛋白质和酶等生物大分子的生物活性，对于生物大分子的鉴定有重要意义，其方法是在凝胶上进行两份相同样品的电泳，电泳后将凝胶切成两半，一半用于活性染色，对某个特定的生物大分子进行鉴定，另一半用于所有样品的染色，以分析样品中各种生物大分子的种类和含量。

聚丙烯酰胺凝胶是一种人工合成的凝胶，具有机械强度好、弹性大、透明、化学稳定性高、无电渗作用、设备简单、样品量小（$1 \sim 100 \mu g$）、分辨率高等优点，并可通过控制单体浓度或单体与交联剂的比例，聚合成不同孔径大小的凝胶，可以用于蛋白质、核酸等分子大小不同的物质的分离、定性和定量分析。还可结合解离剂十二烷基硫酸钠（SDS），以测定蛋白质亚基的相对分子质量。

4. 免疫电泳技术

免疫电泳技术是电泳分析与沉淀反应的结合产物。这种技术有两大优点，一是加快了沉淀反应的速度，二是将某些蛋白组分利用其带电荷的不同而将其分开，再分别与抗体反应，以此做更细微的分析。免疫电泳为区带电泳与免疫双向扩散的结合，先利用区带电泳技术将不同电荷和相对分子质量的蛋白抗原在琼脂内分离开，然后与电泳方向平行在两侧开槽，加入抗血清。置室温或 37℃ 下使两者扩散，各区带蛋白在相应位置与抗体反应形成弧形沉淀线。根据各蛋白所处的电泳位置，可以精确地将不同的蛋白加以分离鉴别。

5. 毛细管电泳（capillary electrophoresis，CE）

毛细管电泳又称高效毛细管电泳（HPCE），是近年来发展最快的分析方法之一。1981 年 Jorgenson 和 Lukacs 首先提出在内径 75 微米的毛细管柱内用高电压进行分离，创立了现代毛细管电泳。1984 年 Terabe 等建立了胶束毛细管电动力学色谱。1987 年 Hjerten 建立了毛细管等电聚焦，Cohen 和 Karger 提出了毛细管凝胶电泳。1988—1989 年出现了第一批毛细管电泳商品仪器。短短几年内，由于 CE 符合了以生物工程为代表的生命科学各领域中对多肽、蛋白质（包括酶、抗体）、核苷酸乃至脱氧核糖核酸（DNA）的分离分析要求，所以得到了迅速的发展。CE 是经典电泳技术和现代微柱分离相结合的产物。

CE 和高效液相色谱法（HPLC）相比，其相同处在于都是高效分离技术，仪器操作均可自动化，且二者均有多种不同分离模式。二者之间的差异在于：CE 用迁移时间取代 HPLC 中的保留时间，CE 的分析时间通常不超过 30min，比 HPLC 速度快；对 CE 而言，从理论上推得其理论塔板高度和溶质的扩散系数成正比，对扩散系数小的生物大分子而言，其柱效就要比 HPLC 高得多；CE 所需样品为 nL 级，最低可达 270fL，流动相用量也只需几毫升，而 HPLC 所需样品为 μL 级，流动相则需几百毫升乃至更多；但 CE 仅能实现微量制备，而 HPLC 可作常量制备。

CE 和普通电泳相比，由于其采用高电场，因此分离速度要快得多；检测器除了未能和原子吸收及红外光谱连接以外，其他类型检测器均已和 CE 实现了连接检测；一般电泳定量精度差，而 CE 定量精度较好；CE 操作自动化程度比普通电泳要高得多。总之，CE 的优点可概括为三高二少：高灵敏度，常用紫外检测器的检测限可达 $10^{-13} \sim 10^{-15}$ mol，激光诱导荧光检测器达 $10^{-19} \sim 10^{-21}$ mol；高分辨率，其每米理论塔板数为几十万，高者可达几百万乃至千万，而 HPLC 一般为几千到几万；高速度，最快可在 60s 内完成，在 250s 内分离 10 种蛋白质，1.7min 分离 19 种阳离子，3min 内分离 30 种阴离子；样品少，只需 nL（10^{-9} L）级的进样量；成本低，只需少量（几毫升）流动相和价格低廉的毛细管。由于以上优点以及分离生物大分子的能力，使 CE 成为近年来发展最迅速的分离分析方法之一。当然 CE 还是一种正在发展中的技术，有些理论研究和实际应用正在进行与开发。

CE 现有 6 种分离模式，分别如下：

(1) 毛细管区带电泳（capillary zone electrophoresis，CZE），又称毛细管自由电泳，是 CE 中最基本、应用最普遍的一种模式。前述基本原理即是 CZE 的基本原理。

(2) 胶束电动毛细管色谱（micellar electrokinetic capillary chromatography，MECC），是把一些离子型表面活性剂（如十二烷基硫酸钠，SDS）加到缓冲液中，当其浓度超过临界浓度后就形成有一疏水内核、外部带负电的胶束。虽然胶束带负电，但一般情况下电渗流的速度仍大于胶束的迁移速度，故胶束将以较低速度向阴极移动。溶质在水相和胶束相（准固定相）之间产生分配，中性粒子因其本身疏水性不同，在二相中分配就有差异，疏水性强的胶束结合牢固，流出时间长，最终按中性粒子疏水性不同得以分离。MECC 使 CE 能用于中性物质的分离，拓宽了 CE 的应用范围，是对 CE 极大的贡献。

(3) 毛细管凝胶电泳（capillary gel electrophoresis，CGE），是将板上的凝胶移到毛细管中作支持物进行的电泳。凝胶具有多孔性，起类似分子筛的作用，溶质按分子大小逐一分离。凝胶黏度大，能减少溶质的扩散，所得峰形尖锐，能达到 CE 中最高的柱效。常用聚丙烯酰胺在毛细管内交联制成凝胶柱，可分离、测定蛋白质和 DNA 的相对分子质量或碱基数，但其制备麻烦，使用寿命短。如采用黏度低的线性聚合物如甲基纤维素代替聚丙烯酰胺，可形成无凝胶但有筛分作用的无胶筛分（non-gel sieving）介质。它能避免空泡形成，比凝胶柱制备简单，寿命长，但分离能力比凝胶柱略差。CGE 和无胶筛分正在发展成第二代 DNA 序列测定仪，将在人类基因组织计划中起重要作用。

(4) 毛细管等电聚焦（capillary isoelectric focusing，CIEF），是将普通等电聚焦电泳转移到毛细管内进行。通过管壁涂层使电渗流减到最小，以防蛋白质吸附及破坏稳定的聚焦区带，再将样品与两性电解质混合进样，两端贮瓶分别为酸和碱。加高压（$6 \sim 8$kV）$3 \sim 5$min 后，毛细管内部建立 pH 梯度，蛋白质在毛细管中向各自等电点聚焦，形成明显的区带。最后改变检测器末端贮瓶内的 pH，使聚焦的蛋白质依次通过检测器而得以确认。

(5) 毛细管等速电泳（capillary isotachor-phoresis，CITP），是一种较早的模式，采用先导电解质和后继电解质，使溶质按其电泳淌度不同得以分离，常用于分离离子型物质，目前应用不多。

(6) 毛细管电色谱（capillary electrochromatography，CEC），是将 HPLC 中众多的固定相微粒填充到毛细管中，以样品与固定相之间的相互作用为分离机制，以电渗流为流动相驱动力的色谱过程，虽柱效有所下降，但增加了选择性。此法有发展前景。

毛细管电泳（CE）除了比其他色谱分离分析方法具有效率更高、速度更快、样品和试剂耗量更少、应用面同样广泛等优点外，其仪器结构也比高效液相色谱（HPLC）简单。CE

只需高压直流电源、进样装置、毛细管和检测器。前三个部件均易实现，困难之处在于检测器，特别是光学类检测器，由于毛细管电泳溶质区带的超小体积的特性导致光程太短，而且圆柱形毛细管作为光学表面也不够理想，因此对检测器灵敏度要求相当高。

当然在 CE 中也有利于检测的因素，如在 HPLC 中，因稀释之故，溶质到达检测器的浓度一般是其进样端原始浓度的 1%，但在 CE 中，经优化实验条件后，可使溶质区带到达检测器时的浓度和在进样端开始分离前的浓度相同。而且 CE 中还可以采用堆积等技术使样品达到柱上浓缩效果，使初始进样体积浓缩为原来体积的 1%～10%，这对检测十分有利。因此从检测灵敏度的角度来说，HPLC 具有良好的浓度灵敏度，而 CE 提供了很好的质量灵敏度。

下面介绍几种常用的凝胶电泳。

1. 聚丙烯酰胺凝胶盘状电泳

将丙烯酰胺、甲叉双丙烯酰胺、缓冲液和催化剂等溶液按一定比例加到用琼脂封了底的玻璃管中，聚合后得到圆柱胶。圆柱胶面之上加上待分离的样品，注入直流电源电路中，经过一定时间的电泳，样品中各组分在圆柱胶中分离，分离在不同层次上。电泳结束后将胶条剥出，进行染色、褪色处理，从胶条侧面可见到一个一个的组分条带，与多个圆盘叠加在一起相似，故将在柱胶中进行的电泳分离技术称为聚丙烯酰胺凝胶盘状电泳。

实际操作时，在玻璃管中分两次灌胶。先灌下层的分离胶，待其聚合后再灌上层的浓缩胶。这样制得的凝胶柱实际上是个不连续体系。利用该体系中凝胶柱孔径的不连续性、缓冲液离子成分的不连续性、pH 的不连续性及电位梯度的不连续性，使进入柱胶的样品在浓缩胶中逐渐浓缩、在上下胶层界面上最终被压缩成很薄的样品区带，进入分离胶后进行组分的分离，形成最终的分离区带。根据分离胶缓冲液 pH 高低，有 3 种操作系统，分别为碱性系统、酸性系统和中性系统，其中以碱性系统最为常见。

在浓缩胶中，除了有电荷效应和分子筛效应外，还存在一种特殊的浓缩效应。该效应是以上多种不连续效应综合作用的效果。这种不连续聚丙烯酰胺凝胶电泳由于兼有电荷效应、浓缩效应和分子筛效应，因此具有很高的分辨率。其分子筛效应主要由凝胶孔径大小决定，而决定凝胶孔径大小的主要是凝胶的浓度。但交联剂对电泳泳动率也有影响，交联剂质量对总单位质量的百分比越大，则电泳泳动率越小。不管交联剂是以何种方式影响电泳时的泳动率，总之它是影响凝胶孔径的一个重要参数。为了使实验重复性提高，在制备凝胶时对交联剂的浓度、交联剂与丙烯酰胺的比例、催化剂的浓度、聚胶所需的时间等影响泳动率的因子都尽可能保持恒定。

2. 连续密度梯度电泳

如果合成的聚丙烯酰胺凝胶从上至下是一个正的线性梯度凝胶，点在凝胶顶部的样品在电场中向着凝胶浓度逐渐增高的方向即孔径逐渐减小的方向迁移。随着电泳的继续进行，蛋白质受到孔径的阻力越来越大。电泳开始时，样品在凝胶中的迁移速率主要受两个因素的影响：一是样品本身的电荷密度，电荷密度越高，迁移速率越快；二是样品分子的大小，相对分子质量 M_r 越大，迁移速率越慢。当迁移所受到的阻力达到足以使样品分子完全停止前进时，那些跑得慢的低电荷密度的样品分子将"赶上"与它大小相同但具有较高电荷密度的分子并停留下来形成区带。因此，在梯度凝胶电泳中，样品的最终迁移位置仅取决于分子自身的大小，而与样品分子的电荷密度无关。样品混合物中相对分子质量大小不同的组分，电泳后将依相对分子质量大小停留在不同的凝胶孔径层次中形成相应的区带。由此看出，在梯度凝胶电泳中，分子筛效应体现得更为突出。由于相对迁移率与相对分子质量的对数在一定范围内呈线性关系，故可以用来测定蛋白质的相对分子质量，但仅适合于球状蛋白，且电泳要有足够高的伏特小时（一般不低于2000V·h）。

连续密度梯度电泳具有以下优点：

（1）具有使样品中各个组分浓缩的作用。稀释的样品可以分次上样，不会影响最终分离效果。

（2）可提供更清晰的谱带，适于纯度分析。

（3）可在一张胶片上同时测定相对分子质量分布范围相当大的多种蛋白质的相对分子质量。

（4）可以测定天然状态蛋白质的相对分子质量，这对研究寡聚蛋白是相当有用的。

3. SDS-聚丙烯酰胺凝胶电泳

在聚丙烯酰胺凝胶电泳中，蛋白质的迁移率取决于它所带的静电荷的多少、分子的大小和形状。如果用还原剂（如巯基乙醇或二硫苏糖醇等）和十二烷基硫酸钠（缩写SDS）加热处理蛋白质样品，蛋白质分子中的二硫键将被还原，并且1g蛋白质可定量结合1.4g SDS，亚基的构象呈长椭圆棒形。由于与蛋白质结合的SDS呈解离状态，使蛋白质亚基带上大量负电荷，其数值大小超过蛋白质原有的电荷密度，掩盖了不同亚基间原有的电荷差异。各种蛋白质-SDS复合物具有相同的电荷密度，电泳时纯粹按亚基靠凝胶分子筛效应进行分离。有效迁移率与相对分子质量的对数呈很好的线性关系。所以，SDS-聚丙烯酰胺凝胶电泳不仅是一种很好的蛋白质分离的方法，也是一种十分有用的测定蛋白质相对分子质量的方法。应该注意的是，SDS-聚丙烯酰胺凝胶电泳法测得的是蛋白质亚基的相对分子质量。对寡聚蛋白来说，为了正确反映其完整的分子结构，还应用连续密度梯度电泳或凝胶过滤等方法测定天然构象状态下的相对分子质量及分子中肽链（亚基）的数目。

4. 等电聚焦电泳

聚丙烯酰胺凝胶中加入一种合成的两性电解质载体，在电场的作用下会自发形成一个连续的pH梯度。蛋白质样品在电泳中被分离，运动到等电点胶层时就失去所带电荷而稳定停留在该处，样品中不同蛋白质组分等电点的差异，并不利于凝胶的分子筛作用。它的分辨率高，可分离等电点相差0.01~0.02pH单位的蛋白质，可用来准确测定蛋白质的等电点，精确度可达0.01pH单位。

等电聚焦多采用水平平板电泳，也可使用管式电泳。由于两性电解质的价格昂贵，使用1~2mm厚的凝胶进行等电聚焦价格较高。使用两条很薄的胶带作为玻璃板间隔，可以形成厚度仅0.05mm的薄层凝胶，大大降低了成本，所以等电聚焦通常使用这种薄层凝胶。由于等电聚焦过程需要蛋白质根据其电荷性质在电场自由迁徙，通常使用较低浓度的聚丙烯酰胺凝胶（如4%）以防止分子筛作用，也经常使用琼脂糖，尤其对于相对分子质量较大的蛋白质，制作等电聚焦薄层凝胶时，首先将两性电解质、核黄素与丙烯酰胺贮液混合，加入到带有间隔胶条的玻璃板上，而后在上面加上另一块玻璃板，形成平板薄层凝胶。经过光照聚合后，将一块玻璃板撬开移去，将一小薄片湿滤纸分别置于凝胶两侧，连接凝胶和电解液（阳极为酸性如磷酸溶液，阴极为碱性如氢氧化钠溶液）。接通电源，两性电解质中不同等电点的物质通过电泳在凝胶中形成pH梯度，从阳极侧到阴极侧pH由低到高呈线性梯度分布。而后关闭电源，上样时取一小块滤纸吸附样品后放置在凝胶上，通电 30min 后样品通过电泳离开滤纸加入凝胶中，这时可以去掉滤纸。最初样品中蛋白质所带的电荷取决于放置样品处凝胶的 pH，等电点在 pH 以上的蛋白质带正电，在电场的作用下向阴极移动，在迁移过程中，蛋白质所处的凝胶的 pH 逐渐升高，蛋白质所带的正电逐渐减少，到达 pH = pI 处的凝胶区域时蛋白质不带电荷，停止迁移。同样，等电点在上样处凝胶 pH 以下的蛋白质带负电，向阳极移动，最终到达 pH = pI 处的凝胶区域停止。可见等电聚焦过程无论样品加在凝胶上什么位置，各种蛋白质都能向着其等电点处移动，并最终到达其等电点处，对最后的电泳结果没有影响。所以有时样品可以在制胶前直接加入到凝胶溶液中。使用较高的电压（如 2000V，0.5mm 平板凝胶）可以得到较快速的分离（0.5~1h），但应注意对凝胶的冷却以及使用恒定功率的电源。凝胶结束后对蛋白质进行染色时应注意，由于两性电解质也会被染色，使整个凝胶都被染色。所以等电聚焦的凝胶不能直接染色，要首先经过 10% 的三氯乙酸的浸泡以除去两性电解质后才能进行染色。

等电聚焦还可以用于测定某个未知蛋白质的等电点，将一系列已知等电点的标准蛋白（通常 pI 在 3.5~10.0 之间）及待测蛋白同时进行等电聚焦。测定各个标准蛋白电泳区带到凝胶某一侧边缘的距离对各自的 pI 值作图，即得到标准曲线。而后测定待测蛋白的距离，通过标准曲线即可求出其等电点。

等电聚焦具有很高的灵敏度，特别适合于研究蛋白质的微观不均一性，例如一种蛋白质在 SDS-聚丙烯酰胺凝胶电泳中表现单一带，而在等电聚焦中表现三条带，这可能是由于蛋白质存在单磷酸化、双磷酸化和三磷酸化形式。由于几个磷酸基团不会对蛋白质的相对分子质量产生明显的影响，因此在 SDS-聚丙烯酰胺凝胶电泳中表现单一带，但由于它们所带的电荷有差异，所以在等电聚焦中可以被分离检测到。同工酶之间可能只有一两个氨基酸的差别，利用等电聚焦也可以得到较好的分离效果。由于等电聚焦过程中蛋白质通常是处于天然状态的，所以可以通过前面介绍的活性染色的方法对酶进行检测。等电聚焦主要用于分离分析，但也可以用于纯化制备。虽然成本较高，但操作简单、纯化效率很高。

5. 双向凝胶电泳

二维聚丙烯酰胺凝胶电泳技术结合了等电聚焦技术（根据蛋白质等电点进行分离）以及 SDS-聚丙烯酰胺凝胶电泳技术（根据蛋白质的大小进行分离）。由于蛋白质的等电点和相对分子质量之间没有什么必然的联系，因此经过双向电泳可将数千种蛋白质分开，显示出极高的分辨力。

这两项技术结合形成的二维电泳是分离分析蛋白质最有效的一种电泳手段。

通常第一维电泳是等电聚焦，在细管（Φ1~3mm）中加入含有两性电解质、8mol/L 的脲以及非离子型去污剂的聚丙烯酰胺凝胶进行等电聚焦，变性的蛋白质根据其等电点的不同进行分离。而后将凝胶从管中取出，用含有 SDS 的缓冲液处理 30min，使 SDS 与蛋白质充分结合。将处理过的凝胶条放在 SDS-聚丙烯酰胺凝胶电泳浓缩胶上，加入丙烯酰胺溶液或熔化的琼脂糖溶液使其固定并与浓缩胶连接。在第二维电泳过程中，结合 SDS 的蛋白质从等电聚焦凝胶中进入 SDS-聚丙烯酰胺凝胶，在浓缩胶中被浓缩，在分离胶中依据其相对分子质量大小被分离。这样各个蛋白质根据等电点和相对分子质量的不同而被分离、分布在二维图谱上。细胞提取液的二维电泳可以分辨出 1000~2000 个蛋白质，有些报道可以分辨出 5000~10000 个斑点，这与细胞中可能存在的蛋白质数量接近。由于二维电泳具有很高的分辨率，它可以直接从细胞提取液中检测某个蛋白。例如，将某个蛋白质的 mRNA 转入到青蛙的卵母细胞中，通过对转入和未转入细胞的提取液的二维电泳图谱的比较，转入 mRNA 的细胞提取液的二维电泳图谱中应存在一个特殊的蛋白质斑点，这样就可以直接检测 mRNA 的翻译结果。二维电泳是一项很需要技术并且很辛苦的工作。目前已有一些计算机控制的系统可以直接记录并比较复杂的二维电泳图谱。

（四）电泳中蛋白质的检测、鉴定与回收

检测蛋白质最常用的染色剂是考马斯亮蓝 R-250（CBB，coomassiebrilliantblue），通常是用甲醇：水：冰醋酸（体积比为 45∶45∶10）配制 0.1% 或 0.25%（质量浓度）的考马斯亮蓝溶液作为染色液。这种酸-甲醇溶液使蛋白质变性，固定在凝胶中，防止蛋白质在染色过程中在凝胶内扩散，通常染色需 2h。脱色液是同样的酸-甲醇混合物，但不含染色剂，脱色通常需过夜摇晃进行。考马斯亮蓝染色具有很高的灵敏度，在聚丙烯酰胺凝胶中可以检测到 $1\mu g$ 的蛋白质形成的染色带。考马斯亮蓝与某些纸介质结合非常紧密，所以不能用于染色滤纸、醋酸纤维素薄膜以及蛋白质印迹（在硝化纤维素纸上）。在这种情况下通常是用 10% 的三氯乙酸浸泡使蛋白质变性，而后使用染色能力不太强的染料如溴酚蓝、氨基黑等对蛋白质进行染色。

银染是比考马斯亮蓝染色更灵敏的一种方法，它是通过银离子（Ag^+）在蛋白质上被还原成金属银形成黑色来指示蛋白区带的。银染可以直接进行也可以在考马斯亮蓝染色后进行，这样凝胶主要的蛋白带可以通过考马斯亮蓝染色分辨，而细小的考马斯亮蓝染色检测不到的蛋白带由银染检测。银染的灵敏度比考马斯亮蓝染色高 100 倍，可以检测低于 1ng 的蛋白质。

糖蛋白通常使用过碘酸-Schiff 试剂（PAS）染色，但 PAS 染色不十分灵敏，染色后通常形成较浅的红-粉红带，难以在凝胶中观察。目前更灵敏的方法是将凝胶印迹后（下面介绍）用凝集素检测糖蛋白。凝集素是从植物中提取的一类糖蛋白，它们能识别并选择性地结合特殊的糖，不同的凝集素可以结合不同的糖。将凝胶印迹用凝集素处理，再用连接辣根过氧化物酶的抗凝集素抗体处理，然后再加入过氧化物酶的底物，通过生成有颜色的产物就可以检测到凝集素结合情况。这样凝胶印迹用不同的凝集素检测不仅可以确定糖蛋白，而且可以得到糖蛋白中糖基的信息。

通过扫描光密度仪对染色的凝胶进行扫描可以进行定量分析，确定样品中不同蛋白质的相对含量。扫描仪测定凝胶上不同迁移距离的吸光度值，各个染色的蛋白带形成对应的峰，峰面积的大小可以代表蛋白质含量的多少。另外一种简单的方法是将染色的蛋白带切下来，在一定体积的 50% 吡啶溶液中摇晃过夜溶解染料，而后通过分光光度计测定吸光度值，就可以估算蛋白质的含量。但应注意，蛋白质只有在一定的浓度范围内其含量才与吸光度值呈线性关系。另外不同的蛋白质即使在含量相同的情况下染色程度也可能有所不同，所以上面的方法对蛋白质含量的测定只是一种半定量的结果。

尽管凝胶电泳通常是作为一种分析工具使用，它也可以用于蛋白质的纯化制备。但电泳后需将蛋白质从凝胶中回收，通常是将所需的蛋白质区带部分的凝胶切下，通过电泳的方法将蛋白质从凝胶中洗脱下来（称为电洗脱）。目前有各种商品电洗脱池装置。最简单的方法是将切下的凝胶装入透析袋内加入缓冲液浸泡，再将透析袋浸入缓冲液中进行电泳，蛋白质就会向某个电极方向迁移而离开凝胶进入透析袋内的缓冲液。由于蛋白质不能通过透析袋，

所以电泳后蛋白质就留在透析袋的缓冲液中。电洗脱后可通一个反向电流，持续几秒钟，使吸附在透析袋上的蛋白质进入缓冲液，这样就可以将凝胶中的蛋白质回收。

（五）蛋白质印迹

印迹法是指将样品转移到固相载体上，而后利用相应的探测反应来检测样品的一种方法。1975年，Southern 建立了将 DNA 转移到硝酸纤维素膜（NC 膜）上，并利用 DNA-RNA 杂交检测特定的 DNA 片段的方法，称为 Southern 印迹法。而后人们用类似的方法，对 RNA 和蛋白质进行印迹分析，对 RNA 的印迹分析称为 Northern 印迹法，对单向电泳后的蛋白质分子的印迹分析称为 Western 印迹法（图 2-9），对双向电泳后蛋白质分子的印迹分析称为 Eastern 印迹法。

蛋白质印迹法首先是要将电泳后分离的蛋白质从凝胶中转移到硝酸纤维素膜上，通常有两种方法：毛细管印迹法和电泳印迹法。毛细管印迹法是将凝胶放在缓冲液浸湿的滤纸上，在凝胶上放一片硝酸纤维素膜，再在

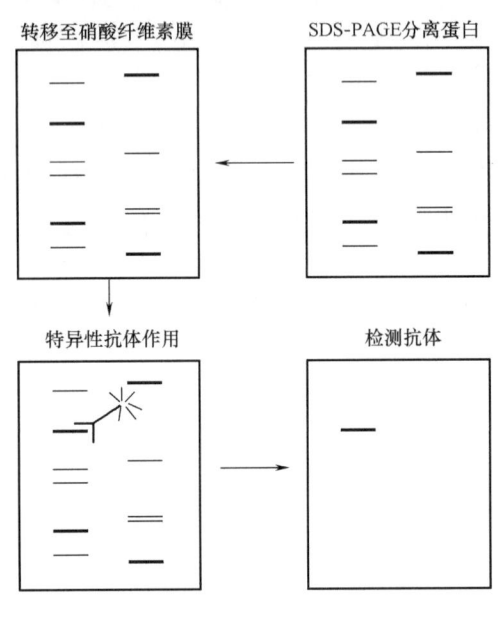

图 2-9　Western 印迹法示意图

上面放一层滤纸等吸水物质并用重物压好，缓冲液就会通过毛细作用流过凝胶。缓冲液通过凝胶时会将蛋白质带到硝酸纤维素膜上，硝酸纤维素膜可以与蛋白质通过疏水相互作用产生不可逆的结合。这个过程持续过夜，就可以将凝胶中的蛋白质转移到硝酸纤维素膜上。但这种方法转移的效率较低，通常只能转移凝胶中一小部分蛋白质（10%~20%）。电泳印迹可以更快速有效地进行转移。这种方法是用有孔的塑料和有机玻璃板将凝胶和硝酸纤维素膜夹成"三明治"形状，而后浸入两个平行电极中间的缓冲液中进行电泳，选择适当的电泳方向就可以使蛋白质离开凝胶结合在硝酸纤维素膜上。

转移后的硝酸纤维素膜就称为一个印迹（blot），用于对蛋白质的进一步检测。印迹首先用蛋白溶液（如10%的 BSA）处理以封闭硝酸纤维素膜上剩余的疏水结合位点，而后用所要研究的蛋白质的抗血清（一抗）处理，印迹中只有待研究的蛋白质与一抗结合，而其他蛋白质不与一抗结合，这样清洗去除未结合的一抗后，印迹中只有待研究的蛋白质的位置上结合着一抗。处理过的印迹进一步用适当标记的二抗处理，二抗是指一抗的抗体，如一抗是从鼠中获得的，则二抗是鼠抗 IgG 的抗体。处理后，带有标记的二抗与一抗结合，可以指示一抗的位置，即待研究的蛋白质的位置。目前有结合各种标记物的抗特定 IgG 的抗体可以直接购买，作为标记的二抗。最常用的一种是酶联的二抗，印迹用酶联二抗处理后，再用适当的底物溶液处理，当酶纯化底物生成有颜色的产物时，就会产生可见的区带，指示所要研究的蛋白质位置。在酶联抗体中使用的酶通常是碱性磷酸酶或辣根过氧化物酶。碱性磷酸酶可以将无色的底物 5-溴-4-氯吲哚磷酸盐（BCIP）转化为蓝色产物；而辣根过氧化物酶可以以 H_2O_2 为底物，将 3-氨基-9-乙基咔唑氧化成褐色产物或将 4-氯酚萘酚氧化成蓝色产物。另一种检测辣根过氧化物酶的方法是用增强化学发光法，辣根过氧化物酶在 H_2O_2 存在下，

氧化化学发光物质鲁米诺（luminol，氨基苯二酰一肼）并发光，在化学增强剂存在下光强度可以增大 1000 倍，通过将印迹放在相片上感光就可以检测辣根过氧化物酶的存在。除了酶联二抗作为指示剂，也可以使用其他指示剂，主要包括以下一些：

I（碘－125）标记的二抗：可以通过放射性自显影检测。

荧光素异硫氰酸盐标记的二抗：可以通过在紫外灯下产生荧光来检测。

I（碘－125）标记金黄色葡萄球菌蛋白 A（Protein A）可以与 IgG 的 Fc 区特异性结合，因此，Protein A 可以代替二抗。I 标记的 Protein A 通过放射性自显影检测。

金标记的二抗：二抗通过微小的金颗粒包裹，与一抗结合时可以表现红色。

生物素结合的二抗：印迹用生物素结合的二抗处理后，再用碱性磷酸酶或辣根过氧化物酶标记的凝集素处理。生物素可以与凝集素紧密结合，这种方法实际上相当于通过生物素与凝集素的紧密结合将二抗与酶连接，通过酶的显色反应就可以进行检测。这种方法的优点是由于生物素是一个小分子蛋白，一个抗体上可以结合多个生物素，可以大大增强显色反应的信号。

除了使用抗体或蛋白作为检测特定蛋白的探针以外，有时也使用其他探针如放射性标记的 DNA，可以检测印迹中的 DNA 蛋白。

五、免疫化学技术

（一）免疫化学技术简介

现代免疫化学是研究抗原与抗体的组成、结构以及抗原和抗体反应的机制的学科。此外，还研究体内其他免疫活性物质，如补体分子的组成、结构及其功能。目前，免疫化学已经应用于免疫性疾病发病机制的基础研究和临床检测等。

随着免疫化学、细胞生物学及分子生物学的进展，免疫学实验技术也迅猛发展，并已成为当今生命科学研究的重要手段，尤其是在医学基础研究和临床实践中得到广泛应用。

免疫学检测方法可分为体液免疫测定及细胞免疫测定。前者主要是根据抗原与相应抗体能在体外发生特异性结合，并在一些辅助因子的参与下出现沉淀、凝集及溶解等反应，从而采用已知抗原检测未知抗体，或用已知抗体检测未知抗原。此外，还包括检测体液中各种可溶性免疫分子，如补体、各类免疫球蛋白、循环免疫复合物、溶菌酶、各种细胞因子等。

细胞免疫测定则是根据各种免疫细胞（T 细胞、B 细胞、K 细胞、NK 细胞及巨噬细胞等）表面所具有的独特标志及其各自的特殊功能，在体外（有时也可在体内）测定上述各种细胞及其亚群的数量和功能，以帮助了解机体的细胞免疫水平。

（二）免疫化学基本原理

1. 抗原的免疫原性和专一性

（1）抗原与免疫原　抗原（antigen，Ag）是一类能刺激机体免疫系统发生免疫应答，并能与相应免疫应答产物（抗体和致敏淋巴细胞）在体内或体外发生特异性结合的物质，也称免疫原（immunogen）。前一种性能称为免疫原性（immunogenicity）或抗原性（antigenicity），后一种性能称为反应原性（reactogenicity）或免疫反应性（immunoreactivity）。

（2）抗原的分类　根据抗原物质所具备的性能，可将其分为完全抗原（complete antigen）和半抗原（hapten）两类。同时具有免疫原性和免疫反应性的抗原称为完全抗原，如细菌、病毒、异物动物血清等。仅具有与相应抗原或致敏淋巴细胞结合的免疫反应性，而无免疫原性的物质称为半抗原，如大多数的多糖、类脂及一些简单的化学物质，它们本身不具免疫原性，但当与蛋白质大分子结合形成复合物，便获得免疫原性，这种与半抗原结合并赋予它免疫原性的蛋白质大分子称为载体（carrier）。根据抗原的来源不同分为外源性抗原和内源性抗原。外源性抗原是从外界引入体内而刺激机体发生免疫应答的。内源性抗原是指体内的自身成分，如机体的组织或细胞因理化因素作用或病毒感染使这些成分发生改变或修饰，成为一种自身抗原或新生抗原，使机体免疫反应。而根据抗原的化学成分组成可分为蛋白质、糖类、脂类与核酸等抗原。

（3）异物性　免疫活性细胞在正常情况下具有高度精确的识别能力，能识别"自己"和"非己"，将非己物质加以排斥。免疫应答就其本质来说，就是识别异物和排斥异物的应答，故激发免疫应答的抗原一般是异物，具有异物性的物质可分为以下几种：①异种物质，马血清、异种蛋白质、各种微生物及其代谢物，对人体来说是异种物质，均为良好抗原。②同种异体物质，高等动物同种不同个体之间，由于遗传基因不同，其组织成分的化学结构也有差异。因此，同种异体物质也可以是抗原物质。例如人体红细胞 A、B、O 血型物质和人类白细胞抗原（human leukocyte antigen，HLA）即属此类。③自身抗原，自身组织成分通常无抗原性，但在某种异常情况下，自身成分也可成为抗原物质。

抗原一般为大分子物质，其相对分子质量在 10000 以上。在一定范围内，相对分子质量越大，其抗原性越强。相对分子质量在 5000 以下的肽类，一般无抗原性；相对分子质量为 5000～10000 的肽类为弱抗原。抗原须是大分子物质的原因为：①相对分子质量越大，表面的抗原决定簇越多，而淋巴细胞要求一定数量的抗原决定簇的刺激才能活化；②大分子胶体物质的化学结构稳定，不易被破坏和清除，在体内停留时间较长，能持续刺激淋巴具备上述性状的物质必经过非消化道途径进入机体（包括注射、吸入、混入伤口等），并接触免疫活性细胞，才能成为良好抗原。

（4）抗原决定簇（antigenic determinant，AD）　抗原决定簇是存在于抗原表面的特殊基团，又称表位（epitope）。抗原可通过表面抗原决定簇与相应淋巴细胞表面抗原受体结合，从而激活淋巴细胞，引起免疫应答，抗原也借此与相应抗体或致敏淋巴细胞发生特异性结合。因此，抗原决定簇是被免疫细胞识别的靶结构，也是免疫反应具有特异性的物质基础。一个抗原分子可具有一种或多种不同的抗原决定簇，每种决定簇只有一种抗原特异性。抗原决定簇的大小相当于相应抗体的抗原结合部位。一般蛋白质的决定簇由 5～6 个氨基酸残基组成，一个多糖决定簇由 5～7 个葡萄糖残基组成，一个核酸半抗原的决定簇包含 6～8 个核苷酸。

抗原结合价（antigenic valence）指能与抗体分子结合的决定簇的总数，包括抗原表面功能价及其内部非功能价。

2. 抗体的结构与功能

抗体是机体受抗原刺激后，由淋巴细胞特别是浆细胞合成的一类能与相应抗原发生特异性结合的球蛋白，因其具有免疫活性故又称免疫球蛋白（immunoglobulin）。在免疫应答过程中，抗体主要由分化的 B 淋巴细胞产生，但有时也需要其他类型的细胞，如 T 淋巴细胞和巨噬细胞的协同作用。抗体主要分布在体内血清中或外分泌液中，对体液免疫应答起主要作用。目前已发现的人免疫球蛋白有五类，分别为 IgG、IgA、IgM、IgD 和 IgE。免疫球蛋白最显著的特点是与抗原特异性结合以及其分子的不均一性。

各种不同类别的免疫球蛋白分子都含有由四条多肽链组成的基本结构单位,即由两条重链(heavy chain,H 链)和两条轻链(light chain,L 链)通过不同数目的二硫键结成 Y 形。在抗体分子的 N 端,不同抗体分子的氨基酸组成和顺序都是不同的,此区为"多变区"(variable region,V 区),它是抗体分子与抗原决定簇的结合部位。由于抗体多变区这一结构特点,决定了它对抗原分子"识别功能"的多样性。不同抗体分子的 C 端结构基本恒定,称为"稳定区"(constant region,C 区)。当抗原与抗体结合时,抗体分子发生变构效应和集聚作用,使稳定区的某些部位暴露出来,并立即发生一系列免疫生理效应,如固定补体,促进对抗原分子的吞噬、溶解和清除作用。

3. 抗原与抗体的结合

抗原与抗体在体外结合时,可因抗原的物理性状不同或参与反应的成分不同而出现各种反应,例如凝集、沉淀、补体结合及中和反应等。在此基础上进行改进,又衍生出许多快速而灵敏的抗原抗体反应,例如从凝集反应衍生出间接凝集、反向间接凝集、凝集抑制试验、协同凝集试验等;从沉淀反应结合电泳,衍生出免疫电泳、对流免疫电泳、火箭电泳等。此外,还有各种免疫标记技术,如免疫荧光、酶免疫测定、放射免疫、免疫电镜及发光免疫测定等。抗原抗体结合具有高度特异性,即一种抗原分子只能与由它刺激所产生的抗体结合而发生反应。抗原的特异性取决于抗原决定簇的数目、性质和空间构型,而抗体的特异性则取决于抗体 Ig Fab 段的可变区与相应抗原决定簇的结合能力。抗原与抗体不是通过共价键,而是通过很弱的短距引力而结合,如范德华引力(Van der waal's attraction force)、静电引力(electrostatic force)、氢键(hydrogen bond)及疏水性作用(hydrophobic effect)等。

疏水性结合或疏水作用在各种抗原抗体相互反应中十分重要。抗原和抗体分子上的疏水决定簇在水中不形成氢键,因此倾向于彼此间相互吸引,而不与水发生作用,故称之为疏水性作用。疏水性作用虽不是引力,但它有助于抗原抗体的结合。例如,含有苯基的抗原决定簇倾向于被其他非极性基团围绕,因此该抗原决定簇从水环境中移动进入抗体分子的 Fab 段的裂缝中,与抗体结合。这说明结合的高能量归因于苯基的疏水性作用。

当 pH 和离子强度在生理条件下时,上述这些引力通常是最大的。pH 低于 3.0 或高于 10.5 时,这些引力非常弱,所以抗原抗体复合物易解离。

抗原抗体的结合含有高度特异性,这种结合虽具有相当稳定性,但为可逆反应。因抗原与抗体两者为非共价键结合,犹如酶和底物的结合一样,两种分子间不形成稳定的共价键,因此在一定条件下可以解离。

抗原与抗体的结合,在一定浓度范围内,只有当两者分子比例合适时,才出现可见反应。以沉淀反应为例,分子比例合适,沉淀物产生既快又多,体积大。分子比例不合适时,沉淀物产生少,体积小,或不产生沉淀物。对参与沉淀反应的抗原-抗体系统可进行定量测定,即将抗体置于一系列的试管中,加入不同量的相应纯抗原,混合后,观察所发生的反应,对沉淀物可作精确定量。若抗体量固定不变,抗原量逐渐增加,可观察沉淀反应中抗原、抗体分子的比例关系。由图 2-10 可见有三个抗原抗体相互作用的区带:①抗体过剩区(antibody excess zone),加入抗原量少,则沉淀物少,上清液中有游离的抗体(free antibody)。②平衡区(equivalence zone),抗原量逐渐增加,沉淀物也逐渐增多,直到抗原、抗体比例最佳时,出现连续而稳定的抗原-抗体晶格(lattice)沉淀,此时沉淀物中抗原抗体复合物量最多,上清中测不到游离的抗原(free antigen)或抗体,此为平衡区或等价带。③抗原过剩

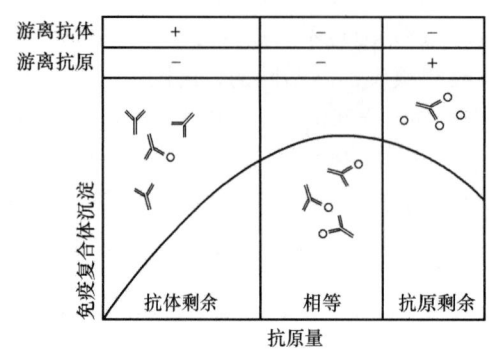

图 2-10 免疫沉淀反应

区（antigen excess zone），抗原量继续增加，所有抗体均与抗原结合，此时上清液中可测出游离的抗原，在此区带中，由于抗原过剩，形成可溶性抗原抗体复合物，因而沉淀反应部分或完全被抑制。

抗体与抗原的结合是否出现可见反应，与抗原抗体的胶体特性及极性基吸附作用有关。抗体球蛋白和抗原（大多为蛋白质，也有为多糖、类脂或其他化合物的）在溶液中均属于胶体物质，带有电荷。胶体粒子又有许多强极性基（如蛋白质的羧基、氨基及肽链等），它们与水有很强的亲和力，在粒子外周构成水层，称为亲水胶体。

胶体粒子的稳定性即依赖于所带的水层及电荷，其中亲水胶体的稳定性较高。抗体和大多数抗原均属于亲水胶体。

抗原抗体反应一般分为两个阶段，第一阶段为抗原和抗体的特异性结合，此阶段需时很短，仅几秒到几分钟，但无可见现象出现。接着为第二阶段，即可见反应阶段，表现为凝集、沉淀、细胞溶解等。此阶段较长，历时数分钟、数小时甚至数天。此阶段反应现象的出现可受多种因素的影响。

抗原与抗体一般为蛋白质，它们在溶液中都具有胶体性质，当溶液的 pH 大于它们的等电点时，例如，在中性和弱碱性的水溶液中，它们大多表现为亲水性，且带有一定量的负电荷。特异性抗原和抗体有相对应的极性基，抗原和抗体的特异性结合，也就是这些极性基的相互吸附。抗原和抗体结合后就由亲水性变为疏水性，此时易受电解质影响。如有适当浓度的电解质存在，就会使它们失去一部分负电荷而相互凝聚，于是出现明显的凝聚或沉淀现象。若无电解质存在，则不发生可见反应。

抗原抗体反应，特别是第二阶段受温度的影响很大。在较高的温度中，由于抗原抗体复合物碰撞机会增多，复合物体积继续增大的机会也多，故反应现象加速出现。但温度过高（56℃以上），则抗原或抗体将变性或破坏。一般置于 37℃ 的恒温水浴中，使反应迅速出现。

合适的 pH 是抗原抗体反应必要的条件之一。pH 过高或过低可直接影响抗原和抗体的理化性质。

将可溶性抗原（如小牛血清）与相应抗体（如兔抗小牛血清的抗体）混合，当两者比例合适并有电解质（如氯化钠、磷酸盐等）存在时，即有抗原-抗体复合物的沉淀出现，此为沉淀反应（precipitin reaction）。如以琼脂凝胶为支持介质，则在凝胶中出现可见的沉淀线、沉淀弧或沉淀峰。根据沉淀出现与否及沉淀量的多寡，可定性、定量地检测出样品中抗原或抗体的存在及含量。免疫学的一些测定方法即基于此特性。

双向扩散法（double diffusion），最早由 Ouchterlony 创立，故又称 Ouchterlony 法。此法是利用琼脂凝胶为介质的一种沉淀反应（图 2-11）。琼脂凝胶是多孔的网状结构，大分子物质可以自由通过，这种分子的扩散作用使分别处于两处的抗原和相应抗体相遇，形成抗原-抗体复合物，比例合适时出现沉淀。由于凝胶透明度高，可直接观察到复合物的沉淀线（弧）。沉淀线（弧）的特征与位置取决于抗原相对分子质量的大小、分子结构、扩散系数和浓度等因素。当抗原、抗体存在多种系统时，会出现多条沉淀线（弧）。依据沉淀线（弧）可以定性抗原。此类操作简便、灵敏度高，是最为常用的免疫学测定抗原和测定抗血清效价的方法。

免疫电泳法（immunoelectrophoresis）是在凝胶介质中将电泳法与扩散法相结合的一种免疫化学方法，用以研究抗原和抗体。免疫电泳是使血清在琼脂或琼脂糖中进行的电泳。在一定电场强度下，由于血清中各种免疫球蛋白分子大小以及荷电状态和荷电量状态均有差异，因而它们的泳动速度各不相同，加上电泳过程中电渗作用的影响，使各自组分分离（图2-12）。

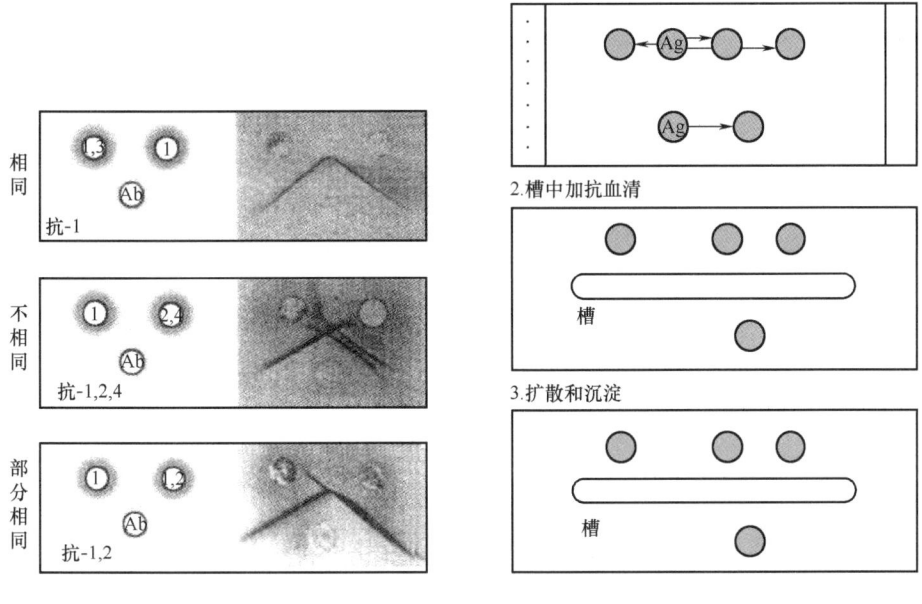

图2-11 免疫双向扩散法　　　　图2-12 免疫电泳法

在一定电场强度下，抗原与相应抗体在琼脂介质中加速扩散相遇而形成复合物沉淀，这种检测方法称作电免疫扩散法（electroimmunodiffusion）。由于操作方法不同，电免疫扩散法可分为对流免疫电泳（countercurrent mmunoelectrophoresis）（图2-13）、交叉免疫电泳和火箭免疫电泳（图2-14）。

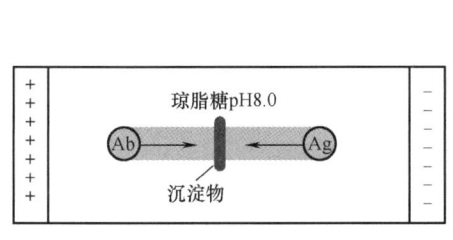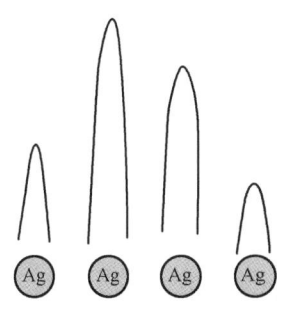

图2-13 对流免疫电泳　　　　图2-14 火箭免疫电泳

酶免疫测定（enzyme innunoassay，EIA）或免疫酶技术是指用酶标记抗原或抗体进行的抗原抗体反应。它采用抗原与抗体的特异反应与酶连接，然后通过酶与底物产生颜色反应，用于定量测定。目前常用的方法称为酶联免疫吸附法（enzyme – linked immunosorbent assay，ELISA），其方法简单、方便迅速、特异性强。ELISA 是有抗原（抗体）先结合在固相载体上，但保留其原免疫活性与酶活力，偶联物与固相载体上的抗原（抗体）反应后，再加上酶的相应底物，发生催化水解或氧化还原反应而呈现颜色。其所生成的颜色深浅与欲测的抗原（抗体）含量成正比。

酶免疫测定技术还包括生物素 – 亲和素系统（biotin – avidin system，BAS）、均相酶免疫测定法（homogeneous enzyme immunoassay，HEI）等。

免疫标记技术中还有免疫荧光技术（immunofluorescence technique）、放射免疫测定（radioimmunoassay，RIA）和发光免疫测定（luminescent immunoassay，LIA）等。

此外，免疫印迹或免疫转印技术（immunoblotting 或 Western blot）已广泛应用于分子生物学和医学领域，成为免疫学、微生物学及其他生命学科常用的一种重要研究方法。实际上它是由十二烷基硫酸钠 – 聚丙烯酰氨凝胶电泳（SDS – PAGE）、蛋白质转印和固相免疫测定三项技术结合而成的。其基本原理是蛋白质样品经过 SDS – PAGE 分离后，通过转移电泳或直接印渍方式原位转印至固相介质上，并保持其原有的物质类型和生物学活性不变，然后应用抗原抗体反应进行特异性检测。此技术具有 SDS – PAGE 的高分辨力和固相免疫测定的高度特异性和敏感性，方法简便，标本可长期保存，便于比较。

六、基因工程技术

（一）基因工程介绍和基本原理

基因工程是现代生物学研究的重要手段，它是综合运用多项现代生物技术，实现 DNA 分子人工定向改造的一种技术方法。主要原理是在体外将目的 DNA 分子利用各种 DNA 修饰酶，主要是 DNA 限制性核酸内切酶和 DNA 连接酶，进行修饰改造后，重新生成具有新的性状的重组 DNA 分子。基因工程除了可以构建各种重组质粒外，还可以对基因组 DNA 进行改造，在基因组的特定位置点删除、替换、插入外源基因序列，构建各种基因工程菌。

基因工程技术涉及以下步骤：

（1）从生物体的基因组中分离目的 DNA 序列（基因）。这通常包括 DNA 的纯化技术、酶促消化或机械切割等。

（2）建立人工的重组 DNA 分子（有时称为 rDNA），即将目的基因插入一能在宿主细胞中复制的 DNA 分子，即克隆载体。对细菌细胞来说，合适的克隆载体有质粒和细菌噬菌体。

（3）将重组 DNA 分子转到合适的宿主中，如大肠杆菌。当利用质粒时，对一个重组的病菌载体来说，此过程又称为转化或转染。

（4）利用细胞培养技术，培养筛选转化的细胞。一个转化的宿主细胞能生长并产生遗传上相同的克隆细胞，每个细胞都携带着转化的目的基因，此技术就是常指的"基因克隆"或"分子克隆"。

（二）质粒 DNA 的提取与纯化

从细菌中分离纯化质粒 DNA 的主要步骤：

（1）细胞壁的消化，将细菌温育在裂解液中去除细胞壁中的肽聚糖。通常在等渗的情况下进行，以防止细胞涨破释放出染色体 DNA 分子。注意，革兰阳性菌对裂解酶相对不敏感，需要额外的处理以使酶到达细胞壁层，例如，可采用渗透压休克或保温在螯合剂中，如 EDTA。EDTA 也能使一些细菌的脱氧核糖核酸酶失活，以防止在提取过程中质粒 DNA 降解。

（2）利用强碱（NaOH）和其他试剂，如十二烷基硫酸钠溶解细胞膜并使蛋白质部分变性。再中和此溶液使不溶性染色体 DNA 沉淀，质粒 DNA 存于溶液中。

（3）移去其他的大分子物质，特别是 RNA 和蛋白质，这可利用核糖核酸酶和蛋白酶进行酶促消化。另一些化学纯化步骤可增加质粒 DNA 的纯度，例如，可将提取物同水饱和酚或酚/氯仿混合物混合，以除去蛋白质。再离心，DNA 留在上面的水层，蛋白质则分离在下面的有机溶剂层。重复酚/氯仿提纯的循环可降低样品中这些大分子蛋白的含量到最少。还可通过等密度的 CsCl 梯度离心法得到纯化的 DNA。

（4）利用体积分数为 70% 左右的乙醇沉淀 DNA，离心，得到的 DNA 沉淀再用体积分数为 70% 的乙醇洗，其中的水将除去先前阶段的盐污染。经过提纯的 DNA，可冷冻保存备用，或重新溶解在缓冲液中。

（三）琼脂糖凝胶电泳分离 DNA

DNA 分子带负电，从琼脂糖凝胶的负极向正极泳动，速度依赖于其相对分子质量——小的紧密的 DNA 分子的较大伸展片段容易穿过琼脂糖介质。依据所要分离的 DNA 分子的大小来选择琼脂糖的浓度（图 2-15），分离小于 0.5kb 的 DNA 片段所需胶浓度是 1.2%～1.5%，分离大于 10kb 的 DNA 片段所需胶浓度为 0.3%～0.7%，大小介于两者之间的片段所需胶浓度为 0.8%～1.0%。要注意以下几点：

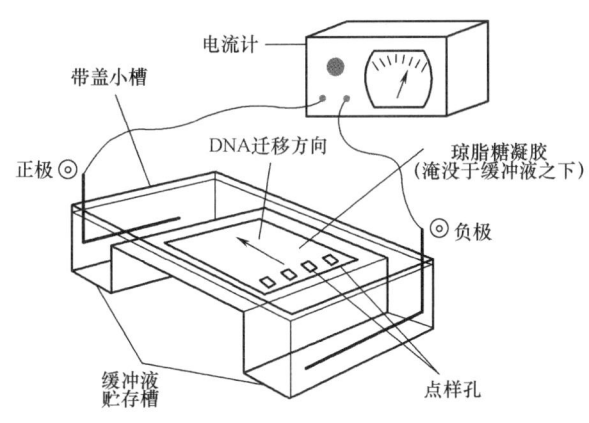

图 2-15 DNA 的琼脂糖凝胶电泳

（1）用移液枪将样品加至点样孔。每孔点样的体积一般少于 25μL，因此吸取每一个样品时，操作要稳当且细心。

（2）常加一定量的蔗糖来增加样品的浓度，以使每个样品停留在各自的点样孔中。

（3）在样品中加入水溶性的阴离子追踪染料（如溴酚蓝），用以看出样品移动的距离。

（4）在一个或几个孔中加入标准相对分子质量样品，电泳结束后，根据已知相对分子质量的带的相应位置可用来做出标准曲线。

（5）电泳一般是在追踪染料泳动到胶的 80% 部位时停止。注意电泳期间，电泳槽盖要安全盖好,以防止液体蒸发,又可以降低电击的可能性。

(6) 电泳结束后,将胶浸没在 1mg/L 的溴化乙锭(EB)中,5min 后即可看到 DNA 带,EB 通过插入在双螺旋的配对核苷酸之间同 NDA 结合。另一种方法是电泳时,在胶中加入 EB。

(7) 在紫外灯下,由于 EB 发出强烈的橘红色的荧光,所以可以看到 DNA 带。利用这种方法检测的界限是每条带约 10ng DNA。带上塑料安全眼镜可防止紫外光对眼睛的伤害。可用尺子来测量每条带至点样孔的距离。同样,利用特制的照相机和调焦器,也可以对凝胶拍照。

如果要对某一条带(如质粒)进一步分析,可用小刀将含该带的凝胶切割下来,从带中回收 DNA。

(四) Southern 印迹法鉴定特定 DNA

利用经典的琼脂糖凝胶电泳分离 DNA 片段后,可将 DNA 变性,通过 Southern 技术(根据 E. M. Southern 命名)转移到滤膜上。此过程主要步骤是:

(1) 将胶浸在碱性环境下,使双链 DNA 变形为单链 DNA。

(2) 将一含氮纤维素膜直接放在凝胶上,然后放几层吸水纸。当缓冲液通过毛细作用进入吸水纸时,DNA 即被转移到滤膜上。

(3) 通过放射性标记的互补单链 DNA 探针温育,特定 DNA 序列的某些片段与探针杂交,通过放射自显影技术即可鉴定 DNA。

(五) 利用聚合酶链式反应 (PCR) 扩增 DNA

PCR 一般包括变性、退火和延伸三个阶段。

(1) DNA 变性 加热 DNA(如 94℃,1min),将两条链分开。

(2) 引物退火 加入寡聚核苷酸引物,它们同目的片段的一部分互补,并且当温度降低时(如 55℃,2min)可以在恰当的位置上与目的片段杂交(退火)。

(3) 引物延伸 借助一种耐热的 DNA 聚合酶 [如 Taq 酶,来源于耐热细菌(*Thermus aquation*)] 延伸引物。在这一过程中(如 72℃,2min)每一条初始链上可以产生一条与之互补的链,使目的片段倍增。

重复 DNA 链的分离、退火和引物的延伸这一循环,会使所需要的 DNA 序列以指数速度扩增。

(六) DNA 浓度检测

在水溶液中判定核酸量的最简单方法是利用分光光度计测量溶液在 230nm 下的吸光值。注意 A_{260} 值适用于纯化的 DNA,而利用上述方法提纯的质粒 DNA 会含一定量的 RNA 污染,RNA 同 DNA 具有相似的光吸收特性。纯化的核酸其 A_{260}/A_{280} 的值应在 1.8~2.0 之间,当蛋白质污染时,此值会偏小。蛋白质的检测可在 280nm 下,测量溶液的光吸收值。如果纯化后得到的溶液 A_{260}/A_{280} 比值比 1.8~2.0 小,应该重复酚/氯仿纯化这一步。

(七) DNA 的酶切与连接

限制性内切酶(常称限制酶)可识别双链 DNA 的特定序列(通常为 4~6 个核苷酸)并将其切断,此位点即限制性位点。每种酶的命名都是从分离出来该种酶的细菌的名字衍生而来,如 Hind Ⅲ 是从流感嗜血杆菌株 Rd 中得到的第三种限制酶(图 2-16)。大多数的限制酶在 DNA 不同的位置切开两条单链,产生一个短的单链区域,即所谓黏性末端。也有一些限制性酶切割 DNA 会产生平末端。可以切除黏性末端的限制内切酶被广泛应用于基因工程中，只是因为用同一种限制性内切酶酶切的两种 DNA 会产生一个单链互补区域。这样，由于该区域内单个碱基间氢键的形成，DNA 连接酶可以把两个 DNA 分子之间被切割的片段连接起来。

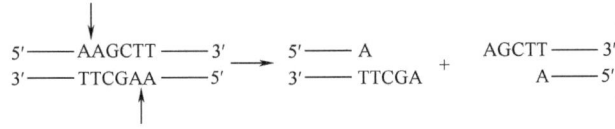

图 2-16　限制性酶 Hild Ⅲ 的识别位点

（图中纵向箭头所指为每条链的切割位点）

限制性内切酶在分子遗传学上的两个重要用途是：

（1）构建内切酶图谱　一个 DNA 分子能被切成几个限制性片段，这些 DNA 片段的数量和大小可以通过琼脂糖凝胶电泳来确定。限制性酶切位点的位置可用于构建某种特殊分子（如质粒，见图 2-17）的限制性酶切鉴定图谱。

（2）基因工程　用同一种酶酶切（图 2-18），并且由互补碱基配对退火的两个限制性内切片段可以利用另一种细菌酶（DNA 连接酶）最终连在一起，构成重组分子（图 2-19），其中 DNA 连接酶所起的作用是在退火的 DNA 链之间形成磷酸二酯键。若上述两个 DNA 分子一个是载体，另一个是目的 DNA，则重组质粒的大小是可以估算的（如一个有 4500 个碱基对的质粒加上一个 2500 个碱基对大小的目的 DNA 片段可以形成一个具有 7000 个碱基对的重组分子），并通过电泳将其分离出来。基因工程中使用的大多数质粒编码有两个或两个以上易检测的标记基因（如抗生素抗性基因），且每个质粒上有单一的限制性位点（图 2-19）。

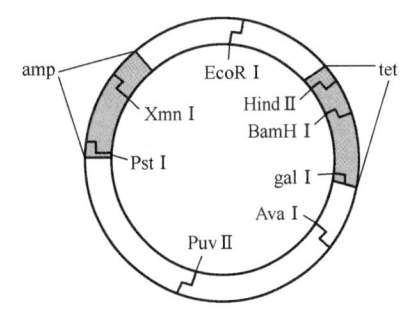

图 2-17　质粒 pBR322 的限制性酶切谱图

[图中阴影部分表示限制性酶切位点氨苄青霉素抗性基因（amp）和四环素抗性基因（tet）]

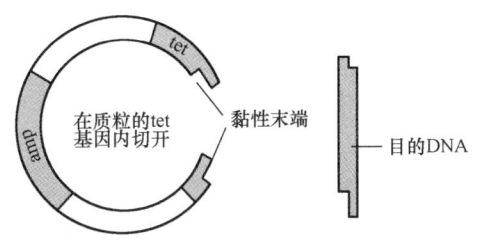

图 2-18　质粒酶切示意图

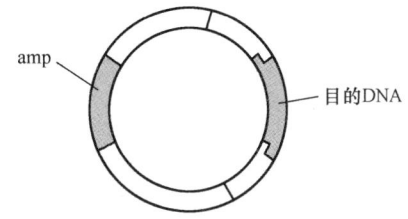

图 2-19　质粒与目的 DNA 退火、连接，形成只有氨苄青霉素抗性的重组质粒

（八）合适的宿主细胞的转化

一旦在体外已形成重组的载体，它必须被转入一合适的宿主细胞（如大肠杆菌）。

1. 大肠杆菌感受态细胞的制备

(1) 从 LB 平板上挑取新鲜活化菌落，接种于 5mL LB 液体培养基中，37℃摇床振荡培养 12h 左右，至对数生长后期。

(2) 取 2mL 菌液接入 50mL LB 液体培养基中，37℃摇床振荡培养 2~3h，至 $OD=0.3~0.5$。

(3) 将培养液于冰上放置 10min，然后于 4℃下 3000g 离心 10min。

(4) 弃上清液，用 10mL 预冷的 0.05mol/L 的 $CaCl_2$ 溶液中轻轻悬浮细胞。

(5) 然后置于冰上放置 15~30min 后，4℃下 3000g 离心 10min。

(6) 弃上清液，加入 4mL 预冷的 0.05mol/L 的 $CaCl_2$ 溶液中轻轻悬浮细胞。

(7) 在冰上放置几分钟，即制成感受态细胞。

(8) 将得到的感受态细胞分装成 200μL 的小份，贮存于 -70℃。

注意：所用的 0.05mol/L $CaCl_2$ 溶液、含 15%（质量浓度）0.05mol/L 的 $CaCl_2$ 溶液、移液枪、枪尖都要在 4℃下预冷。

2. 基因的转化方法

(1) 低温下用 $CaCl_2$ 预处理　感受态细胞与 DNA 溶液混合后在 4℃下放置 30min 左右，然后给一个短时间的热冲击（如 42℃，2min）。低温培育使 DNA 黏附在细胞上，热冲击促进 DNA 的吸收。为了最大限度地提高热冲击/$CaCl_2$ 处理对大肠杆菌（*E. coli*）的转化效率，要使用薄壁玻璃试管并尽量减少溶液的体积，这样可以使细胞经历一个迅速的温度改变过程。

(2) 电击法　细胞或原生质体经过非常短时间的电击（通常 >1kV/cm，<10ms），可以进入细胞。

(3) 对植物和动物细胞来说，可以利用许多技术，例如原生质体的电击或各种微量注射处理。

这些处理可造成膜通透性的暂时增加，从而使宿主细胞从外部介质中吸收质粒 DNA。这类系统经常是低效的，只有少于 0.1% 的细胞表现出稳定的转化结果。但这一问题并不重要，因为应用标准的微生物平板技术，一个有用的转化体可以生长并产生出大量的相同细胞。

（九）转化子的筛选与检测

用于基因工程的许多质粒载体含有编码抗生素抗性的基因，如 pBR322 携带有氨苄青霉素抗性基因（amp）和四环素抗性基因（tet）。这些基因作为载体的标记，其中一个（如 amp）可以用来选择转化子，因为转化子能在含有抗生素的琼脂糖培养基上形成菌落，而非转化的细胞被杀死。另一个基因（如 tet）可以用作重组的质粒载体的标记，因为目标序列插入此基因导致插入失活。因此，用重组质粒转化的细胞仅对 amp 有抗性，而环状（天然）质粒转化的细胞对 amp 和 tet 都有抗性。

区分这两类转化体的一种方法是使用复制平板：

(1) 转化体首先放在含氨苄青霉素的琼脂培养基的培养皿上生长，过夜培养后，两种类型的细菌均会产生单一的菌落。

(2) 将一张无菌茸板轻轻压在培养皿表面，使一些细胞转移到板上。

(3) 将板上的细菌接种在含有四环素的琼脂培养基上（即一个复制平板），任何仅能在第一个平板上生长的菌落一定来源于包含有重组质粒的细胞。这些菌落可用于筛选特定的目的 DNA（如使用免疫技术）。

PUC 系列质粒比 pBR322 系列质粒的应用更广泛，这种质粒具有以下优点：

（1）拷贝数　每个细菌细胞中存在着几千个相同拷贝的质粒，提高了质粒 DNA 的产量。

（2）重组子的"一步选择"　这种质粒携带有氨苄青霉素抗性基因，并在 β - 半乳糖核苷酶的基因中含有一个多克隆位点。β - 半乳糖核苷酶基因的插入失活可以被包含有一种合适的酶诱导物（如异丙醇基硫代半乳糖苷）和生色底物 5 - 溴 - 4 - 氯 - 3 - 吲哚 - β - D - 半乳糖苷（X - gal）的琼脂培养基检测到。来源于有质粒的细胞的菌落呈蓝色，而含有重组分子的菌落呈白色。

另有一些质粒使用不同的标记物，如荧光素酶基因可以在荧光素底物的存在下通过生物发光检测阳性重组子。

（十）最新克隆技术介绍

传统的基因克隆必须经过限制性酶切和 DNA 连接两步反应。除了操作烦琐外，是否能够找到合适的限制性酶切位点是基因克隆能否顺利进行的最大限制因素。现在开发了一些不依赖于限制性内切酶和 DNA 连接酶的基因克隆技术。这些不依赖于连接酶的基因克隆技术大大地方便了插入位点的选择（原则上可以在任意位点插入任意 DNA 序列），扩大了操作通量，连接酶非依赖性克隆的关键是生成长的单链黏性末端，插入片段和克隆载体的黏性末端彼此配对，形成双链 DNA（带有两个 nick 缺口），由于黏性末端长于 10 核苷酸，因此该带 nick 缺口的双链 DNA 在常温下足够稳定，可以有效转化到大肠杆菌宿主细胞内，在细胞内 DNA 修复系统可以修复好 nick 缺口，形成完整闭环的重组 DNA 分子。生成长单链黏性末端的方法有很多种，T4 DNA 聚合酶，在某种 dNTP 存在下，处理 DNA 片段是一种方法，T4 DNA 聚合酶从 3′端降解 DNA 直到遇到的核苷酸与溶液中的 dNPT 相同，此时消化反应与 dNTP 导致的聚合反应达到平衡，消化反应停止下来，形成长的黏性末端。产生长片段黏性末端的方法如下：

$$\frac{5'\text{AGCGACACATGTGGATAAGGTAG}}{3'\text{TCGCTGTGTACACCTATTCCATC}} \xrightarrow[\text{dCTP}]{\text{T4 DNA 聚合酶}} \frac{5'\text{AGCGACAC}}{3'\text{TCGCTGTGTACACCTATTCCATC}}$$

另外，给予重组酶的克隆技术也比传统的限制性酶切连接方法有很大的优势，其操作通量大，阳性克隆百分比高。基于重组酶的克隆技术主要有基于 Cre 重组酶和 lambda 噬菌体重组系统与 Gateway 克隆系统。这两个系统分别由 Clontech 和 Invirtrigen 公司生产。它们能够在克隆载体与 DNA 插入片段间的特定碱基序列间发生 DNA 重组反应，将 DNA 片段插入克隆载体中。基于非连接酶反应的克隆技术操作通量大，可以在 96 孔板中进行，因此在现代功能基因组和结构基因组学中有着重要应用。

七、生物大分子的制备

（一）概述

生物大分子主要是指蛋白质、酶（也是一种蛋白质）和核酸，这三类物质是生命活动的物质基础。在自然科学，尤其是生命科学高度发展的今天，蛋白质、酶和核酸等生物大分子的结构与功能的研究是探求生命奥秘的中心课题。而生物大分子的结构与功能的研究，必须首先解决生物大分子的制备问题，没有足够纯度的生物大分子作为制备工作的前提，结构与功能的研究就无从谈起。然而生物大分子的分离纯化与制备是一件十分细致而困难的工作，有时制备一种高纯度的蛋白质、酶或核酸，要付出长期和艰苦的努力。

与生物产品的分离制备相比较，生物大分子的制备有以下主要特点：

（1）生物材料的组成极其复杂，常常包含有数百种乃至几千种化合物，其中许多化合物至今还是个谜，有待人们研究与开发。有的生物大分子在分离过程中还在不断地代谢，所以生物大分子的分离纯化方法差别极大，想要找一种适合各种生物大分子分离制备的标准方法是不可能的。

（2）许多生物大分子在生物材料中的含量极微，只有万分之一、几十万分之一甚至百万分之一，分离纯化的步骤繁多，流程又长。有的目的产物要经过十几步、几十步的操作才能达到所需纯度的要求。例如，由脑垂体组织取得某些激素的释放因子，要用几吨甚至几十吨的生物材料，才能提取几毫克的样品。

（3）许多大分子物质一旦离开了生物体内的环境就极易失活，因此分离过程中如何预防其失活，是生物大分子提取制备最困难之处。过碱、过酸、高温、剧烈的搅拌、强辐射及本身的自溶性都会使生物大分子变性而失活，所以分离纯化时一定要选用最适宜的环境和条件。

（4）生物大分子的制备几乎都是在溶液中进行的，温度、pH、离子强度等各种参数对溶液中各种组成的综合影响，很难准确估计和判断，因而实验结果常有很大的经验成分，实验的重复性较差，个人的实验技术水平和经验对实验结果会有较大的影响。

由于生物大分子的分离和制备是如此地复杂和困难，因而实验方法和流程的设计就需要尽可能多查文献，多参照前人所做的工作，吸取其经验和精华，探索者的反复和失败是不可避免的，只有具有百折不挠的专研精神才能达到预期的目的。

生物大分子的制备通常可按以下步骤进行：

（1）确定制备生物大分子的目的和要求，是进行科研、开发还是要发现新的物质；

（2）建立相应的可靠地分析测定方法，这是制备生物大分子的关键，因为它是整个分离纯化过程的"眼睛"；

（3）通过文献调研和预备性实验，掌握生物大分子目的产物的物理化学性质；

（4）生物材料的破碎和预处理；

（5）分离纯化方案的选择和探索，是最困难的过程；

（6）生物大分子制备物的均一性（即纯度）的鉴定，要求达到一维电泳一条带，二维电泳一个点或HPLC和毛细管电泳都是一个峰；

（7）产物的浓缩、干燥和保存。

分析测定的方法主要有两类：即生物学测定方法和物理、化学测定方法，生物学的测定法主要有酶的各种测活方法、蛋白质的各种测活方法、蛋白质含量的各种测定方法、免疫化学方法、放射性同位素示踪法等；物理、化学方法主要有比色法、气相色谱和液相色谱法、光谱法（紫外、可见、红外和荧光等分光光度法）、电泳法以及核磁共振等。实际操作应尽可能多用仪器分析方法，使分析测定更加快速、简便。

生物大分子制备物的均一性（即纯度）的鉴定，通常只采用一种方法是不够的，必须同时采用2~3种不同的纯度鉴定法才能确定。蛋白质和酶制成品的鉴定最常用的方法是：SDS-聚丙烯酰胺凝胶电泳和等电聚焦电泳，如能再用高效液相色谱（HPLC）和毛细管电泳（CE）进行联合鉴定则更理想，必要时再做N-末端氨基酸残基的分析鉴定，过去曾用的溶解度法和高速离心沉降法，现在很少再用。核酸的纯度鉴定通常采用琼脂糖凝胶电泳和聚丙烯酰胺凝胶电泳，但最方便的还是紫外吸收法，即测定样品在 pH 7.0 时，260nm 与 280nm 的吸光度（A_{260} 和 A_{280}），从 $\dfrac{A_{260}}{A_{280}}$ 的比值即可判断核酸样品的纯度。

要了解的生物大分子的物理化学性质主要有：①在水和各种有机溶剂中的溶解性；②在不同温度、pH 和各种缓冲溶液中生物大分子的稳定性；③固态时对温度、含水量和冻干时的稳定性；④各种物理性质，如分子的大小、穿膜的能力、带电的情况、在电场中的行为、离心沉降的表现、在各种凝胶树脂等填料中的分配系数等；⑤其他化学性质，如对各种蛋白酶、水解酶的稳定性和对各种化学试剂的稳定性；⑥对其他生物分子的特殊亲和力等。

制备生物大分子的分离纯化方法多种多样，主要是利用它们之间特异性的差异，如分子的大小、形状、酸碱性、溶解性、溶解度、极性、电荷和其他分子的亲和性等。各种方法的基本原理基本可以归纳为两个方面：①利用混合物中几个组分分配系数的差异，把它们分配到两个或几个相中，如盐析、有机溶剂沉淀、层析和结晶等；②将混合物置于某一物相（大多数是液相）中，通过物理力场的作用，使各组分分配于不同的区域，从而达到分离的目的，如电泳、离心、超滤等。目前纯化蛋白质等生物大分子的关键技术是电泳、层析和高速与超速离心。由于生物大分子不能加热熔化和液化，因而所能分的物相只限于固相和液相，在此两相之间交替进行分离纯化。在实际工作中往往要综合运用多种方法，才能制备出高纯度的生物大分子。

纯化生物大分子总是希望纯度和产率都要高。例如，纯化某种酶，理想的结果是比活力和总回收率都要高才好，但实际上两者不能兼得，通常在科研上希望比活力尽可能地高，而牺牲一些回收率，在工业生产中则正相反。

（二）生物大分子制备的前处理

1. 生物材料的选择

制备生物大分子，首先要选择适当的生物材料。材料的来源主要是动物、植物和微生物及其代谢产物。从工业生产角度选择材料应选择含量高、来源丰富、制备工艺简单、成本低的原料，但往往这几方面的要求不能同时具备，含量丰富但来源困难，或含量来源较理想，但材料的分离纯化方法烦琐、流程很长，反而不如目标物质含量低但易于获得纯品的材料。由此可见，必须根据具体情况，抓住主要矛盾决定取舍，从科研的角度取材，则只需考虑材料的选择符合实验预定的目标要求即可。除此之外，选材还需注意植物的季节性、地理位置和生长环境等。选动物材料时要注意其年龄、性别、营养状况、遗传素质和生理状态等。动物在饥饿时，脂类和糖类含量相对较少，有利于生物大分子的分离和提取，选微生物材料时要注意菌种的代数和培养基成分等之间的差异，例如在微生物的对数期，酶和核酸的含量较高，可获得较高的产量。

材料选定后要尽可能地保持新鲜，尽快加工处理，动物组织要先除去结缔组织、脂肪等非活性部分，绞碎后在适当的溶剂中提取，如果所要求的成分在细胞内，则要先破碎细胞。植物要先去壳除脂，微生物材料要及时将菌体与发酵液分开。生物材料如暂不提取，应冰冻保存。动物材料则需要深度冷冻保存。

2. 细胞的破碎

除了某些细胞外的多肽激素和某些蛋白质与酶以外，对于细胞内或细胞生物组织中的各种生物大分子的分离纯化，都需要事先将细胞和组织破碎，使生物大分子充分释放到溶液中,并且不丧失其生物活性。不同的生物体或同一生物体不同部位的组织,其细胞破碎的难度不一,使用的方法也不同,如动物脏器的细胞膜较脆弱,容易破碎,植物和微生物由于具有比较坚固的纤维素、半纤维素组成的细胞壁,要采取专门的细胞破碎方法。

(1) 机械法

①研磨:将剪碎的动物组织置于研钵或用金刚砂研磨或匀浆,即可将动物组织破碎,这种方法比较温和,适合实验室使用。

②组织捣碎器:这是一种较剧烈的破碎细胞的方法,通常可先用家用食品加工机将组织打碎,然后再用10000~20000r/min的组织捣碎机(即高速分散器)将组织的细胞打碎,为了防止发热和升温过高,通常是转10~20s,停10~20s,可反复多次。

(2) 物理法

①反复冻融法:将破碎的细胞冷至-15~-20℃,然后放于室温(或40℃)下迅速融化,如此反复冻融多次,由于细胞内形成冰粒使剩余细胞的盐浓度增高而引起细胞的溶胀破碎。

②超声波处理法:此法是借助超声波的振动力破碎细胞壁和细胞器。破碎微生物细菌和酵母菌时,时间要长一些,处理的效果跟样品浓度和使用频率有关。使用时注意降温,防止过热。

③压榨法:这是一种温和的、彻底破碎细胞的方法。在(1000~2000)×10^5Pa的高压下使几十毫升的细胞悬液通过一个小孔突然释放至常压,细胞将彻底破碎,这是一种较理想的破碎细胞的方法,但仪器费用较高。

④冷热交替法:从细胞或病毒中提取蛋白质和核酸时可用此法,在90℃左右维持数分钟,立即放入冰浴中使之冷却,如此反复多次,绝大多数细胞可以被破碎。

(3) 化学与生物化学方法

①自溶法:将新鲜的生物材料存放于一定的pH和适当的温度下,细胞结构在自身所具有的各种水解酶(如蛋白质酶和酯酶)的作用下发生溶解,使细胞内含物释放出来。此法称为自溶法。使用时要特别小心操作,因为水解酶不仅可以使细胞壁和细胞膜破坏,同时也可能会把某些要提取的有效成分分解了。

②溶胀发:细胞膜为天然的半透膜,在低渗溶液和低浓度的稀盐溶液中,由于存在渗透压差,溶剂分子大量进入细胞,将细胞膜胀破释放出细胞内含物。

③溶解法:利用各种水解酶,如溶菌酶、纤维素酶、蜗牛酶和酯酶等,于37℃,pH 8.0,处理15min,可以专一地将细胞壁分离,释放出细胞内含物。此法适用于多种微生物,例如,从某些细菌细胞提取质粒DNA时,可采用溶菌酶(来自蛋清)破细胞壁;而在破酵母细胞时常采用蜗牛酶(来自蜗牛),将酵母细胞悬于0.1mmol/L柠檬酸—磷酸氢二钠缓冲液(pH 5.4)中,加1%蜗牛酶,在30℃处理30min,即可使大部分细胞壁破裂,如同时加入0.2%巯基乙醇效果会更好,此法可以与研磨法联合使用。

④有机溶剂处理法:利用氯仿、甲苯、丙酮等脂溶性溶剂或SDS(十二烷基硫酸钠)等表面活性剂处理细胞,可将细胞膜溶解,从而使细胞破碎,此法也可以与研磨法联合使用,注意使用浓度不能太高,否则会造成蛋白质分子的失活。

(三) 生物大分子的提取

"提取"是在分离纯化之前将经过预处理或破碎的细胞置于溶剂中,并尽可能地保持原来的天然状态、不丢失生物活性的过程。这一过程是将目的产物与细胞中其他化合物和生物大分子分离，即由固相转入液相，或从细胞内的生理状况转入外界特定的溶液中。

影响提取的因素主要有：目的产物在提取的溶剂中溶解度的大小；由固相扩散到液相的难易；溶剂的 pH 和提取时间等。一种物质在某一溶剂中溶解度的大小与该物质的分子结构及使用的溶剂的理化性质有关。一般地说，极性物质易溶于极性溶剂，非极性物质易溶于非极性溶剂；碱性物质易溶于酸性溶剂，酸性物质易溶于碱性溶剂；温度升高，溶解度加大，远离等电点的 pH，溶解度增加。提取时所选用的条件应有利于目的产物溶解度的增加和保持其生物活性。

1. 水溶液提取

蛋白质和酶的提取一般以水溶液为主。稀盐溶液和缓冲溶液对蛋白质的稳定性好，溶解度大，是提取蛋白质和酶最常用的溶剂。用水溶液提取生物大分子应注意的几个主要影响因素是：

（1）盐浓度（即离子浓度）　离子强度对生物大分子的溶解度有极大的影响，有些物质，如 DNA - 蛋白质复合物，在高离子浓度下溶解度增加，而另一些物质，如 RNA - 蛋白质复合物，在低离子强度下溶解度增加，在高离子强度下溶解度减小。绝大多数蛋白质和酶，在低离子强度的溶液中都有较大的溶解度，如在纯水中加入少量中性盐，蛋白质的溶解度比在纯水时大大增加，称为"盐溶"现象。盐溶现象的产生主要是少量离子的活动，减少了偶极分子之间基因的静电吸引力，增加了溶质和溶剂分子之间的作用力的结果，所以低盐溶液常用于大多数生化物质的提取。通常使用 0.02 ~ 0.05mol/L 缓冲液或 0.09 ~ 0.15mol/L NaCl 溶液提取蛋白质和酶。不同的蛋白质极性大小不同，为了提高提取效率，有时需要提高或降低溶剂的极性。向水溶液中加入蔗糖或甘油可使其极性降低，增加离子浓度〔如加入 KCl、NaCl、NH_4Cl 或者 $(NH_4)_2SO_4$〕可以增加溶液的极性。

（2）pH　蛋白质、酶与核酸的溶解度和稳定性与 pH 有关。过酸、过碱都应该尽量避免，一般控制在 6.0 ~ 8.0 范围内，提取溶剂的 pH 应在蛋白质和酶的稳定范围内，通常选择偏离等电点的两侧，碱性蛋白质选在偏酸一侧，酸性蛋白选在偏碱一侧，以增加蛋白质的溶解度，提高提取效果。例如，胰蛋白酶微碱性蛋白质常用稀酸提取而肌肉甘油醛 - 3 - 磷酸脱氢酶属酸性蛋白质，则常用稀碱来提取。

（3）温度　为防止变性和降解，制备具有活性的蛋白质和酶，提取时一般在 0 ~ 5℃ 条件下操作。但少数对温度耐受力强的蛋白质和酶，可提高温度使杂蛋白变性，有利于提取和下一步的纯化。

（4）防止蛋白酶或核酸的降解作用　在提取蛋白质、酶和核酸时，常常受自身存在的蛋白酶或核酸酶的降解作用而导致实验的失败。为防止这一现象的发生，常常采用抑制剂或调节提取液的 pH、离子强度或极性等方法使这些水解酶失去活性，防止它们对欲提纯的蛋白质、酶及核酸的降解作用，例如在提取 DNA 时加入 EDTA 配位 DNAase 活化所必需的 Mg^{2+}。

（5）搅拌与氧化　搅拌能促使被提取物的溶解，一般采用温和搅拌为宜，速度太快容易产生大量泡沫，增加了与空气的接触面，会引起酶等物质的变性失活。因为一般蛋白质都含有相当数量的巯基，有些巯基常常是活性部位的必需基因，若提取液中有氧化剂或与空气中的氮气接触过多都会使巯基氧化为分子内或分子间的二硫键，导致酶活力的丧失，另外在提取液中加入少量巯基乙醇或半胱氨酸以防止巯基氧化。

2. 有机溶剂提取

一些脂类结合比较牢固或分子中非极性侧链较多的蛋白质和酶难溶于水、稀盐、稀酸和稀碱中，常用不同比例的有机溶剂提取。常用的有机溶剂有乙醇、丙醇、异丙醇、正丁醇等，这些溶剂可以与水互溶或部分互溶，同时具有亲水性和亲脂性。其中正丁醇在0℃时在水中的溶解度为10.5%，40℃时为6.6%，同时又具有较强的亲脂性，因此常用来提取与脂结合较牢或含非极性侧链较多的蛋白质、酶和脂类。例如，植物种子中的玉米蛋白、麸蛋白，常用70%~80%的乙醇提取，动物组织中一些线粒体及微粒上的酶常用丁醇提取。

有些蛋白质和酶既溶于稀酸、稀碱，又能溶于含有一定比例的有机溶剂的水溶液中。在这种情况下，采用稀的有机溶剂提取常常可以防止水解酶的破坏，并兼有除去杂质提高纯化效果的作用。例如，胰岛素可溶于稀酸、稀碱和稀醇溶液，但在组织中与其共存的糜蛋白酶对胰岛素有极高的水解活性，因此采用6.8%乙醇溶液并用草酸调溶液的pH为2.5~3.0，进行提取，这样就从下面三个方面抑制了糜蛋白酶的水解活性：①6.8%的乙醇可以使糜蛋白酶暂时失活；②草酸可以除去激活糜蛋白酶的Ca^{2+}；③选用pH 2.5~3.0，这是糜蛋白酶不宜作用的pH。以上条件对胰岛素的溶解和稳定性都没有影响，却可除去一部分在稀醇与稀酸中不溶解的杂蛋白。

（四）生物大分子的分离纯化

由于生物体的组成成分非常复杂，数千种乃至上万种生物大分子又处于同一体系中，因此不可能有一个适合于各类分子的固定的分离程序，但多数分离工作关键部分的基本手段是相同的。常用的分离纯化方法和技术有：沉淀法（包括盐析、有机溶剂沉淀、选择性沉淀等）、离心、吸附层析、凝胶过滤层析、离子交换层析、亲和层析、快速制备型液相色谱以及等电聚焦制备电泳等。

1. 沉淀法

沉淀是溶液中的溶质由液相变成固相析出的过程。沉淀法（即溶解度法）操作简单，成本低廉，不仅用于实验室中，也用于某些生产目的的制备过程，是分离纯化生物大分子，特别是制备蛋白质和酶最常用的方法。通过沉淀，将目的生物大分子转入固相沉淀或留在液相，而与杂质得到初步的分离。

沉淀法的基本原理是根据不同物质在溶剂中的溶解度不同而达到分离的目的，不同溶解度的产生，是由于溶质分子之间及溶质与溶剂分子之间亲和力的差异而引起的，溶解度的大小与溶质和溶剂的化学性质及结构有关，溶剂组分的改变或加入某些沉淀剂以及改变溶液的pH、离子强度和极性都会使溶质的溶解度产生明显的改变。

在生物大分子制备中最常用的几种沉淀方法如下。

（1）中性盐沉淀（盐析法）　多用于各种蛋白质和酶的分离纯化。

（2）有机溶剂沉淀　多用于蛋白质和酶、多糖、核酸以及生物小分子的分离纯化。

（3）选择性变性沉淀（热变性沉淀和酸碱变性沉淀）　多用于除去某些不耐热的和在一定pH下易变性的杂蛋白。

（4）等电点沉淀　用于氨基酸、蛋白质及其他两性物质的沉淀，此法单独应用较少，多与其他方法结合使用。

（5）有机聚合物沉淀　是发展较快的一种新方法，主要使用聚乙二醇（PEG）（polyethyeneglycol）作为沉淀剂。

以上几种沉淀方法的基本原理、操作要点等如下。

（1）中性盐沉淀法　在溶液中加入中性盐使生物大分子沉淀析出的过程称为"盐析"。除了蛋白质和酶以外，多肽、多糖和核酸等都可以用盐析法进行沉淀分离。盐析法应用最广的是在蛋白质领域，其突出的优点是：①成本低，不需要特别昂贵的设备；②操作简单、安全；③对许多生物活性物质具有稳定作用。

①中性盐沉淀蛋白质的基本原理。蛋白质中的—COOH、—NH$_2$和—OH都是亲水基团，这些基团与极性均易溶于水，与水分子相互作用形成水化层，包围于蛋白质分子周围形成1~100nm的亲水胶体，削弱了蛋白质分子之间的作用力，蛋白质分子表面极性基团越多，水化层越厚，蛋白质分子与溶剂分子之间的亲和力越大，溶解度也越大。亲水胶体在水中的稳定因素有两个：即电荷和水膜。因为中性盐的亲水性大于蛋白质和酶分子的亲水性，加入大量中性盐后，夺走了水分子，破坏了水膜，暴露出疏水区域，同时又中和了电荷，破坏了亲水胶体的稳定性，蛋白质分子即形成沉淀。

②中性盐的选择。最常用的中性盐是（NH$_4$）$_2$SO$_4$，其具有十分突出的优点：a. 溶解度大。尤其是在低温时仍有相当高的溶解度，这是其他盐类所不具备的。由于酶和各种蛋白质通常是在低温下稳定，因而盐析操作也要在低温下（0~4℃）进行。b. 分离效果好。有的提取液加入适量硫酸铵盐析，一步就可以除去75%的杂蛋白，纯度提高了4倍。c. 不易引起变性，有稳定酶与蛋白质结构的作用，有的酶或蛋白质用2~3mol/L（NH$_4$）$_2$SO$_4$保存可达数年之久。d. 价格便宜，废液不污染环境。

③盐析的操作方法。最常用的是固体硫酸铵加入法。欲从较大体积的粗提取液中沉淀蛋白质时，往往使用固体硫酸铵，加入之前要先将其研成细粉不能有块，要在搅拌下缓慢匀速少量多次地加入，尤其到接近计划饱和度时，加盐的速度更要慢一些，尽量避免局部硫酸铵浓度过大而造成不应有的蛋白质沉淀。盐析后要在冰浴中放置一段时间，待沉淀完全后再离心与过滤。在低浓度硫酸铵中盐析可采用离心分离，高浓度硫酸铵常用过滤方法，因为高浓度硫酸铵密度太大，要使蛋白质完全沉降下来需要较高的离心速度和较长的离心时间。硫酸铵浓度的表示方法是以饱和溶液的百分数表示，称为百分饱和度，而不用实际的克数或摩尔数，这是由于当固体硫酸铵加到溶液中时，会出现相当大的非线性体积变化，计算浓度相当麻烦，为了克服这一困难，有人经过精心测量，已确定出1L纯水提高到不同浓度所需加入硫酸铵的量，使用时十分方便。

④盐析的影响因素。

a. 蛋白质的浓度。中性盐沉淀蛋白质时，溶液中蛋白质的实际浓度对分离的效果有较大影响。通常高浓度的蛋白质用稍低的硫酸铵饱和度即可将其沉淀下来，但若蛋白质浓度高，则易产生各种蛋白质的共沉淀作用。比较适中的蛋白质浓度是2.5%~3.0%，相当于25~30mg/mL。b. pH对盐析的影响。蛋白质所带净电荷越多，它的溶解度就越大。改变pH可改变蛋白质的带电性质，因而就改变了蛋白质的溶解度。远离等电点处溶解度大，在等电点处溶解度小，因此用中性盐沉淀蛋白质时，pH常选在该蛋白质的等电点附近。c. 温度的影响。温度是影响溶解度的重要因素，对于多数无机盐和小分子有机物，温度升高溶解度加大，但对于蛋白质、酶和多肽等生物大分子，在高离子强度溶液中，温度升高溶解度反而减小。在低离子强度溶液或纯水中蛋白质的溶解度大多数是随浓度升高而增加的。在一般情况下，对蛋白质盐析的温度要求不严格,可在室温下进行。但对于某些对温度敏感的酶,要求在 0~4℃下操作,以避免活力丧失。

(2) 有机溶剂沉淀法

①基本原理。有机溶剂对许多蛋白质(酶)、核酸、多糖和小分子生化物质都能发生沉淀作用,是较早使用的沉淀方法之一。其沉淀作用的原理主要是降低水溶液的介电常数,溶剂的极性与其介电常数密切相关,极性越大,介电常数越大,如20℃时水的介电常数为80,而乙醇和丙酮的介电常数分别是24和21.4,因而向溶液中加入有机溶剂能降低溶液的介电常数,减小溶剂的极性,从而削弱溶剂分子与蛋白质分子间的相互作用力,增加蛋白质分子间的相互作用,导致蛋白质溶解度降低而沉淀。溶液介电常数的减少就意味着溶质分子异性电荷引力的增加,使带电溶质分子更易互相吸引而凝集,从而发生沉淀。另一方面,由于使用的有机溶剂与水互溶,它们在溶解于水的同时从蛋白质分子周围的水化层中夺走水分子,破坏蛋白质分子的水膜,因而发生沉淀作用。

有机溶剂沉淀法的优点是:a. 分辨能力比盐析法高,即一种蛋白质或其他溶质只在一个比较窄的有机溶剂浓度范围内沉淀;b. 沉淀不用脱盐,过滤比较容易(如有必要,可用透析袋除去有机溶剂),因而在生化制备中有广泛的应用。其缺点是对某些具有生物活性的大分子容易引起变性失活,操作需在低温下进行。

②有机溶剂的选择和浓度的计算。用于生化制备的有机溶剂的选择首先是要能与水互溶。沉淀蛋白质和酶常用的是乙醇、甲醇和丙酮。沉淀核酸、糖、氨基酸和核苷酸最常用的溶剂是乙醇。进行沉淀操作时,欲使溶液达到一定的有机溶剂浓度,需要加入的有机溶剂的浓度和体积可按下式计算:

$$V = \frac{V_0(S_2 - S_1)}{100 - S_2}$$

式中　V——需加入100%浓度有机溶剂的体积;

　　　V_0——原溶液体积;

　　　S_1——原溶液中有机溶剂的浓度;

　　　S_2——所要达到的有机溶剂的浓度。

100 是指加入的有机溶剂浓度为100%,如所加入的有机溶剂的浓度为95%,上式中的$(100 - S_2)$项应改为$(95 - S_2)$。上式的计算由于未考虑混溶后体积的变化和溶剂的挥发情况,实际上存在一定的误差。有时为了获得沉淀而不着重于进行分离,可用溶液体积的倍数,如加入1倍、2倍、3倍原溶液体积的有机溶剂,来进行有机溶剂沉淀。

③有机溶剂沉淀的影响因素。

a. 温度。多数蛋白质在有机溶剂与水的混合液中,溶解度随温度降低而下降。值得注意的,大多数生物大分子如蛋白质、酶和核酸在有机溶剂中对温度特别敏感,温度稍高就会引起变性,且有机溶剂与水混合时产生放热反应,因此有机溶剂必须预先冷至较低温度,操作要在冰浴中进行,加入有机溶剂时必须缓慢且不断搅拌以免局部过浓。一般规律是温度越低,得到的蛋白质活性越高。

b. 样品浓度。样品浓度对有机溶剂沉淀生物大分子的影响与盐析的情况相似:低浓度样品要使用比例更大的有机溶剂进行沉淀,且样品的损失较大,即回收率低,具有生物活性的样品易产生稀释变性。但对于低浓度的样品,杂蛋白与样品共沉淀的作用小,有利于提高分离效果。反之，对于高浓度的样品，可以节省有机溶剂，减少变性的危险，但杂蛋白的共沉淀作用大，分离效果下降。通常，使用 5~20mg/mL 的蛋白质初浓度为宜，可以得到较好的沉淀分离效果。

c. pH。有机溶剂沉淀要选择在样品稳定的 pH 范围内，而且尽可能选择样品溶解度最低的 pH，通常是选在等电点附近，从而提高沉淀法的分辨力。

d. 离子强度。离子强度是影响有机溶剂沉淀生物大分子的重要因素。以蛋白质为例，盐浓度太大或太小都有不利影响，通常溶液中盐浓度以不超过 5% 为宜，使用乙醇的量也以不超过原蛋白质水溶液的 2 倍体积为宜，少量的中性盐对蛋白质变性有良好的保护作用，但盐浓度过高会增加蛋白质在水中的溶解度，降低了有机溶剂沉淀蛋白质的效果，通常是在低盐或低浓度缓冲液中沉淀蛋白质。

有机溶剂沉淀法经常用于蛋白质、酶、多糖和核酸等生物大分子的沉淀分离，使用时先要选择合适的有机溶剂，然后注意调整样品的浓度、温度、pH 和离子强度，使之达到最佳的分离效果。沉淀所得的固体样品，如果不是立即溶解进行下一步的分离，则应尽可能抽干沉淀。减少其中有机溶剂的含量，如必要可以装透析袋透析脱有机溶剂，以免影响样品的生物活性。

（3）选择性变性沉淀法　　这一方法是利用蛋白质、酶与核酸等生物大分子与非目的生物大分子在物理化学性质等方面的差异，选择一定的条件使杂蛋白等非目的物变性沉淀而得到分离提纯目的物，称为选择性变性沉淀法。常用的有热变性、选择性酸碱变性和有机溶剂变性等。

①热变性。利用生物大分子对热的稳定性不同，升高温度使某些非目的生物大分子变性沉淀，目的物保留在溶液中。此法简单易行，不需消耗任何试剂，但分离效率低，通常用于生物大分子的初期分离纯化。热变性方法对分离耐热蛋白等生物大分子很有效，可方便地除去绝大部分杂蛋白。

②表面活性剂和有机溶剂变性。不同蛋白质和酶等对于表面活性剂和有机溶剂的敏感性不同，在分离纯化过程中使用它们可以使那些敏感性强的杂蛋白变性沉淀，而目的物仍留在溶液中。此法通常在冰浴或冷室中进行，以保护目的物的生物活性。

③选择性酸碱变性。利用蛋白质和酶等对于溶液不同 pH 的稳定性不同而使杂蛋白变性沉淀，通常是在分离纯化流程中附带进行的一个分离纯化步骤。

（4）等电点沉淀法　　等电点沉淀法是利用具有不同等电点的两性电解质，在达到电中性时溶解度最低，易发生沉法，从而实现分离的方法。氨基酸、蛋白质、酶和核酸都是两性电解质，可用此法进行初步的沉淀分离。但是，由于许多蛋白质的等电点十分接近，而且带有水膜的蛋白质等生物分子仍有一定的溶解度，不能完全沉淀析出，因此，单独使用此法分辨率较低，效果不理想，因此常与盐析法、有机溶剂沉淀法或其他沉淀剂一起配合使用，以提高沉淀能力和分离效果。此法主要用在分离纯化流程中去除杂蛋白，而不用于沉淀目的物。

（5）有机聚合物沉淀法　　有机聚合物是 20 世纪 60 年代发展起来的一类重要的沉淀剂，最早应用于提纯免疫球蛋白和沉淀一些细菌和病毒。近年来，广泛用于核酸和酶的纯化。其中应用最多的是聚乙二醇 $HCCH_2(CH_2OCH_2)_nCH_2OH$（$n>4$）（polyethylene glycol，PEG），它的亲水性强，溶于水和许多有机溶剂，对热稳定，相对分子质量范围广泛，在生物大分子制备中，用得较多的是相对分子质量为 6000~20000 的 PEG。

PEG 的沉淀效果主要与其本身的浓度和相对分子质量有关，同时还受离子强度、溶液

pH和温度等因素的影响。在一定的pH下，盐浓度越高，所需PEG浓度越低，溶液的pH越接近目的物的等电点，沉淀所需PEG的浓度越低。在一定范围内，相对分子质量高和浓度高的PEG沉淀的效率高。以上这些现象的理论解释还都仅仅是假设，未得到充分的证实，其解释主要有以下几点：①认为沉淀作用是聚合物与生物大分子发生共沉淀作用；②由于聚合物有较强的亲水性，使生物大分子脱水而发生沉淀；③聚合物与生物大分子之间以氢键相互作用形成复合物，在重力作用下形成沉淀析出；④通过空间位置排斥，使液体中生物大分子被迫积聚在一起而发生沉淀。

本法优点是：①操作条件温和，不易引起生物大分子变性；②沉淀效能高，使用很少量PEG即可以沉淀相当多的生物大分子；③沉淀后有机聚合物容易去除。

2. 透析

透析是把待纯化的蛋白质溶液装在半透膜的透析袋里，放入透析液（蒸馏水或缓冲液）中，将小分子与生物大分子分开的一种分离纯化技术。透析液可以更换，直至透析袋内无机盐等小分子物质降到最小值为止。

原理：利用蛋白质分子不能通过半透膜的性质，使蛋白质和其他小分子物质如无机盐、单糖等分开。

影响透析速度的因素：

（1）半透膜的通透性　常用的半透膜是玻璃纸或赛璐玢纸、火棉纸或其他改性的纤维素材料。有商品化的不同型号的透析膜，透析管。

（2）透析外液的更换　反复更换透析外液，增加透析速度；对流水透析，可进行初期透析；搅拌，使梯度差变得均匀，可增加透析速度。

（3）温度　温度增加，则透析速度增加，但要注意生物活性。

（4）压力　增加压力可加快透析速度，如真空透析。

3. 超滤

超滤是以压力为推动力，利用超滤膜不同孔径对液体中溶质进行分离的物理筛分过程。其截断相对分子质量一般为6000~50万，孔径为几十纳米，操作压力为0.2~0.6MPa。

（1）超滤的主要应用

①浓缩。使用超滤来增加所需大分子溶质的浓度，即大分子被超滤膜截留而小分子和溶剂可自由通过，从而达到浓缩的目的。

②梯度分离。按分子大小梯度分离样品中的溶质分子时，超滤是一种经济有效的方法，适用于分离相对分子质量相差10倍以上的分子组分。在超滤过程中，虽然截留的大分子被浓缩，但滤过的溶质分子仍保持初始的浓度。

③脱盐/纯化。脱盐即从大分子溶液中去除盐、非水性溶剂和小分子物质的过程。通过溶剂交换，可最有效地去除溶液中的小分子物质，并逐渐分离纯化出大分子物质。具体方法为：在溶液进行超滤的同时，不断向溶液中补充溶剂，补充溶剂的速度与溶液滤过速度相同，使体系始终保持恒定，这种方法又称透析超滤法。

（2）超滤法的典型用途

①对蛋白质、酶、DNA、单克隆抗体、免疫球蛋白进行浓缩和脱盐；

②药物、激素分离；

③从PCR扩增仪的DNA中去除引物；

④去除标记的氨基酸和核苷酸；
⑤HPLC样品制备；
⑥从样品中除蛋白；
⑦从生物体液、发酵肉汤培养基中纯化抗生素、激素和药物；
⑧从细胞悬液、裂解液中回收生物分子；
⑨对蛋白质、酶、细胞、DNA、生物分子、抗体和免疫球蛋白进行浓缩和脱盐；
⑩哺乳动物细胞的收集；

4. 反渗透

利用反渗透膜选择性地通过溶剂（通常是水）而截留离子物质的性质，以膜两侧静压差为推动力，克服渗透压，使溶剂通过反渗透膜实现对液体混合物进行分离的过程。操作压差一般为 1.5~10.5MPa，截留组分为小分子物质。

5. 纳滤

纳滤（Nanofiltration，NF）是一种介于反渗透和超滤之间的压力驱动膜分离过程。纳滤分离范围介于反渗透和超滤之间，截断相对分子质量范围为 300~1000，能截留透过超膜的那部分有机小分子，透过无机盐和水。

（1）纳滤膜的特点

①纳滤膜的截留率大于95%的最小分子约为1nm，故称为纳滤膜。

②能透过一价无机盐，渗透压远比反渗透低，故操作压力很低，达到同样的渗透通量所必须施加的压差比用RO膜低 0.5~3MPa，因此纳滤又被称作"低压反渗透"或"疏松反渗透"（Loose RO）。

（2）应用

①小相对分子质量的有机物质的分离；
②有机物与小分子无机物的分离；
③溶液中一价盐类与二价或多价盐类的分离；
④盐与其对应酸的分离。

第三章 生物化学基础实验

实验1 3,5-二硝基水杨酸比色法测定还原糖

【目的要求】
1. 掌握还原糖和总糖的测定原理。
2. 学习用比色法测定还原糖的方法。
3. 学习可见分光光度计的使用方法。

【实验原理】

还原糖的测定是各种糖类化合物定量测定的基本方法。在碱性条件下,还原糖与3,5-二硝基水杨酸共热后3,5-二硝基水杨酸(DNS)被还原为3-氨基-5-硝基水杨酸(棕红色物质),还原糖则被氧化成糖酸及其他产物(图3-1)。在一定范围内,还原糖的浓度与3-氨基-5-硝基水杨酸(棕红色物质)颜色深浅的程度呈正比,利用可见分光光度计,在540nm波长下测定棕红色物质的吸光值,查对标准曲线可求出样品中还原糖的含量。

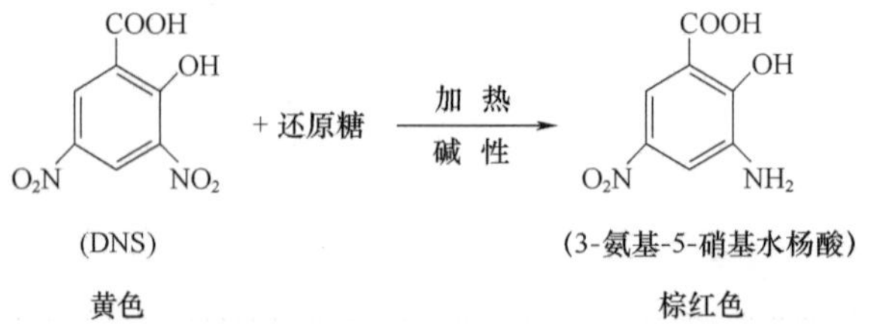

图3-1 DNS与还原糖反应

还原糖是指含有游离醛基或酮基的糖类。在各种糖中,单糖都是还原糖,双糖和多糖不一定是还原糖,如乳糖和麦芽糖是还原糖,而蔗糖就是非还原糖。淀粉等多糖不显还原性。利用糖的溶解度不同,可将样品中的单糖、双糖和多糖分别提取出来。用酸水解法使没有还原性的双糖和多糖彻底水解成具有还原性的单糖,然后进行测定,即可分别求出还原糖以及总糖的含量。

由于多糖水解为单糖时,每断裂1个糖苷键需加入1分子水,所以在计算多糖含量时应

乘以0.9。

【试剂与器材】

1. 试剂、材料

（1）3,5-二硝基水杨酸试剂（DNS）　将6.3g DNS和262mL 2mol/L的NaOH溶液，加到500mL含有182g酒石酸钾钠的热水溶液中，再加5g重蒸酚和5g亚硫酸氢钠，搅拌溶解，冷却后定容至1000mL。溶液为黄色，贮于棕色瓶中。

（2）1mg/mL葡萄糖标准溶液　准确称取80℃烘至恒重的分析纯无水葡萄糖1g，置于烧杯中，加少量水溶解后再加5mL浓盐酸（防止微生物生长），以蒸馏水定容至1000mL。混匀，4℃冰箱中保存备用。

（3）碘-碘化钾溶液　称取5g碘和10g碘化钾，溶于100mL蒸馏水中。

（4）酚酞指示剂　称取1g酚酞，溶于250mL 70%乙醇中。

（5）6mol/L HCl溶液　取250mL浓HCl，用蒸馏水稀释到500mL。

（6）6mol/L NaOH溶液　称取240g NaOH，溶于1000mL蒸馏水中。

（7）小麦面粉。

2. 器材

吸量管（0.5mL, 10mL）；试管（25mm×250mm）；电子天平；漏斗、滤纸；容量瓶（100mL）；精密pH试纸；恒温水浴锅；擦镜纸；可见分光光度计；三角瓶（250mL）；电磁炉；白瓷板。

【操作方法】

1. 绘制葡萄糖标准曲线

取6支25mm×250mm试管编号，按表3-1分别加入浓度为1mg/mL的葡萄糖标准溶液、蒸馏水和3,5-二硝基水杨酸（DNS）试剂。

表3-1　　　　　　　　　　　　葡萄糖标准曲线

试剂	试管编号					
	0	1	2	3	4	5
葡萄糖标准溶液/mL	—	0.1	0.2	0.3	0.4	0.5
葡萄糖含量/mg	—	0.1	0.2	0.3	0.4	0.5
蒸馏水/mL	0.5	0.4	0.3	0.2	0.1	—
DNS试剂/mL	0.5	0.5	0.5	0.5	0.5	0.5
沸水浴5min，冷水冷却至室温						
蒸馏水/mL	8.0	8.0	8.0	8.0	8.0	8.0
A_{540}						

将上述各管混匀，用0号管调零点，于540nm波长处测定1~5管吸光度。以葡萄糖毫克数为横坐标，A_{540}为纵坐标，在坐标纸上绘出标准曲线。

2. 样品中还原糖和总糖含量的测定

以测定小麦面粉中总糖和还原糖含量为例。

（1）样品中还原糖的提取　准确称取2.00g小麦面粉，放在100mL烧杯中。先以少量蒸馏水调成糊状,再加 50~60mL 蒸馏水,于 50℃ 恒温水浴中保温 20min,使还原糖浸出。转入 100mL 容量瓶中,再定容至 100mL,过滤,取滤液测还原糖。

（2）样品中总糖的水解及提取　准确称取 0.50g 小麦面粉放入三角瓶中加入 10mL 6mol/L HCl 溶液、15mL 蒸馏水,置沸水浴中加热水解 30min。取出 1 滴置于白瓷板上,加 1 滴碘液检查水解程度。若淀粉已水解完全,加碘则不呈现颜色。冷却后加入 1 滴酚酞指示剂,以 6mol/L NaOH 溶液中和至溶液呈微红色,蒸馏水定容至 100mL,过滤。吸取滤液 10mL 于 100mL 容量瓶中,定容至刻度,即为稀释 1000 倍的样品水解液,用于总糖测定。

（3）样品中糖含量的测定　取 7 支 25mm×250mm 试管,编号,分别按表 3-2 加入试剂。

表 3-2　　　　　　　　　样品中还原糖和总糖的测定

试剂	空白	还原糖			总糖		
	0	1	2	3	4	5	6
样品溶液/mL	—	0.5	0.5	0.5	0.5	0.5	0.5
蒸馏水/mL	0.5	—	—	—	—	—	—
DNS 试剂/mL	0.5	0.5	0.5	0.5	0.5	0.5	0.5
	沸水浴加热 5min,冷水冷却至室温						
蒸馏水/mL	8.0	8.0	8.0	8.0	8.0	8.0	8.0
A_{540}	—						

测定后,取还原糖及总糖样品 A_{540} 平均值,分别在标准曲线上查出相应的糖量,并按下式计算样品中还原糖与总糖的含量。

$$还原糖含量(\%) = \frac{m_0 \times V}{m \times 0.5 \times 1000} \times 100$$

$$总糖含量(\%) = \frac{m_0 \times V}{m \times 0.5 \times 1000} \times 0.9 \times 100$$

式中　m_0——由标准曲线上查得的葡萄糖的质量,mg;

V——样品稀释液总体积,mL;

m——样品质量,g;

0.5——吸取样品的量,mL;

1000——g 换算成 mg 的系数;

0.9——还原糖换算成淀粉的换算系数。

【要点提示】

1. 标准曲线制作与样品含糖量测定应同时进行,一起显色和比色（使用同一空白调零点和比色）。

2. 样品比色前一定要混匀（漩涡混匀器）。

3. 待测样品稀释倍数要合适,测定其 A_{540} 应在 0.20~0.50 范围内。

【思考题】

1. 比色测定中要做一个空白管,"空白"的意义是什么？它对实验结果的影响如何？

2. 如何正确绘制和使用标准曲线？

实验 2　蒽酮 - 硫酸比色法测定糖含量

【目的要求】
1. 掌握总糖的测定原理。
2. 学习用蒽酮比色法测定总糖的方法。

【实验原理】
糖类在较高温度下可被浓硫酸作用而脱水生成糠醛或羟甲基糠醛后，与蒽酮脱水缩合，形成的糠醛衍生物呈蓝绿色。该物质在625nm 处有最大吸收，在 $0\sim150\mu g/mL$ 范围内，其颜色的深浅与可溶性糖含量成正比。该法有很高的灵敏度，糖含量在 $30\mu g$ 左右就能进行测定。

【试剂与器材】
1. 试剂
（1）蒽酮试剂　精密称取 0.1g 蒽酮，加 100mL 80% 浓 H_2SO_4 使溶解，摇匀。当日配制使用。
（2）1mg/mL 葡萄糖标准溶液　准确称取 80℃ 烘至恒重的分析纯无水葡萄糖 1g，置于烧杯中，加少量水溶解后再加 5mL 浓盐酸，以蒸馏水定容至 1000mL。混匀，4℃冰箱中保存备用。
（3）待测糖样品　新鲜菠菜叶片。
2. 器材
分析天平；分光光度计；容量瓶（100mL、50mL、10mL）；烧杯；具塞试管；移液器及吸头；涡旋振荡器；废液缸。

【操作方法】
1. 葡萄糖标准曲线的制作
取 7 支具塞试管，按表 3 - 3 数据配制不同浓度的葡萄糖标准溶液，每个浓度做 2～3 个重复。

表 3 - 3　　　　　　　　葡萄糖标准曲线

试剂	试管编号						
	0	1	2	3	4	5	6
葡萄糖标准溶液/mL	0	0.2	0.4	0.6	0.8	1.0	1.2
蒸馏水/mL	2.0	1.8	1.6	1.4	1.2	1.0	0.8
葡萄糖含量/mg	0	0.1	0.2	0.3	0.4	0.5	0.6
蒽酮试剂/mL	6	6	6	6	6	6	6
沸水浴 15min，冰水浴 15min							
A_{625}							

各管加完溶液后一起置于沸水浴中加热 15min 取出，迅速浸于冰水浴中冷却 15min。在 625nm 波长下以第 1 管为空白，迅速测定其余各管吸光值。以标准葡萄糖含量（μg）为横坐标，以吸光值为纵坐标，绘制标准曲线。

2. 可溶性糖的提取

取新鲜菠菜叶片，擦净表面污物，剪碎混匀，每份称取 0.10～0.30g，共 3 份，分别放入 3 支刻度试管中，加入 5～10mL 蒸馏水，用塑料薄膜封口，于沸水浴中提取 30min（提取 2 次），提取液过滤后倒入 25mL 容量瓶中，反复冲洗试管及残渣，定容至刻度。

3. 样品的测定

将样品溶液糖浓度调整到测定范围，精确吸取 2mL 置于干燥洁净试管中，在每支试管中立即加入蒽酮试剂 6mL，振荡混匀，各管加完后一起置于沸水浴中加热 15min。取出，迅速浸于冰水浴中冷却 15min，每个浓度做 2～3 个重复。在 625nm 波长下迅速测定各管吸光值。根据葡萄糖含量的标准曲线，由样品溶液吸光值计算各样品溶液中糖的浓度，并计算其糖含量。

$$总糖含量(\%) = \frac{m_0 \times V}{m \times 0.5 \times 1000} \times 0.9 \times 100$$

式中　　m_0——由标准曲线上查得的葡萄糖的质量，mg；

　　　　V——样品稀释液总体积，mL；

　　　　m——样品质量，g；

　　　0.5——吸取样品的量，mL；

　　1000——g 换算成 mg 的系数；

　　　0.9——还原糖换算成淀粉的换算系数。

【要点提示】

1. 蒽酮法测出的碳水化合物含量，是溶液中全部可溶性碳水化合物总量。

2. 在测定水溶性碳水化合物时，切勿将样品的未溶解残渣加入反应液中，否则会因为细胞壁中的纤维素、半纤维素等与蒽酮试剂发生反应，而增加测定误差。

3. 不同的糖类与蒽酮试剂的显色深度不同，果糖显色最深，葡萄糖次之，半乳糖、甘露糖较浅，五碳糖显色更浅，故测定糖的混合物时，常因不同糖类的比例不同造成误差，但测定单一糖类时则可避免此种误差。

【思考题】

1. 用水提取的糖类有哪些？
2. 制作标准曲线时应注意什么问题？

实验 3　硫酸-苯酚比色法测定可溶性糖

【目的要求】

1. 掌握可溶性糖的测定原理。
2. 学习用比色法测定可溶性糖的方法。

【实验原理】

植物体内的可溶性糖主要是指能溶于水和乙醇的单糖和寡聚糖。糖在浓硫酸作用下，脱水生成的糠醛或羟甲基糠醛能与苯酚缩合成一种橙红色化合物，在 10～100mg 范围内其颜色深浅与糖的含量成正比，且在 490nm 波长下有最大吸收峰，故可用比色法在此波长下测定。

硫酸-苯酚法可用于甲基化的糖、戊糖和多聚糖的测定，方法简单，灵敏度高，实验时基本不受蛋白质存在的影响，并且产生的颜色能稳定 160min 以上。

【试剂与器材】

1. 试剂

（1）90%苯酚溶液　称取 90g 苯酚（AR），加蒸馏水 10mL 溶解，在室温下可保存数月。

（2）9%苯酚溶液　取 3mL 90%苯酚溶液，加蒸馏水至 30mL，现配现用。

（3）浓硫酸（相对密度 1.84）。

（4）0.1g/L 蔗糖标准液　将分析纯蔗糖在 80℃下烘至恒重，精确称取 1.000g，加少量水溶解，移入 100mL 容量瓶中，加入 0.5mL 浓硫酸，用蒸馏水定容至刻度。

（5）100μg/L 蔗糖标准液　精确吸取 1mL 0.1g/L 蔗糖标准液加入 100mL 容量瓶中，加水定容。

（6）待测糖样品　新鲜菠菜叶片。

2. 器材

分光光度计；恒温水浴锅；20mL 刻度试管；刻度吸管；记号笔；吸水纸。

【操作方法】

1. 标准曲线的制作

取 20mL 刻度试管 8 支，从 0～7 分别编号，按表 3-4 加入溶液和水，然后按顺序向试管内加入 1mL 9%苯酚溶液，摇匀，再小心加入 5mL 浓硫酸，摇匀。比色液总体积为 8mL，在恒温下放置 30min，显色。然后以空白为参比，在 485nm 波长下比色测定，以糖含量为横坐标，光密度为纵坐标，绘制标准曲线，求出标准直线方程。

表 3-4　　　　　　　　蔗糖标准曲线

试剂	试管编号							
	0	1	2	3	4	5	6	7
100μg/L 蔗糖标准液/mL	0	0.2	0.4	0.6	0.8	1.0	1.2	1.4
蒸馏水/mL	2.0	1.8	1.6	1.4	1.2	1.0	0.8	0.6
蔗糖含量/μg	0	10	20	30	40	50	60	70
9%苯酚试剂/mL	1	1	1	1	1	1	1	1
硫酸/mL	5	5	5	5	5	5	5	5
				恒温放置 30min				
A_{490}								

2. 可溶性糖的提取

取新鲜菠菜叶片，擦净表面污物，剪碎混匀，称取 3 份，每份 0.10～0.30g，分别放入 3

支刻度试管中，加入 5~10mL 蒸馏水，塑料薄膜封口，于沸水浴中提取 30min（提取 2 次），提取液过滤入 25mL 容量瓶中，反复冲洗试管及残渣，定容至刻度。

3. 测定可溶性糖

吸取 0.5mL 样品液于试管中（重复 2 次），加蒸馏水 1.5mL，同制作标准曲线的步骤，按顺序分别加入苯酚、浓硫酸溶液，显色并测定光密度。由标准线性方程求出糖的量，按下式计算测试样品中糖含量。

$$可溶性糖含量(\%) = c \times V \times n / (\alpha \times m \times 10^6) \times 100$$

式中　c——标准方程求得糖量，μg；
　　　α——吸取样品液体积，mL；
　　　V——提取液量，mL；
　　　n——稀释倍数；
　　　m——样品质量，g。

【要点提示】

1. 此法简单、快速、灵敏、重复性好，对每种糖仅制作一条标准曲线，颜色持久。
2. 制作标准线宜用相应的标准多糖，如用葡萄糖，应以校正系数 0.9 校正 μg 数。
3. 硫酸显色的安全、准确操作，单糖到多糖的转换系数。

【思考题】

用苯酚 - 硫酸比色法测定多糖粗提物中糖含量的原理是什么？

实验 4　蛋白质的性质实验

一、蛋白质及氨基酸的呈色反应

【目的要求】

1. 了解构成蛋白质的基本结构单位及主要连接方式。
2. 了解蛋白质和某些氨基酸的呈色反应原理。
3. 学习几种常用的鉴定蛋白质和氨基酸的方法。

（一）双缩脲反应

【实验原理】

尿素加热至 180℃ 左右，生成双缩脲并放出一分子氨。双缩脲在碱性环境中能与 Cu^{2+} 结合生成紫红色化合物，此反应称为双缩脲反应（图 3-2）。蛋白质分子中有肽键，其结构与双缩脲相似，也能发生此反应。可用于蛋白质的定性或定量测定。

因此，一切蛋白质或二肽以上的多肽都有双缩脲反应，但有双缩脲反应的物质不一定都是蛋白质或多肽。

【试剂与器材】

1. 试剂

尿素；10%氢氧化钠溶液；1%硫酸铜溶液；2%卵清蛋白溶液。

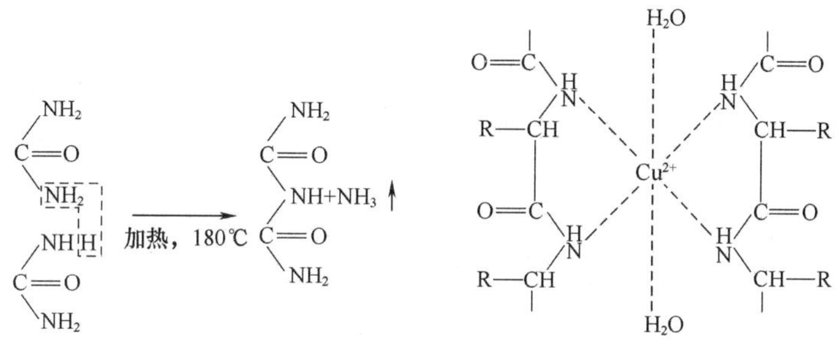

图3-2 双缩脲反应小紫红色铜双缩脲复合物分子

2. 器材

酒精灯；试管夹；试管1.5cm×15cm。

【操作方法】

1. 取黄豆粒大小的尿素，放入干燥试管中。用微火加热使尿素熔化。熔化的尿素开始硬化时，停止加热，尿素放出氨，形成双缩脲。冷却后，加1mL 10%氢氧化钠溶液，振荡混匀，再加1滴1%硫酸铜溶液，再振荡。观察出现的粉红颜色（避免添加过量硫酸铜，否则，生成的蓝色氢氧化铜能掩盖粉红色）。

2. 另取一试管加1mL卵清蛋白溶液和2mL 10%氢氧化钠溶液，摇匀，再加2滴1%硫酸铜溶液，随加随摇。观察紫玫瑰色的出现。

（二）茚三酮反应

【实验原理】

除脯氨酸、羟脯氨酸和茚三酮反应产生黄色物质外，所有 α-氨基酸及一切蛋白质都能和茚三酮反应生成蓝紫色物质。该反应分两步进行（图3-3），首先是氨基酸被氧化，产生 CO_2、NH_3 和醛，而水和茚三酮被还原为还原型茚三酮，然后是还原型茚三酮与另一分子水和茚三酮与 NH_3 缩合生成有色物质。

β-丙氨酸、氨和许多一级胺都呈阳性反应。尿素、马尿酸和肽键上的亚氨基不呈现此反应。因此，虽然蛋白质和氨基酸均有茚三酮反应，但能与茚三酮呈阳性反应的不一定就是蛋白质或氨基酸。在定性、定量测定中，应严防干扰物存在。

【试剂与器材】

1. 试剂

（1）2%卵清蛋白或新鲜鸡蛋清溶液（蛋清：水=1:9）；

（2）0.5%甘氨酸溶液；

（3）0.1%茚三酮水溶液；

（4）0.1%茚三酮-乙醇溶液；

（5）蛋白质溶液。

2. 器材

恒温水浴锅；试管及试管夹；烧杯；酒精灯；电磁炉；不锈钢锅；滤纸。

【操作方法】

1. 取2支试管分别加入蛋白质溶液和甘氨酸溶液1mL，再各加0.5mL 0.1%茚三酮水溶

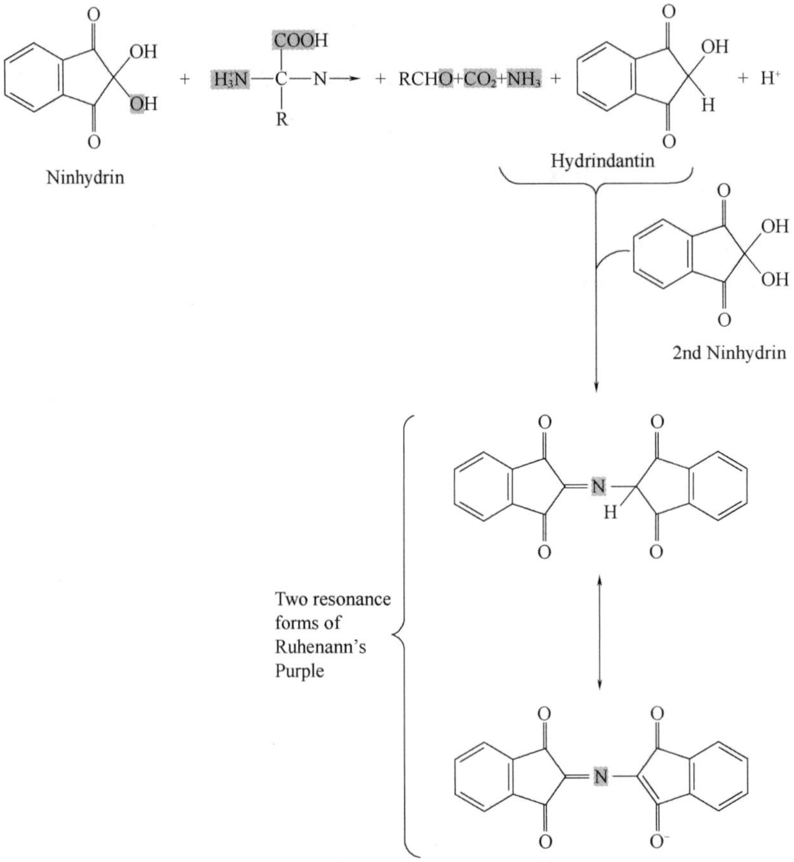

图 3-3 蛋白质、氨基酸的茚三酮反应

液，混匀，在沸水浴中加热 1~2min，观察颜色由粉色变紫红色再变蓝。

2. 在一小块滤纸上滴 1 滴 0.5% 甘氨酸溶液，风干后，再在原处滴 1 滴 0.1% 茚三酮-乙醇溶液，在微火旁烘干显色，观察紫红色斑点的出现。

（三）黄色反应

【实验原理】

含有苯环结构的氨基酸，如酪氨酸和色氨酸，遇硝酸后，可被硝化成黄色物质，该化合物在碱性溶液中进一步形成橙黄色的硝醌酸钠。

多数蛋白质分子含有带苯环的氨基酸，所以有黄色反应，苯丙氨酸不易硝化，需加入少量浓硫酸才有黄色反应。

【试剂与器材】

1. 试剂

10%氢氧化钠溶液；鸡蛋清溶液；浓硝酸；指甲或头发。

2. 器材

恒温水浴锅；试管；试管夹；烧杯；酒精灯。

【操作方法】

1. 取一支试管，加鸡蛋清溶液 1 滴及浓硝酸 2 滴，由于强酸作用，出现蛋白质沉淀。用微火加热，沉淀变为黄色。冷却后，逐滴加入 10%氢氧化钠溶液至碱性，观察颜色变化。

2. 剪一些指甲或头发放入试管，加入数滴浓硝酸，观察颜色变化。

（四） 乙醛酸反应

【实验原理】

含有吲哚基的色氨酸在浓硫酸存在下与乙醛酸（CHOCOOH）缩合，形成与靛蓝相似的物质。此反应机理尚不清楚，可能是由一分子乙醛酸与两分子色氨酸脱水缩合而成的。含有色氨酸的蛋白质也有此反应。

【试剂与器材】

1. 试剂

蛋白质溶液；冰醋酸；浓硫酸（分析纯）；2%白明胶。

2. 器材

恒温水浴锅、试管及试管夹。

【操作方法】

取 2 支试管，分别加入蛋白质溶液和 5 滴 2%白明胶，再加浓冰醋酸 1~2mL，混匀，倾斜试管慢慢地沿管壁各加 1mL 浓硫酸，使之两相重叠，静置 5min 后则两相界面处出现紫红色环，若效果不明显可水浴加热。

（五） 醋酸铅反应和亚硝基铁氰化钠反应

【实验原理】

多数蛋白质分子中常有含硫的氨基酸，如半胱氨酸和胱氨酸，含硫蛋白质在强碱作用下可分解产生硫化钠。硫化钠与醋酸铅反应生成黑色的硫化铅沉淀，若加入浓盐酸则有硫化氢气体产生。

蛋白质中的半胱氨酸和胱氨酸极易脱硫，而含硫的氨基酸甲硫氨酸对强碱相当稳定，不产生此反应。在碱性条件下含有—SH 的半胱氨酸与亚硝基铁氰化钠反应形成玫瑰色物质。

【试剂与器材】

1. 试剂

（1）未稀释的鸡蛋清。

（2）10%的 NaOH 溶液。

（3）1.5% Pb（Ac）$_2$ 溶液（醋酸铅溶液）。

（4）5%亚硝基铁氰化钠。

（5）浓盐酸。

（6）0.3%苯丙氨酸、0.3%酪氨酸、0.3%半胱氨酸。

2. 器材

恒温水浴锅；试管及试管夹；酒精灯。

【操作方法】

1. 向试管中先加入 1.5% Pb（Ac）$_2$ 溶液约 1mL，再慢慢滴加 10%的 NaOH 溶液，边加边振摇，直到产生的沉淀溶解为止。此时再向试管内加未稀释的鸡蛋清 5~6 滴，混匀。置酒精灯上加热 1min，溶液变黑，小心加入 2mL 浓盐酸，黑色褪去，嗅其味。

2. 在白瓷板上，各加 0.3% 苯丙氨酸、0.3% 酪氨酸、0.3% 半胱氨酸溶液各 2 滴，分别加 3 滴 10% NaOH 溶液和 2~3 滴 5% 亚硝基铁氰化钠溶液，观察显色反应（颜色不稳定，会很快消失）。

二、蛋白质的沉淀反应

【目的要求】

1. 熟悉蛋白质的沉淀反应。
2. 进一步掌握蛋白质的有关性质。

【实验原理】

多数蛋白质是亲水胶体，当其稳定因素被破坏或与某些试剂结合成不溶解的盐后，即产生沉淀。

【试剂与器材】

1. 试剂

（1）蛋白质试液。

（2）1% 醋酸铅　1g 醋酸铅溶于蒸馏水并稀释至 100mL。

（3）5% 鞣酸溶液　5g 鞣酸溶于水并稀释至 100mL。

（4）1% 硫酸铜溶液　1g 硫酸铜溶于水并稀释至 100mL。

（5）1% 硝酸银。

（6）10% 三氯乙酸。

（7）5% 磺基水杨酸。

2. 器材

（1）试管 1.5cm×15cm（×7）。

（2）吸管 5.0mL（×2）、2.0mL（×2）、1.0mL（×1）。

（一）乙醇沉淀蛋白质

乙醇为脱水剂，能破坏蛋白质胶体的水化层而使其沉淀析出。

【操作方法】

取蛋白质溶液 1mL，加晶体 NaCl 少许（加速沉淀并使沉淀完全），待溶解后再加入 95% 乙醇 2mL 混匀。观察有无沉淀析出。

（二）重金属盐析沉淀蛋白质

蛋白质与重金属离子（如 Cu^{2+}、Ag^+、Hg^{2+} 等）结合成不溶性盐类而沉淀。

【操作方法】

取试管 3 支，分别加入蛋白质溶液 1mL，再分别加入 1% $AgNO_3$、1% 醋酸铅、1% $CuSO_4$ 溶液各 1~3 滴，振荡试管，观察沉淀生成。放置片刻，倾去上清，加少量水，观察沉淀是否溶解，解释原因。

（三）有机酸沉淀蛋白质

【操作方法】

取试管 2 支，分别加入蛋白质溶液 1mL，再分别加入 10% 三氯乙酸和 5% 磺基水杨酸溶液各1~3滴,振荡试管,观察沉淀生成。放置片刻,倾去上清,加少量水,观察沉淀是否溶解,解释原因。

【要点提示】

1. 当加热试管时,试管口不准对着别人。
2. 闻带有刺激性气味的气体时,用手扇着闻少许即可,不要直接凑到管口去闻。

【思考题】

1. 蛋白质有哪些显色反应?
2. 列表写出蛋白质的颜色反应和沉淀反应。

实验5 纸上层析法分离鉴定氨基酸

【目的要求】

1. 学习纸上层析法的基本原理。
2. 掌握氨基酸纸上层析的操作技术。

【实验原理】

纸层析是以滤纸为惰性支持物的分配层析。分配层析是利用不同物质在两种不相溶的溶剂中的分配系数不同而达到分离的一种技术,即指溶质在两种互不相溶的溶剂中溶解达到平衡时的浓度比,也为该溶质在两相中溶解度之比。

$$\text{分配系数} = \frac{\text{溶质在固定相的浓度}}{\text{溶质在流动相的浓度}} = \frac{\text{溶质在固定相的溶解度}}{\text{溶质在流动相的溶解度}}$$

滤纸纤维的—OH为亲水性基团,与水有很强的亲和力,而与有机溶剂的亲和力极弱。所以纸层析是以有机溶剂饱和的水为固定相,而以水饱和的有机溶剂为流动相。

展层时,将样品点在距滤纸一端2~3cm的某一处,该点称为原点。然后在密闭的展层缸内,层析溶剂沿滤纸的一个方向进行展层,这样混合氨基酸在两相中不断分配。由于分配系数不同,其结果会分布在滤纸的不同位置。物质被分离后在纸层析图谱上的位置即在纸上的移动速度可用R_f值来表示。所谓R_f值是指在纸层析中从原点至层析点中心的距离与原点到溶剂前沿的距离的比值:

$$R_f = \frac{\text{原点到层析点中心的距离}}{\text{原点到溶剂前沿的距离}}$$

纸层析中,在一定条件下,某一物质的分配系数(R_f)是常数。R_f值的大小与物质的结构、溶剂系统、pH、层析温度和层析滤纸的质量等因素有关。

(1) 物质结构 根据相似相容原理,极性物质易溶于极性溶剂(水)中,而非极性物质易溶于非极性物质(有机溶剂)中,所以物质的极性大小决定了物质在水和有机溶剂之间的分配情况。

(2) 溶剂系统 同一物质在不同溶剂系统中R_f值不同。选择溶剂系统时应使被分离物质在适当的R_f值范围内(0.05~0.85之间),并且不同物质的R_f值至少差别0.05才能彼此分开。溶剂的极性大小也影响物质的R_f值。在用与水互溶的脂肪醇作为溶剂时,氨基酸的R_f值随着溶剂碳原子数目增加而降低。

（3）pH　溶剂系统的 pH 会影响物质极性基团的解离形式。酸性氨基酸在酸性溶液中所带静电荷比在碱性时少，带电荷越少亲水性越小，因此在酸性溶剂系统中 R_f 值较碱性溶剂系统中大，而碱性氨基酸则相反。

（4）层析滤纸的质量　层析用滤纸要质地均匀、紧密，有一定的机械强度，并含杂质少。国产新华滤纸可用于一般的纸层析。如对层析要求高，应事先将滤纸用 0.01mol/L HCl 溶液处理以去除纸上的 Ca^{2+}、Mg^{2+}、Cu^{2+} 等离子。

（5）温度和时间　温度不仅影响物质在溶剂中的分配系数，而且影响溶剂相的组成及纤维素的水合作用。温度变化对 R_f 值影响很大，所以层析时最好控制温度不要相差 ±0.5℃。当所有条件相同时，氨基酸层析时间短，则 R_f 值小。

纸上层析法是生物化学中分离、鉴定氨基酸混合物的经典技术，可用于蛋白质、氨基酸组成定性鉴定和定量测定，也是定性或定量测定多肽、核酸碱基、糖、有机酸、维生素、抗生素等物质的一种分离分析工具。

【试剂与器材】

1. 试剂

（1）展层剂　正丁醇、80% 甲酸和水以体积比 30∶6∶4 在容量瓶中进行混合并充分振摇。

（2）氨基酸标准液（1000μg/mL）　谷氨酸、脯氨酸、亮氨酸（白氨酸），分别配制成该浓度溶液。

（3）氨基酸混合液（500μg/mL）　谷氨酸、脯氨酸、亮氨酸的混合液。

（4）0.1% 茚三酮　丙酮溶液。

2. 器材

新华 1 号滤纸；培养皿；烧杯；毛细管；吸量管；铅笔；尺子；层析缸；电吹风；订书机；玻璃板。

【操作方法】

1. 配制展层剂：按正丁醇:80% 甲酸:水为 30∶6∶4 的比例配制 40mL 展层剂倒入培养皿中，立即放入密闭的层析缸下。

2. 滤纸准备：取 1 张新华 1 号滤纸（20cm×20cm），以顺滤纸纹方向为高，在距滤纸底边 2cm 处用铅笔画一直线，在此直线上等距离点 8 个点（每人 4 个），然后在每个点下面分别标出谷、亮、脯、混合字样，作为相应溶液的点样处（如图 3-4 所示）。

3. 点样：用毛细管将各氨基酸样品分别点在 8 个相应的点样处。将毛细管口轻触到纸面，样品自动流出。点样时，必须等第 1 滴样品用冷风吹干后再点第 2 滴，如此反复 3~5 次，点子扩散直径控制在 0.1~0.2cm 内。将点样后的滤纸两边对齐，用订书机将滤纸钉成筒状（图 3-5）。纸的两边不能接触，避免由于毛细现象使溶剂沿边缘快速移动而造成溶剂前沿不齐影响 R_f 值。

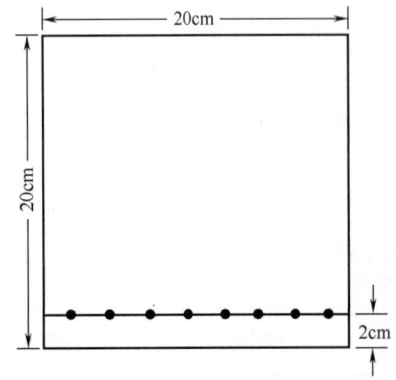

图 3-4　层析滤纸图

4. 展层：将钉好的筒状滤纸垂直浸入展层剂中，展层 2~3h。当展层剂距纸的上沿 2~3cm 时取出滤纸，用吹风机的热风吹干。

5. 显色：用吸量管吸取 5mL 0.1% 茚三酮-丙酮溶液均匀撒在滤纸上，立即用吹风机热风吹干，即可显出各氨基酸层析斑点。用铅笔轻轻描出显色斑点的形状（图 3-6）。

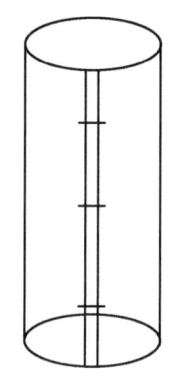

图 3-5 卷成筒状的层析滤纸

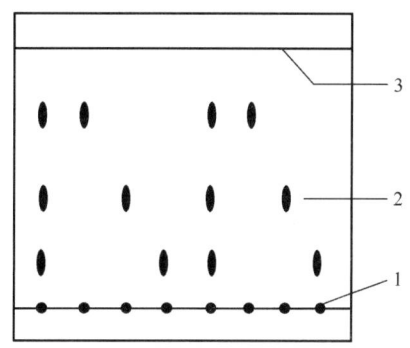

图 3-6 层析图谱
1—原点 2—斑点中心 3—溶剂前沿

6. R_f 值计算：用尺子分别测量原点至各显色斑点中心的距离以及原点至溶剂前沿的距离，计算其比值，即可得各标准氨基酸及混合液中各氨基酸的 R_f 值。

【要点提示】
1. 手上的汗渍会污染滤纸，层析前必须先洗干净手或带上一次性手套再拿滤纸。
2. 点样时，尽量不要用手直接接触滤纸，以免污染。
3. 点样毛细管不要混淆，防止相互污染。

【思考题】
1. 谷氨酸、亮氨酸和脯氨酸与茚三酮反应各显什么颜色？试从分子结构特点说明在本实验条件下 R_f 值不同的原因。
2. 本实验如采用碱溶剂系统展层，会对几种氨基酸的 R_f 值产生什么样的影响？为什么？

实验 6　微量凯氏定氮法测定蛋白质含量

【目的要求】
1. 学习微量凯氏定氮法的原理和操作技术。
2. 掌握用此法测定生物材料的总氮量和蛋白质含量。

【实验原理】
天然有机物的含氮量常用微量凯氏定氮法来测定。

当被测的天然含氮有机物与浓硫酸共热时，分解产生 NH_3、CO_2 和 H_2O。其中 NH_3 与硫酸化合生成 $(NH_4)_2SO_4$，由大分子分解成小分子的过程通常称为消化。消化过程进行很慢，

通常需要加入 K_2SO_4 提高消化液的沸点（消化液的沸点由 290℃→400℃），加入 $CuSO_4$ 作为催化剂，H_2O_2 作为氧化剂，以促进反应的进行。在凯氏定氮仪中，$(NH_4)_2SO_4$ 与浓碱作用可分解放出氨。借水蒸气将产生的氨蒸馏到一定浓度的 H_3BO_3 溶液中，H_3BO_3 吸收氨后使溶液中的 H^+ 浓度降低，然后用标准盐酸溶液滴定，直至恢复溶液中原来的 H^+ 浓度为止。最后根据所用标准盐酸的量计算出待测液中的总氮量，进而计算出样品中粗蛋白质含量。

以蛋白质为例，其化学反应如下：

消化：蛋白质 + $H_2SO_4 \longrightarrow CO_2 + SO_2 + H_2O + NH_3$

$2NH_3 + H_2SO_4 \longrightarrow (NH_4)_2SO_4$

蒸馏：$(NH_4)_2SO_4 + 2NaOH \longrightarrow 2H_2O + Na_2SO_4 + 2NH_3$

吸收：$2NH_3 + 4H_3BO_3 \longrightarrow (NH_4)_2B_4O_7 + 5H_2O$

滴定：$(NH_4)_2B_4O_7 + 2HCl + 5H_2O \longrightarrow 2NH_4Cl + 4H_3BO_3$

【试剂与器材】

1. 试剂

（1）消化液 30% H_2O_2 与 H_2SO_4 与水的比例为 3∶2∶1，即在 1 份水中缓慢加入 2 份 H_2SO_4，待冷却后，将其加入到 3 份 30% H_2O_2 中，混合备用。此液存放阴凉处可保存一个月。

（2）混合指示剂贮备液 取 50mL 0.1% 甲基蓝无水乙醇溶液与 200mL 0.1% 甲基红无水乙醇溶液，混合后贮于棕色瓶中备用。本指示剂在 pH 5.2 时为紫红色，pH 5.4 时为暗灰色；pH 5.6 时为亮绿色，变色点 pI 为 5.4，指示剂变色范围很窄，极其灵敏。

（3）硼酸指示剂混合液 取 2% H_3BO_3 溶液 100mL，滴加混合指示剂贮备液，摇匀后，溶液呈紫红色即可（约加 1mL 指示剂）。

（4）混合催化剂 硫酸铜（$CuSO_4 \cdot 5H_2O$）10g，硫酸钾 100g，硒粉 0.2g，在研钵中研细，使通过 40 目筛，混匀后备用。

（5）0.0100mol/L HCl 标准溶液。

（6）40% NaOH 溶液。

（7）标准 $(NH_4)_2SO_4$ 溶液（0.3mg 氮/mL）。

2. 器材

微量凯氏定氮仪；三角瓶（100mL）；凯氏烧瓶（100mL）；电子天平；表面皿；量筒（10mL）；电炉；容量瓶（100mL）；微量滴定管（5mL）。

【操作方法】

1. 消化

准确称取 105℃烘至恒重的蛋白样品 0.1g（精确到 0.0001g），置于 100mL 凯氏烧瓶中。加 1g 混合催化剂、5mL 消化液，同时作一对照，除不加试样外其他相同。摇匀后，将凯氏烧瓶放在通风橱内的消化炉上消化。先用低温加热，不久看到凯氏烧瓶内物质炭化变黑，并产生大量泡沫，此时要注意控制火力，勿使瓶内泡沫上升至瓶颈，否则将会影响样品测定结果。待瓶内水汽蒸完，硫酸开始分解释出 SO_2 白烟后，适当加强火力，直至消化液透明，并呈淡蓝绿色为止。为了保证消化彻底，再继续加热 10min。消化完毕，取出消化瓶冷却至室温，加水 10~20mL，待溶液温度降到室温后，再转入 100mL 容量瓶中，加水稀释至刻度，混匀后准备蒸馏。

2. 蒸馏

（1）凯氏定氮蒸馏仪（图3-7）的洗涤　蒸汽发生器中盛有用几滴硫酸酸化的蒸馏水，加热，使蒸汽发生器 a 中水沸腾。打开 h、d 使蒸汽通过 b、c、d、f 冲洗 5min，然后关上 d，使蒸汽通入接收器洗 5min，然后开放冷凝水。在 g 处放一盛有 5mL 硼酸指示剂混合液的三角瓶，继续使蒸汽通过 1~2min，观察三角瓶内的溶液是否变色，如不变色则证明蒸馏装置内部已洗涤干净。移去三角瓶，打开夹子 i；夹紧夹子 h，由于 b 瓶中蒸汽压力降低，使 c 中的液体倒流入 b 瓶中，打开 b 瓶下端活塞，将废液放出。

（2）标准样品练习　为了熟练蒸馏操作，可先用标准 $(NH_4)_2SO_4$ 溶液试验 3~5 次。取 3 个 100mL 三角瓶，各加 5mL 硼酸指示剂混合液，用表面皿覆盖备用。

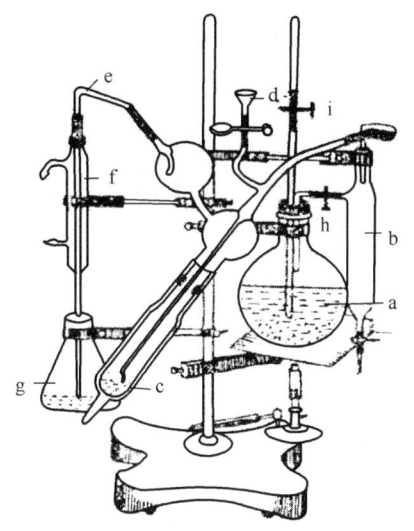

图3-7　凯氏定氮蒸馏装置
a—蒸汽发生器　b—蒸汽收集器　c—反应室
d—漏斗　e—玻璃管　f—冷凝管
g—吸收瓶　h—铁夹　i—铁夹

①加样。加样前反应室 c 内液体应尽量减少，以免降低碱的浓度使氨蒸馏得不完全。将 1 个盛有硼酸指示剂混合液的三角瓶放在冷凝管下，将瓶倾斜，使冷凝管下端浸在液体内。打开漏斗 d 夹子，用吸量管吸取 1mL 标准 $(NH_4)_2SO_4$ 溶液，小心地加到漏斗下方，使其流入反应室 c。用量筒量取 40% NaOH 溶液 10mL 放入漏斗 d，轻轻开启夹子使之流入反应室，尚未完全流入时，将夹子夹紧，向漏斗中加入约 5mL 蒸馏水，再轻轻打开夹子，使一半蒸馏水流入反应室，一半留在漏斗中作水封。

②蒸馏。在进行上述加样操作时，蒸汽不能停，加样完毕，开始蒸馏，此时三角瓶内硼酸指示剂混合液由紫色变成鲜绿色，自变色起计时，蒸馏 3~5min。移开三角瓶，使硼酸液离开冷凝管口约 1cm，用少量蒸馏水洗冷凝管下口外面，继续蒸馏 1min。移开三角瓶，用表面皿覆盖瓶口。

③排废液及洗涤。蒸馏完毕后，继续加热蒸汽烧瓶，待反应室外壳烫手时，打开夹子 i，夹紧夹子 h，使反应室内容物倒吸入 b 瓶中并放出。排完反应室废液后，打开夹子 h，夹紧夹子 i，从漏斗 d 加入 20mL 蒸馏水，放入反应室，继续加热，重复排废液操作，将反应室内洗涤液排出，反复洗 2~3 次，直至用硼酸指示剂混合液检查合格为止，再做下次蒸馏。按以上操作，用标准 $(NH_4)_2SO_4$ 溶液蒸馏 3~5 次，分别以 0.0100mol/L HCl 标准溶液滴定，计算直到实验数值与实际浓度误差不超过 0.1% 时，方可正式进行样品和空白的蒸馏。

（3）样品及空白蒸馏　取 5mL 消化好的样品或空白稀释液进行蒸馏，其余与标准 $(NH_4)_2SO_4$ 溶液练习操作相同。

3. 滴定

用 0.0100mol/L HCl 标准溶液滴定三角瓶中的吸收液，直至硼酸指示剂混合液由绿色变回淡紫色，即为滴定终点。

4. 计算

$$粗蛋白质含量(\%) = \frac{(V - V_0) \times c \times 14 \times 6.25}{m \times 1000 \times 5/100} \times 100$$

$$标准(NH_4)_2SO_4 含量(mg 氮/mL) = V \times c \times 14$$

式中　V——滴定试样时消耗 HCl 标准溶液体积，mL；

　　　V_0——滴定空白时消耗 HCl 标准溶液体积，mL；

　　　c——HCl 标准溶液的浓度，mol/L；

　　　14——消耗 1mL，1mol/L HCl 标准溶液相当于氮的质量，mg；

　　　m——称量样品的质量，g；

　　　6.25——氮换算成蛋白质的系数；

　　　1000——mg 换算成 g 的系数。

【要点提示】

1. 指示剂变色范围很窄，为 pH 5.2~5.6。洗涤过程中接收过多的冷凝水也会改变其 pH 使其变色，因此在洗涤较长时间未使用的仪器时，若蒸馏 2min 接收器内溶液未变成鲜绿色而变成灰色或暗绿色，即可以认为是基本上不变色，仪器已洗净。

2. 蒸馏时样品及标准液含氮多，硼酸溶液吸收氨后，颜色发生明显变化，由紫色突变为鲜绿色。自变色起计时，蒸馏 3~5min。"空白"因含氨极少，无明显颜色变化，操作时注意自加样后蒸馏 5min 即可。

3. 若样品中尚含有其他含氮物质，这些除蛋白质以外的含氮物所含的氮称为非蛋白氮。因此，必须从样品的总氮量中减去非蛋白氮的含量，才是样品中蛋白质的含氮量。

【思考题】

1. 消耗 0.05mL 0.0100mol/L HCl 相当于多少毫克氮？
2. 指示该法测定蛋白质含量的局限性？
3. 实验过程中影响实验数据的因素有哪些？
4. 三聚氰胺能提高食品蛋白质的含量吗？为什么？

实验 7　双缩脲法测蛋白含量

【目的要求】

1. 学习标准管法测物质浓度的方法。
2. 掌握双缩脲法测蛋白含量的原理。
3. 掌握双缩脲法测定蛋白质浓度的方法。

【实验原理】

具有两个或两个以上肽键的化合物都有双缩脲反应。在碱性溶液中双缩脲与硫酸铜反应生成复杂的紫红色络合物。而蛋白质及多肽的肽键与双缩脲的结构类似，在碱性溶液中也能与 Cu^{2+} 络合成紫红色化合物，在 540nm 处有最大光吸收。其颜色深浅与蛋白质的浓度成正比，而与蛋白质的相对分子质量及氨基酸的组成无关。

双缩脲法测定蛋白质的浓度范围为1~10mg/mL，常用于需要快速但并不需十分精确的测定。

【试剂与器材】

1. 试剂

（1）标准蛋白溶液（5mg/mL） 准确称取已定氮的酪蛋白（干酪素或牛血清白蛋白）用0.05mol/L氢氧化钠溶液配制，冰箱存放备用。

（2）双缩脲试剂 溶解1.5g硫酸铜（$CuSO_4 \cdot 5H_2O$）和6.0g酒石酸钾钠（$NaKC_4H_4O_6 \cdot 4H_2O$）于500mL蒸馏水中，在搅拌下加入300mL 10%氢氧化钠溶液，用水稀释到1000mL，贮存于内壁涂以石蜡的瓶内。此试剂可长期保存。

（3）样品血清 动物血清用水稀释10倍，置于冰箱保存备用。

2. 器材

分析天平；分光光度计；恒温水浴箱；试管；吸量管。

【操作方法】

1. 样品测定

用标准管法测定蛋白质含量。取四支试管按表3-5操作。

表3-5　　　　　　　　　　吸光度测定

试管号	空白管	标准管	测定管	
血清/mL	0	0	1.0	1.0
标准蛋白溶液/mL	0	1.0	0	0
蒸馏水/mL	2.0	1.0	1.0	1.0
双缩脲试剂/mL	4.0	4.0	4.0	4.0
		37℃水浴20min		
A_{540}				

摇匀，37℃水浴20min后用分光光度计于540nm波长处比色，以空白管调零点，测得各管吸光度。

2. 计算

$$血清总蛋白质(g/100mL) = A_{测}/A_{标} \times 0.005 \times 100/0.1$$

【要点提示】

1. 显色后30min内进行比色测定，各管由显色到比色的时间尽可能一致。

2. 当有大量脂肪性物质同时存在时，会产生浑浊现象，加入乙醇或石油醚使溶液澄清后离心，取上清再测定。

实验8　福林-酚法测定蛋白质含量

【目的要求】

1. 了解福林-酚法测定蛋白质含量的原理。

2. 学习测定样品蛋白含量的操作。

【实验原理】

　　福林－酚法测定蛋白质含量是双缩脲法的发展，较双缩脲法灵敏。所用的试剂由两部分组成：试剂甲为碱性硫酸铜溶液，相当于双缩脲试剂，可与蛋白质中肽键起双缩脲反应，生成 Cu^{2+}－蛋白质络合物；试剂乙为磷钨酸－磷钼酸混合物（福林－酚试剂），在碱性条件下极不稳定，易被上述络合物以及酪氨酸和色氨酸残基还原成蓝色的钨蓝和钼蓝。在一定蛋白质浓度范围内，钨蓝和钼蓝在 650nm 波长处的光吸收与蛋白质含量成正比，以此可测定蛋白质的含量。

　　该方法适用于酪氨酸和色氨酸的定量测定，对含这两个残基的量与标准蛋白差异较大的蛋白质样品测定其含量有误差。福林－酚试剂法是检测可溶性蛋白质含量最灵敏的方法之一。

　　本法适于测定蛋白质范围为 25～250μg。该法的缺点是费时较长，标准曲线也不是严格的直线，专一性较差，干扰物质较多。凡干扰双缩脲反应的基团，如—CO—NH_2—，—CH_2—NH_2，CS—NH_2 以及缓冲液、蔗糖、硫酸铵、巯基化合物都可干扰福林－酚反应。

【试剂与器材】

　　1. 试剂

　　（1）福林－酚试剂甲　A. 4% Na_2CO_3 溶液；B. 0.2mol/L NaOH 溶液；C. 1% $CuSO_4$ 溶液；D. 2% 酒石酸钾钠溶液。

　　临用前将 A 与 B 等体积配制成 Na_2CO_3－NaOH 溶液。C 与 D 等体积混合成 $CuSO_4$－酒石酸钾钠溶液。然后这两种试剂按 50∶1 的比例混合即成。此试剂临用前配制，1d 内有效。

　　（2）福林－酚试剂乙　称取钨酸钠（$NaWO_4·2H_2O$）100g、钼酸钠（$Na_2MoO_4·2H_2O$）25g 置于 2000mL 磨口回流装置内，加蒸馏水 700mL、磷酸 50mL 和浓盐酸 100mL。充分混匀，接回流冷凝管，小火回流 10h。回流结束后加入 150g 硫酸锂（$LiSO_4$）、50mL 蒸馏水及数滴液体溴，在通风橱中开口继续煮沸 15min，以除去多余的溴。冷却后溶液呈黄色（如仍呈绿色，须再重复滴加液体溴的步骤）。将溶液稀释至 1000mL，过滤，置棕色瓶中保存。使用时用水 1∶2 稀释。

　　（3）标准蛋白溶液　牛血清蛋白或酪蛋白预先经凯氏定氮法测定蛋白氮含量，根据其纯度配制成 250μg/mL 溶液。

　　（4）待测蛋白样品　绿豆芽下胚轴。

　　2. 器材

　　可见分光光度计；电子天平；擦镜纸；滤纸；吸量管（0.5mL，1mL，5mL）；旋涡混合器；低速离心机；漏斗；试管及试管架。

【操作方法】

　　1. 样品液的制备

　　（1）准确称取新鲜绿豆芽下胚轴 2.0g，放入研钵中，加 2mL 蒸馏水研磨成匀浆。

　　（2）将匀浆转移至漏斗中过滤，用 10～20mL 蒸馏水分 3 次洗涤研钵，过滤洗涤液并收集其滤液。

　　（3）滤液转入 50mL 容量瓶中，用蒸馏水定容至刻度。

2. 标准曲线制作及样品测定

取 8 支干净试管，编号，分别按表 3 – 6 加入试剂。

表 3 – 6　　　　　　　　　标准曲线制作及样品测定

试剂	空白	试管编号					样品	
	0	1	2	3	4	5	I	II
标准蛋白溶液/mL	0	0.2	0.4	0.6	0.8	1.0	—	—
蒸馏水/mL	1.0	0.8	0.6	0.4	0.2	0	—	—
蛋白质浓度/μg	0	50	100	150	200	250		
待测蛋白溶液/mL	—						1.0	1.0
福林 – 酚甲液/mL	5.0	5.0	5.0	5.0	5.0	5.0	5.0	5.0
			充分混匀，室温下放置10min					
福林 – 酚乙液/mL	0.5	0.5	0.5	0.5	0.5	0.5	0.5	0.5
			立即混匀，室温放置 30min					
A_{650}								

室温放置 30min 后将上述各管液体在分光光度计上 650nm 处比色。用 0 号管调零点，分别测定 1~5 号管吸光度。

【结果处理】

1. 以蛋白质含量（μg）为横坐标，A_{650} 为纵坐标，在坐标纸上绘制标准曲线。
2. 取样品 A_{650} 平均值在标准曲线上查出相应的标准蛋白浓度。
3. 计算所提取生物材料中蛋白质的含量。

$$蛋白质含量(mg/g) = m_0 \times 1.0 \times V \times \frac{1}{m} \times \frac{1}{1000}$$

式中　m_0——由标准曲线查得的蛋白质的质量，μg；

　　　1.0——吸取试样体积，mL；

　　　V——试样总体积，mL；

　　　m——称取试样质量，g；

　　　1000——μg 换算成 mg 的系数。

【要点提示】

1. 待测样品稀释倍数要合适，测定其 A_{650} 应在 0.20~0.70 范围内。
2. 福林 – 酚乙试剂仅在酸性条件下较稳定，而福林 – 酚甲试剂是在碱性条件下与蛋白质作用生成碱性的铜 – 蛋白质溶液。当加入福林 – 酚乙试剂时，必须立即混匀，以便在福林 – 酚乙试剂被破坏之前能发生还原反应，否则会使显色程度减弱。

【思考题】

1. 标准浓度蛋白质和样品蛋白质含量的测定为什么要同步进行？
2. 福林 – 酚测定蛋白质的原理是什么？有哪些因素可干扰福林 – 酚测定蛋白含量？

实验9 紫外吸收法测定蛋白质含量

【目的要求】

1. 了解紫外吸收法测定蛋白质含量的原理。
2. 掌握紫外分光光度计的使用方法。
3. 掌握紫外吸收法测定蛋白质含量的实验技术。

【实验原理】

蛋白质分子中所含酪氨酸、色氨酸残基的苯环含有共轭双键,它们具有吸收紫外光的性质,其最大吸收峰在280nm波长处,且在此波长内蛋白质溶液的A_{280}与其浓度成正比,故可作为蛋白质定量测定的依据。由于各种蛋白质的酪氨酸和色氨酸的含量不同,故如果要准确定量,必须要有待测蛋白质的纯品作为标准来比较,或者已经知道其消光系数作为参考。

另外,不少杂质在280nm波长下也有一定吸收能力,可能发生干扰。其中以核酸的影响较大,然而核酸的最大吸收峰是在260nm,因此溶液中同时存在核酸时,必须同时测定A_{260}与A_{280},然后根据两种波长的吸光度的比值,通过经验公式校正,以消除核酸的影响而推算出蛋白质的真实含量。

蛋白质的肽键在200~250nm有强的紫外吸收,其光吸收强度与一定范围的蛋白质浓度成正比,且波长越短光吸收越强。若选用215nm可减少干扰及光散射,用215nm和225nm光吸收差值与单一波长测定相比可减少非蛋白质成分引起的误差。

本法操作简便迅速,且不消耗样品(可以回收),低浓度的盐类不干扰测定,在生化研究中应用广泛,尤其是适合于柱层析分离中蛋白质洗脱情况的检测。该法可测定蛋白质范围在0.1~1mg/mL之间。

【试剂与器材】

1. 试剂

(1) 蛋白质标准溶液 称取经凯氏定氮法校正的结晶牛血清蛋白,用蒸馏水配成1mg/mL的蛋白质标准溶液。

(2) 待测蛋白质溶液 称取牛血清蛋白,配成约1mg/mL的溶液。

2. 器材

紫外分光光度计;试管及试管架;石英比色杯;擦镜纸;吸量管(0.5mL,1mL,2mL,5mL);电子天平。

【操作方法】

1. 标准曲线法

(1) 标准曲线的绘制 取8支干净试管,编号,按表3-7分别加入试剂。

选用光程为1cm的石英比色杯,于紫外分光光度计280nm波长处,用0号管调零点,分别测定1~7号管吸光度。以蛋白质浓度(μg)为横坐标,A_{280}为纵坐标,绘制标准曲线。

表 3-7　　　　　　　　　　　　蛋白质标准曲线的绘制

试剂	试管编号							
	0	1	2	3	4	5	6	7
蛋白质标准溶液/mL	0	0.5	1.0	1.5	2.0	2.5	3.0	4.0
蒸馏水/mL	4.0	3.5	3.0	2.5	2.0	1.5	1.0	0
蛋白质浓度/μg	0	0.125	0.25	0.375	0.50	0.625	0.75	1.0
A_{280}								

（2）样品测定　取 2 支试管分别加入待测样品 1.0mL、蒸馏水 3.0mL，摇匀，按上述方法在 280nm 波长处测定吸光度，对照标准曲线求得蛋白质浓度。

2. 直接测定法

在紫外分光光度计上，将待测蛋白质溶液小心转入石英比色杯中，以相应的溶剂作空白对照，分别于 260nm 和 280nm 处测出 A 值。按照下列经验公式计算蛋白质样品的浓度。

$$蛋白质浓度(mg/mL) = 1.45A_{280} - 0.74A_{260}$$

3. 215nm 和 225nm 的吸收差法

蛋白质的稀溶液适合于本测定法，适用范围是 20~100μg 蛋白质/mL 溶液，其经验公式：

$$蛋白质浓度(mg/mL) = 0.144(A_{215} - A_{225})$$

本方法是直接取蛋白质样品溶液，以相应的溶剂作空白对照，分别于 215nm 和 225nm 处测出 A 值，即可求出蛋白质样品中的浓度。

【要点提示】

1. 对于测定与标准蛋白质中酪氨酸和色氨酸含量差异较大的蛋白质，有一定的误差。故该法适于测定与标准蛋白质氨基酸组成相似的蛋白质。
2. 若样品中含有嘌呤、嘧啶等吸收紫外光的物质，会出现较大干扰。

【思考题】

1. 紫外吸收法与福林－酚比色法测定蛋白质含量相比，有何缺点及优点？
2. 若样品中含有核酸类杂质，应如何校正？

实验 10　考马斯亮蓝染色法测定蛋白质含量

【目的要求】

1. 学习用考马斯亮蓝染色法测定蛋白质含量的原理和操作方法。
2. 熟悉可见分光光度计的使用方法。

【实验原理】

考马斯亮蓝 G-250 在磷酸溶液中呈棕红色，最大吸收峰在 465nm。当它与蛋白质结合形成复合物时呈蓝色，其最大吸收峰为 595nm。考马斯亮蓝 G250－蛋白质复合物的高消光效应导致了蛋白质定量测定的高敏感度,通过测定595nm处光吸收的增加量可知与其结合蛋白质的量。

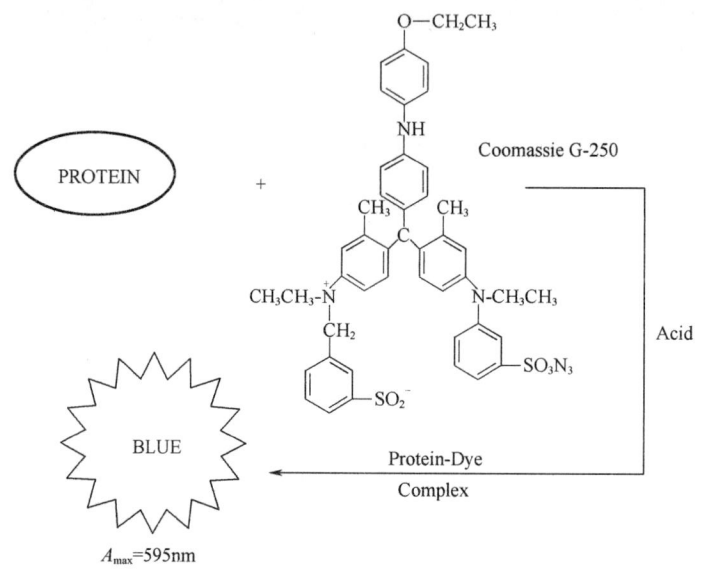

图3-8 考马斯亮蓝G-250与蛋白质结合示意图

考马斯亮蓝G-250主要是与蛋白质中的碱性氨基酸(特别是精氨酸)和芳香族氨基酸残基结合,这种结合具有高敏感性。蛋白质和染料结合是一个很快的过程,约2min即可反应完全,呈现最大光吸收,其结合物在室温下可保持稳定1h。该反应非常灵敏,最低检出量为1μg蛋白质,在1~1000μg蛋白质范围内呈良好的线性关系。

【试剂与器材】

1. 试剂

(1) 考马斯亮蓝试剂 称取100mg考马斯亮蓝G-250溶于50mL 95%乙醇中,加入100mL 85%磷酸,加蒸馏水稀释至1000mL。

(2) 蛋白质标准溶液 结晶牛血清白蛋白或酪蛋白,预先经微量凯氏定氮法测定蛋白氮含量,根据其纯度配制成100μg/mL的蛋白质标准溶液。

2. 器材

可见分光光度计;电子天平;试管及试管架;滤纸;吸量管(0.5mL, 1mL, 5mL);涡旋振荡器;容量瓶(50mL);研钵;漏斗。

【操作方法】

1. 蛋白质的提取

(1) 准确称取新鲜绿豆芽下胚轴2.0g,放入研钵中,加2mL蒸馏水研磨成匀浆。

(2) 将匀浆转移至漏斗中过滤,用10~20mL蒸馏水分3次洗涤研钵,洗涤液过滤并收集其滤液。

(3) 滤液转入50mL容量瓶中,用蒸馏水定容至刻度。

2. 标准曲线的绘制及样品蛋白质测定

取8支干净试管,编号,按表3-8加入试剂。

表 3-8　　　　　　　　　标准曲线制作及样品蛋白质测定

试剂	空白 0	1	2	试管编号 3	4	5	样品 I	样品 II
蛋白质标准溶液/mL	0	0.2	0.4	0.6	0.8	1.0	—	—
蒸馏水/mL	1.0	0.8	0.6	0.4	0.2	0	—	—
蛋白质浓度/μg	0	20	40	60	80	100	—	—
待测蛋白溶液/mL	—	—	—	—	—	—	1.0	1.0
考马斯亮蓝染料/mL	4.0	4.0	4.0	4.0	4.0	4.0	4.0	4.0
A_{595}								

加入考马斯亮蓝试剂后充分振荡混合（漩涡混匀器），放置 5min。于 595nm 波长处以 0 号管调零点，测定各管吸光度。

【结果处理】

（1）以蛋白质浓度 μg 为横坐标，A_{595} 为纵坐标绘制标准曲线。

（2）取样品 A_{595} 平均值在标准曲线上查出相应的蛋白质浓度（μg）。

（3）计算绿豆芽中蛋白质含量。

$$蛋白质含量(\mu g/g) = m_0 \times 1.0 \times V \times \frac{1}{m}$$

式中　m_0——由标准曲线上查得的蛋白质的质量，μg；

　　　1.0——吸取提取液体积，mL；

　　　V——提取液总体积，mL；

　　　m——称取试样质量，g。

【要点提示】

1. 测定中，蛋白-染料复合物会有少部分吸附于比色杯壁上，实验证明此复合物的吸附量是可以忽略的，测定完后可用乙醇将蓝色的比色杯洗干净。

2. 待测样品稀释倍数要合适，测定其 A_{595} 应在 0.20～0.70 范围内。

【思考题】

考马斯亮蓝 G-250 染色法定量测定蛋白质含量与其他方法相比有何优点及缺点？

实验 11　BCA 法测定蛋白质浓度

【目的要求】

1. 了解 BCA 法测定蛋白质浓度的原理。

2. 掌握 BCA 法测定蛋白质含量的方法。

【实验原理】

二喹啉甲酸（bicinchoninic acid，BCA）法是 Lowry 测定法的一种改进方法，是近年来广为应用的蛋白质含量测定方法。

BCA 及其钠盐是一种溶于水的化合物，与含有 Cu^{2+} 的硫酸铜等其他试剂混合一起，即成为苹果绿色的 BCA 工作试剂。在碱性条件下，蛋白质分子中的肽键能与 Cu^{2+} 络合生成配位化合物，同时将 Cu^{2+} 还原为 Cu^{+}。一个 Cu^{+} 螯合 2 个 BCA 分子，工作试剂由原来的苹果绿色变为蓝紫色（图 3－9），在 562nm 处有高的光吸收值，并且化合物颜色的深浅与蛋白质浓度成正比，据此可测定蛋白质浓度。

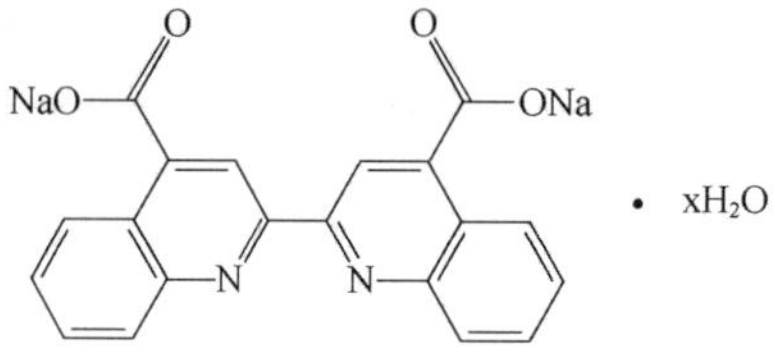

BCA的分子结构

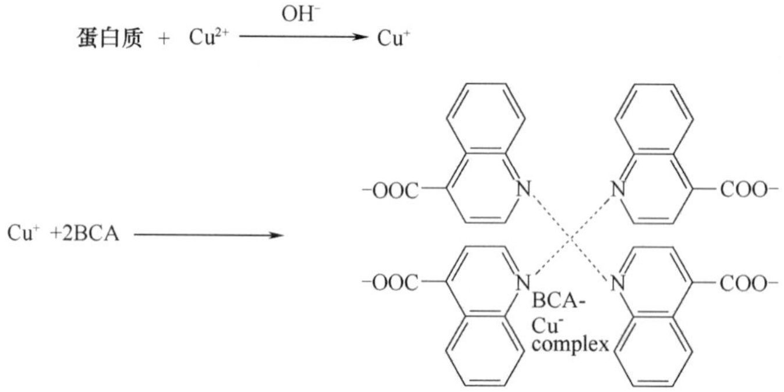

蓝紫色络合物

图 3－9　BCA 法反应过程

BCA 法灵敏度高，BCA 试剂测定范围是 0. 5 ~ 20μg/mL。

【操作方法】

1. 试剂

（1） 试剂 A：2% BCA 二钠盐、2% 无水碳酸钠、0. 4% 氢氧化钠、0. 16% 酒石酸钠、0. 95% 碳酸氢钠混合后，pH 调至 11. 25。

试剂 B：4% 硫酸铜。

BCA 工作试剂：试剂 A∶试剂 B 为 50∶1 混合（BCA 工作液室温 24h 内稳定）。

（2） 蛋白标准液　准确称取 150mg 小牛血清白蛋白溶于 100mL 生理盐水中。

（3） 新鲜绿豆芽下胚轴。

2. 器材

恒温水浴锅；试管及试管架；移液管；移液枪；分光光度计；研钵。

【操作方法】

1. 蛋白质的提取

（1） 准确称取新鲜绿豆芽下胚轴 2. 0g，放入研钵中，加 2mL 蒸馏水研磨成匀浆。

（2） 将匀浆转移至漏斗中过滤，用 10 ~ 20mL 蒸馏水分 3 次洗涤研钵，洗涤液过滤并收集其滤液。

（3）滤液转入 50mL 容量瓶中，用蒸馏水定容至刻度。

2. 标准曲线的绘制及样品蛋白质测定

取 8 支干净试管，编号，按表 3-9 加入试剂。

表 3-9　　　　　　　　标准曲线的绘制及样品蛋白质测定

试剂	空白	试管编号					样品	
	0	1	2	3	4	5	I	II
蛋白标准溶液/μL	0	20	40	60	80	100	—	—
蒸馏水/μL	1.0	80	60	40	20	0	—	—
蛋白质质量/μg	0	30	60	90	120	150	—	—
待测蛋白溶液/μL	—	—	—	—	—	—	100	100
BCA 工作液/mL	2.0	2.0	2.0	2.0	2.0	2.0	2.0	2.0
	充分混匀后，室温（37℃）下放置 30min							
A_{562}								

【结果处理】

1. 以蛋白质质量 μg 为横坐标，A_{562} 为纵坐标绘制标准曲线。
2. 取样品 A_{562} 平均值在标准曲线上查出相应的蛋白质质量（μg）。
3. 计算绿豆芽中蛋白质含量。

$$蛋白质含量(\mu g/g) = m_0 \times 1.0 \times V \times \frac{1}{m}$$

式中　m_0——由标准曲线上查得的蛋白质的质量，μg；

　　1.0——吸取提取液体积，mL；

　　V——提取液总体积，mL；

　　m——称取试样质量，g。

【要点提示】

1. BCA 法测定蛋白质浓度不受绝大部分样品中化学物质的影响，但螯合剂（EDTA、EGTA）、还原剂（DTT、巯基乙醇）和脂类会对检测结果有一定影响。

2. 待测样品稀释倍数要合适，测定其 A_{595} 应在 0.20~0.70 范围内。

【思考题】

BCA 法定量测定蛋白质含量与其他方法相比有何优点及缺点？

实验 12　醋酸纤维薄膜电泳分离血清蛋白

【目的要求】

1. 学习醋酸纤维素薄膜电泳原理。

2. 掌握醋酸纤维素薄膜电泳分离血清蛋白的操作技术。

【实验原理】

醋酸纤维素薄膜电泳是用醋酸纤维素薄膜为支持物的电泳方法。醋酸纤维素薄膜是纤维素的羟基乙酰化为乙酸酯溶于丙酮制成的。薄膜具有均一细密泡沫状结构，厚度仅 120μm，有很强的渗透性，对分子移动无阻力。

电泳是带电颗粒在电场中向其电荷相反方向的电极移动的现象。带电颗粒在电场中的移动方向和迁移速度取决于颗粒自身所带电荷的性质、电场强度、溶液的 pH 等因素。

血清中含有清蛋白、α-球蛋白、β-球蛋白和γ-球蛋白等。各种蛋白质的等电点均低于 pH7.0（表 3-10），所以在 pH8.6 的缓冲液中都带负电荷，在电场中均向正极移动。由于血清中各蛋白等电点不同，在同一 pH 下所带电量不同，此外，各种蛋白质分子大小也不同，因此在电场中的泳动速度不同。这样可根据它们的泳动速度快慢不同将其分离开来。

表 3-10　　　　　血清蛋白质中各组分的 pI 和相对分子质量

蛋白质名称	等电点（pI）	相对分子质量（M_r）
清蛋白	4.64~4.8	69000
α_1-球蛋白	5.06	200000
α_2-球蛋白	5.06	300000
β-球蛋白	5.12	90000~150000
γ-球蛋白	6.8~7.3	156000~300000

电泳后，用氨基黑 10B 溶液染色，经脱色液处理除去背景染料，透明后可显示 5 条区带。清蛋白泳动速度最快，其余依次为 α_1-球蛋白、α_2-球蛋白、β-球蛋白及γ-球蛋白。蛋白质含量可用分光光度计直接测定，或用洗脱法进行比色测定。

【试剂与器材】

1. 试剂

（1）新鲜血清　无溶血现象。

（2）巴比妥-巴比妥钠缓冲液（pH8.6 离子强度 0.075）　称取巴比妥钠 12.76g，巴比妥 1.66g，加蒸馏水加热溶解后稀释至 1000mL。

（3）染色液　称取氨基黑 10B 0.5g，加入蒸馏水 40mL、甲醇 50mL、冰醋酸 10mL。

（4）漂洗液　95% 乙醇 45mL，冰醋酸 5mL，蒸馏水 50mL，混匀。

（5）透明甲液　冰醋酸 15mL，无水乙醇 85mL，混匀。

（6）透明乙液　冰醋酸 25mL，无水乙醇 75mL，混匀。

2. 器材

电泳仪及电泳槽；直尺及铅笔；醋酸纤维薄膜（2cm×8cm）；点样器；培养皿（染色及漂洗）；镊子；吹风机；滤纸及滤纸条；竹夹子。

【操作方法】

1. 薄膜的处理

（1）取两条 2cm×8cm 的膜条，将薄膜无光泽面向下，放入盛有巴比妥缓冲液的培养皿中,使膜条浸泡30min以上。

(2) 待薄膜完全浸透后,用竹镊子轻轻取出(识别光泽面和无光泽面),将薄膜的无光泽面向上,平铺在滤纸上,再用一张滤纸吸去多余的液体。

(3) 用铅笔在无光泽面膜条一端1.5cm处轻轻画一条线作为点样区。

2. 点样

将点样器在盛有血清的表面皿中蘸一下,再在点样区轻轻地垂直落下并随即提起,这样即在膜条上点上了细条状的血清样品。点样是实验的关键,点样前可在滤纸上反复练习,掌握点样技术后再正式点样(图3-10)。

3. 电泳

(1) 将薄膜点样面朝下平贴在电泳槽支架的"滤纸桥"上,注意薄膜中间不可出现凹面,点样端应置于阴极端(图3-11)。

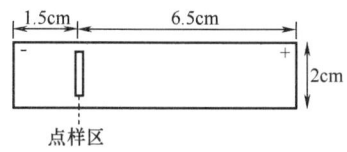

图3-10 醋酸纤维素薄膜点样示意图

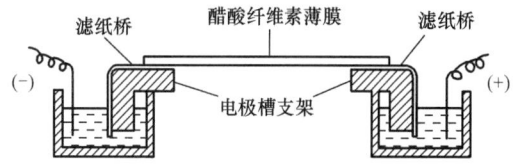

图3-11 醋酸纤维素薄膜电泳装置示意图

(2) 打开电源开关,调节电流0.4~0.6mA/cm膜宽,电泳时间50min左右。

4. 染色与漂洗

电泳完毕,将薄膜取出,立即浸于染色液中,染色5min。取出后先用水冲去染液,再浸于漂洗液中脱色,每次约5min,待背景无色为止,用滤纸吸干薄膜。

5. 结果判断

漂洗后,薄膜上可显现清楚的5条区带。从正极端起,依次为清蛋白、α_1-球蛋白、α_2-球蛋白、β-球蛋白和γ-球蛋白(图3-12)。

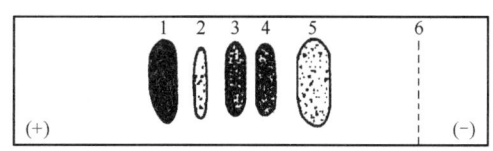

图3-12 正常人血清醋酸纤维素薄膜电泳示意图

1—清蛋白 2~5—α_1-球蛋白,α_2-球蛋白,β-球蛋白及γ-球蛋白 6—点样原点

6. 薄膜透明

用滤纸吸干薄膜,放入透明甲液中2min,取出后立即放入透明乙液中1min(要准确)。迅速取出薄膜,将它紧贴在玻璃板上,不要存留气泡,5~10min薄膜完全透明。若透明太慢,可用透明乙液少许在薄膜表面淋洗一次,垂直放置。待自然干燥或用吹风机冷风吹干且无酸味时,再将玻璃板放在自来水下冲洗,当薄膜完全润湿后用单面刀片撬开薄膜的一角,用手轻轻将薄膜取下。用滤纸吸干所有的水分,压干。

此薄膜透明,区带着色清晰,可用于光吸收计扫描,长期保存不褪色。

【要点提示】
1. 醋酸纤维素薄膜一定要完全浸透，如有任何斑点、污染或划痕，均不能使用。
2. 取出浸泡后的醋酸纤维素薄膜后，用滤纸轻轻吸去缓冲液，以免引起样品扩散，但也不可太干，否则样品不易进入膜内，造成点样起始点参差不齐，影响分离效果。
3. 薄膜点样面朝下平贴在"滤纸桥"上，点样端应置于阴极端。

【思考题】
1. 为什么将薄膜的点样端放在滤纸桥的负极端？
2. 用醋酸纤维素薄膜作为电泳支持物有何优点？
3. 电极缓冲液可重复使用多次，但重要的是，每次用过后要互换电极方向，为什么？

实验13　凝胶柱层析法分离血红蛋白

【目的要求】
1. 掌握凝胶柱层析的基本原理。
2. 学习利用凝胶层析法分离生物大分子和小分子的实验技能。

【实验原理】
　　凝胶柱层析又称分子筛层析，是对混合物中各组分按分子大小进行分离的层析技术。层析所用的基质是凝胶颗粒，是一种不带电的具有三维空间的多孔网状结构的高分子聚合物（图3-13）。每个颗粒的细微结构及筛孔的直径均匀一致，可以完全或部分排阻某些大分子化合物于筛孔之外，而对某些小分子化合物则不能排阻，可让其在筛孔中自由扩散、渗透。当含有不同大小分子的混合物流经充满凝胶介质的层析柱时，小分子的物质能进入介质的孔隙，而大分子的物质则被排阻在介质之外，依此而达到分离的目的（见图2-8）。

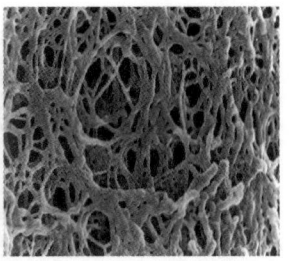

图3-13　多孔网状结构的凝胶颗粒

　　血红蛋白（Hb）是红细胞的主要内含物，它是血红素和珠蛋白肽链连接而成的一种结合蛋白，属色素蛋白。在血红蛋白中（相对分子质量64500）加入过量的高铁氰化钾[$K_3Fe(CN)_6$，相对分子质量327.25]后，血红蛋白与高铁氰化钾反应生成高铁血红蛋白（MetHb）。为了除去MetHb样品中多余的高铁氰化钾，将MetHb混合液通过交联葡聚糖凝胶G-25（SephadexG-25）柱，然后用磷酸缓冲液洗脱。当MetHb混合液流过凝胶柱时，溶液中高铁血红蛋白由于直径大于凝胶网孔而只能沿着凝胶颗粒的孔隙以较快的速度流过凝胶柱，最先流出层析柱。实验中可观察到 MetHb（红褐色）洗脱较快。而小分子的高铁氰化钾由于直径小于凝胶网孔，可自由地进出凝胶颗粒的网孔，向下移动的速率慢，所以，最后流出层析柱。这样经过凝胶层析后即可除去高铁氰化钾，从而得到高铁血红蛋白纯品。

【试剂与器材】

1. 试剂、材料

（1）鸡抗凝全血　取新鲜鸡血以 1∶100 的比例加入肝素钠，搅拌均匀。

（2）0.2mol/L pH7.0 磷酸盐缓冲液　称取磷酸二氢钠（$NaH_2PO_4 \cdot 2H_2O$）3.121g，溶于蒸馏水中，稀释至 1000mL 为 A 液；称取磷酸氢二钠（$Na_2HPO_4 \cdot 12H_2O$）7.164g，溶于蒸馏水中，稀释至 1000mL 为 B 液。取 A 液 39mL、B 液 61mL，混匀后即成。

（3）0.02mol/L pH7.0 磷酸盐缓冲液　量取 0.2mol/L pH7.0 磷酸盐缓冲液 100mL，加蒸馏水稀释至 1000mL。

（4）四氯化碳（CCl_4）。

（5）生理盐水　0.9% NaCl 溶液。

（6）葡聚糖凝胶 G-25。

（7）0.4% $K_3Fe(CN)_6$ 溶液。

2. 器材

低速离心机；可见分光光度计；刻度离心管；移液枪；电磁炉；层析柱（1.5cm×20cm）；铁架台；培养皿；贮液瓶。

【操作方法】

1. 凝胶的处理

量取 30mL SephadexG-25，倾入 150mL 烧杯中，加入 2 倍体积的 0.02mol/L pH 7.0 磷酸盐缓冲液，置于沸水浴中 1h，并经常摇动使气泡逸出。取出冷却，待凝胶下沉后，倾去含有细微悬浮物的上层液。

2. 装柱平衡

选用 1.5cm×20cm 层析柱，垂直夹于铁架台上。层析柱滤板下必须充满水，不能留有气泡。向柱内加入少量磷酸盐缓冲液，将上述处理过的凝胶粒悬液连续注入层析柱内，直至所需凝胶床高度距层析柱上口 3～4cm 为止。装柱时凝胶床内不得有界面和气泡，凝胶床面应平整。打开出口，调节柱下口夹至流速 2mL/min，继续用 2 倍柱床体积的磷酸缓冲液平衡，最后关闭出口。

3. 样品处理

（1）血红蛋白溶液的制备　取加入肝素钠的鸡抗凝全血 3mL 于刻度离心管中，2500r/min 离心 5min。吸去上层血浆，加入 5 倍体积的冷生理盐水，混匀，3000r/min 离心 5min。弃去上清液，重复操作洗 2 次。最后一次吸去上清液后，在红细胞层上面加等体积蒸馏水，振摇，使细胞破裂。再加 1/2 体积 CCl_4，用力振摇 3min。溶出血红蛋白 Hb，3000r/min 离心 5min。吸取上层澄清的血红蛋白液备用（4℃暂存）。

（2）鸡血红蛋白样品　吸取血红蛋白液 2 滴、$K_3Fe(CN)_6$ 8 滴和蒸馏水 2 滴，混合制成高铁血红蛋白（MetHb）混合样品。

（3）上样洗脱　打开层析柱下口夹，使柱床面上的缓冲液流出。待液面降到凝胶床表面时，关闭出水口。在距离床面 1mm 处沿管内壁轻轻转动加入鸡血红蛋白样品 0.5mL。打开下口夹，使样品进入柱床内，直到与床面平齐为止。立即用 1mL 磷酸盐缓冲液冲洗柱内壁，待缓冲液进入凝胶柱床后再加少量缓冲液。如此重复 2 次，以洗净内壁上的样品溶液。加入适量缓冲液于凝胶床上（出现不同的色带），连接储液瓶进行洗脱。

4. 分部收集

用小试管收集流出的液体，以 10 滴/min 的流速收集，每管收集 20 滴。注意观察柱上的色带，待黄色的 $K_3Fe(CN)_6$ 色带完全洗脱下来后，再继续收集两管透明的洗脱液作为空白，关闭出口。

5. 绘制洗脱图谱

将每管收集液加入 0.02mol/L pH7.0 磷酸盐缓冲液 4mL，混匀。于 425nm 波长处，以洗脱液作空白，测定其吸光度。以吸光度为纵坐标，管数为横坐标，绘出洗脱图谱。

【要点提示】

1. 装柱时，不能有气泡和分层现象，凝胶悬液尽量一次加完。
2. 流速不可太快，否则分子小的物质来不及扩散，随分子大的物质一起被洗脱下来，达不到分离目的。
3. 在整个洗脱过程中，始终应保持层析柱床面上有一段水，不得使凝胶干结。
4. 血红蛋白加入 $K_3Fe(CN)_6$ 上柱后是砖红色，而未加 $K_3Fe(CN)_6$ 的是鲜红色。

【思考题】

1. 在向凝胶柱加入样品时，为什么必须保持胶面平整？上样体积为什么不能太大？
2. 请解释为什么在洗脱样品时，流速不能太快或者太慢？
3. 某样品中含有 1mg A 蛋白（相对分子质量 10000）、1mg B 蛋白（相对分子质量 30000）、4mg C 蛋白（相对分子质量 60000）、1mg D 蛋白（相对分子质量 90000）和 1mg E 蛋白（相对分子质量 120000），采用 SephadexG-75（排阻上下限为 3000~70000）凝胶柱层析，请指出各蛋白的洗脱顺序。

实验 14 油脂品质指标的测定

（一）油脂酸价的测定

【目的要求】

1. 初步掌握测定油脂酸价的原理及方法。
2. 通过实验进一步了解测定酸价在食品工业中的意义。

【实验原理】

油脂在储藏过程中，在空气中暴露较久或受到热、光照等因素的影响后（水分、杂质含量高且温度高时），在脂肪酶或微生物繁殖产生的酶的作用下，部分甘油三酯会分解产生游离的脂肪酸，使油脂变质酸败。因此，油脂中游离的脂肪酸含量能够反映油脂的新鲜程度。游离脂肪酸的含量可以用中和 1g 油脂所需的 KOH 毫克数，即酸价来表示。

油脂中的游离脂肪酸有溶于有机溶剂的特性，用中性乙醚、乙醇混合液溶解油样及其中的游离脂肪酸，然后用标准碱液进行滴定，根据油样质量和消耗的碱液量计算油脂酸价。滴定反应式如下：

$$ROOH + KOH \longrightarrow RCOOK + H_2O$$

同一种植物油，新鲜的、贮放期较短的酸价就低，陈旧的、贮放期长的因分解产生的游离脂肪酸较多，其酸价就高。因此，酸价是反映油脂新鲜、优劣程度的主要指标。

【试剂与器材】

1. 试剂、材料

（1）中性醇醚混合液　95%乙醇和乙醚按2∶1体积比均匀混合，加酚酞指示剂数滴，用0.1mol/L KOH 溶液中和至微红色。

（2）1%酚酞指示剂　称取1g酚酞，溶于100mL 95%乙醇中。

（3）0.05mol/L KOH 标准溶液。

（4）新鲜花生油、陈旧花生油。

2. 器材

电子天平；碱式滴定管；三角瓶；量筒；旋涡混合器；恒温水浴锅。

【操作方法】

取干燥洁净的三角瓶2只，分别准确称取新鲜和陈旧花生油各1～2g，在2只瓶中分别加入50mL中性醇醚混合液，仔细摇动均匀，使油脂完全呈透明状态，如不溶，可以在50～60℃恒温水浴中加热至完全溶解。油脂溶解后加入1%酚酞指示剂1～2滴，用0.05mol/L KOH 标准溶液滴至溶液出现微红色，持续30s不褪色为止。

油脂的酸价用下式计算：

$$酸价 = \frac{V \times c \times 56.11}{m}$$

式中　V——滴定油样时消耗标准 KOH 溶液体积，mL；

　　　c——KOH 标准溶液浓度，mol/L；

　　　m——称取油样的质量，g；

　56.11——KOH 的相对分子质量。

【要点提示】

1. 若油脂颜色较深，可改用2g/L碱性蓝6B乙醇溶液代替酚酞作指示剂。若油脂本身带红色，宜用1%百里酚酞乙醇溶液作指示剂。

2. 滴定终点的确定：滴定到溶液显红色保持不褪色的时间，必须严格控制在30s之内。

【思考题】

1. 为什么油脂要选用中性醇醚混合液来溶解？

2. 如果油脂颜色较深，测定酸价时应注意哪些问题？

3. 实验中测定酸价时为什么不做空白对照？

（二）油脂过氧化值的测定

【目的要求】

1. 掌握测定过氧化值的原理及操作方法。

2. 加深理解油脂过氧化值的含义。

【实验原理】

油脂分子中脂肪酸残基内的不饱和键可自动氧化，与空气中的氧结合，形成不稳定的中间产物过氧化物。后者继续氧化分解生成小分子醛、酮和过氧化物等，致使油脂变质，气味变劣。油脂的这种氧化变质现象称为酸败。

油脂氧化过程中产生的过氧化物，可与碘化氢反应而析出游离的碘。析出碘量多少与酸败程度有关。通常规定：100g 油脂析出碘的克数为该样品的过氧化值。过氧化值越大说明酸败程度越深。析出的碘可用 $Na_2S_2O_3$ 标准溶液滴定，根据消耗 $Na_2S_2O_3$ 标准溶液的量计算油脂过氧化值。反应中所需的碘化氢，可在冰醋酸试剂内加入 KI 产生。反应式如下：

（1）碘化氢的生成

$$CH_3COOH + KI \longrightarrow CH_3COOK + HI$$

（2）碘的析出

$$2HI + R_1\!-\!\underset{\underset{O\!-\!O}{|}}{CH}\!-\!\underset{}{CHR_2} \longrightarrow R_1CH\!-\!\underset{\underset{O}{\diagdown\diagup}}{}\!CHR_2 + H_2O + I_2$$

（3）碘的滴定

$$I_2 + 2Na_2S_2O_3 \longrightarrow 2NaI + Na_2S_4O_6$$

【试剂与器材】

1. 试剂、材料

（1）饱和 KI 溶液　称取 10g KI，加入 7mL 蒸馏水，临用时配制。

（2）冰醋酸-氯仿混合液　量取冰醋酸 200mL，加氯仿 100mL，混匀。

（3）1% 淀粉指示剂　称取可溶性淀粉 1g，加少量水调成糊状，倒入 100mL 沸水中，继续煮沸 1min。

（4）0.002mol/L 标准 $Na_2S_2O_3$ 溶液。

（5）新鲜花生油、陈旧花生油。

2. 器材

电子天平；旋涡混合器；量筒；碱式滴定管；吸量管；碘量瓶。

【操作方法】

取洁净的碘量瓶 2 只，分别称取新鲜和陈旧花生油各 1~2g，加入 30mL 冰醋酸-氯仿混合液，振摇，使瓶内油脂溶解。加入 1.0mL 饱和 KI 溶液，立即加塞、摇匀并水封，将碘量瓶放置暗处 5min。取出后分别加水 100mL，以 0.002mol/L 标准 $Na_2S_2O_3$ 溶液滴定至淡黄色时，加入 1mL 淀粉指示剂，然后继续加入 $Na_2S_2O_3$ 滴定至蓝色消失为终点。

另取 1 只碘量瓶，除不加样品外，其他操作同上，作为空白对照。

$$过氧化值(\%) = \frac{(V - V_0) \times c \times 126.9}{m \times 1000} \times 100$$

式中　V——滴定样品时消耗 $Na_2S_2O_3$ 标准溶液的体积，mL；

　　　V_0——滴定空白时消耗 $Na_2S_2O_3$ 标准溶液的体积，mL；

　　　c——$Na_2S_2O_3$ 标准溶液的浓度，mol/L；

　　　m——称取样品质量，g；

　　　126.9——碘的摩尔质量，g/mol。

【要点提示】

1. 过氧化值在 0.06 以下时感官上无异常，0.07~0.7 时感官上有改变，并有醛反应，即遇间苯三酚呈桃红色；若过氧化值高于 0.15 时，油脂则呈现出辛辣味和刺激性气味。

2. 碘量瓶必须干净、干燥，否则瓶内的油中含有水分，引起反应不完全。
3. 加入碘试剂后，液体变浑浊，表明油脂仔 CCl_4 中溶解不完全。

【思考题】
1. 过氧化值与酸价的含义有何不同？
2. 测定过氧化值时为什么要做空白对照？如不做，影响实验结果吗？

实验 15　动物肝脏中 DNA 的提取

【目的要求】
1. 学习用盐溶液法从动物组织中提取 DNA 的原理和操作技术。
2. 了解 DNA 和 RNA 的不同溶解性质。

【实验原理】
DNA 与蛋白质在生物体中以核蛋白的形成存在。动植物的 DNA 核蛋白（DNP）能溶于水及高浓度的盐溶液（1mol/L NaCl），但在 0.14mol/L NaCl 的盐溶液中溶解度很低，而 RNA 核蛋白（RNP）则溶于 0.14mol/L NaCl 盐溶液。因此，利用不同浓度的 NaCl 溶液可将 DNP 和 RNP 从样品中分别抽提出来。

将抽提得到的 DNP 用 SDS（十二烷基硫酸钠）处理，DNA 即与蛋白质分开。加入氯仿-异戊醇可将蛋白质沉淀除去，而 DNA 则溶解于溶液中。向溶液中加入冷乙醇，DNA 即呈纤维状沉淀出来。进一步脱水干燥，即得白色纤维状的 DNA 制品。

为了防止 DNA 酶解，提取时加入乙二胺四乙酸（EDTA），以降低核酸酶的活性。为了除去 DNA 中混杂的 RNA，可用核糖核酸酶处理。

【试剂与器材】
1. 试剂
（1）5mol/L NaCl 溶液　将 292.3g NaCl 溶于蒸馏水中，稀释至 1000mL。
（2）0.14mol/L NaCl - 0.15mol/L EDTA 溶液　将 8.18g NaCl 及 37.2g EDTA 溶于蒸馏水中，稀释至 1000mL。
（3）25% SDS 溶液　溶 25g 十二烷基硫酸钠于 100mL 45% 乙醇中。
（4）氯仿-异戊醇混合液　氯仿:异戊醇＝24:1（体积比）。
（5）新鲜鸡肝脏（兔、猪、鼠均可）。

2. 器材
低速离心机；恒温水浴摇床；恒温水浴锅；组织匀浆器；手术剪刀；冰浴（冰袋）；刻度离心管；吸量管（0.5mL，2mL，5mL）。

【操作方法】
1. 取新鲜动物肝脏 4g，剪碎后置组织匀浆器中。加入 8mL 0.14mol/L NaCl - 0.15mol/L EDTA 溶液，研磨成匀浆。将匀浆转入刻度离心管中，4000r/min 离心 10min，弃去上清液。
2. 沉淀中加入 6mL 0.14mol/L NaCl - 0.15mol/L EDTA 溶液，用玻璃棒搅拌，4000r/min 离心 10min，弃去上清液。该步骤重复 2 次，所得沉淀为 DNP 粗制品。

3. 向沉淀中加入 5mL 0.14mol/L NaCl – 0.15mol/L EDTA 溶液，混匀后加入匀浆器中。滴加 0.5mL 25% SDS 溶液，边加边搅拌。加毕，置 60℃ 水浴中保温 10min（不停搅拌）。溶液变得黏稠并略透明，取出冷却至室温。此步的目的是使 DNA 与蛋白质分离。

4. 加入 5mol/L NaCl 溶液 3mL，使 NaCl 最终浓度达到 1mol/L。搅拌 10min，使溶液变得黏稠并略带透明。

5. 匀浆转入三角瓶中，加等体积的氯仿 – 异戊醇，放入水浴摇床中振摇 20min。取出后 3500r/min 离心 10min，此时离心管中出现三层，上层为含 DNA 的水液，中层为变性蛋白质，下层是氯仿 – 异戊醇。

6. 吸出上层含 DNA 的水溶液（欲定量测定，必须用 1mol/L NaCl 洗 2 次，合并上清液），慢慢加入 1.5~2 倍体积的 95% 冷乙醇，DNA 沉淀即析出。用玻棒沿同一方向慢慢搅动，则 DNA 丝状物即缠在玻棒上，晾干即为 DNA 产品。

【要点提示】

1. 为了防止大分子核酸在提取过程中被降解，整个过程需在低温下进行。

2. 从核蛋白中脱去蛋白质的方法很多，经常采用的有：氯仿 – 异丙醇法、苯酚法、去垢剂法等，它们均能使蛋白质变性和核蛋白解聚，并释放出核酸。

【思考题】

1. 核酸提取中，除去杂蛋白的方法主要有哪几种？

2. 实验中所用 4 种试剂在 DNA 制备过程中分别起什么作用？

实验16　二苯胺显色法测定 DNA 含量

【目的要求】

1. 掌握二苯胺显色法测定 DNA 含量的原理和方法。

2. 熟悉可见分光光度计的使用以及标准曲线的制作。

【实验原理】

DNA 酸解后生成嘧啶核苷酸、嘌呤核苷酸、磷酸和脱氧核糖。脱氧核糖在酸性环境中脱水生成 ω-羟基-γ-酮基戊醛，它与二苯胺试剂反应产生蓝色化合物，在 595nm 处有最大吸收，可用比色法测定。其反应式如图 3–14 所示。

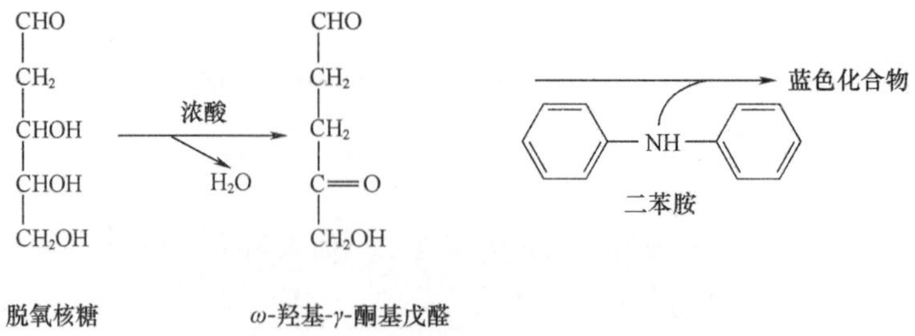

图 3–14　脱氧核糖脱水生成蓝色化合物反应

样品中DNA浓度在40～400μg/mL范围内，吸光度与DNA的浓度成正比。在反应液中加入少量乙醛，可以提高反应的灵敏度。

【试剂与器材】

1. 试剂

（1）DNA标准溶液　取小牛胸腺DNA以0.01mol/L NaOH溶液配制成200μg/mL的溶液。

（2）二苯胺试剂　称取重结晶二苯胺1g，溶于100mL分析纯的冰醋酸中，再加入10mL过氯酸（60%以上）混匀，待用。使用前加入1mL 1.6%乙醛溶液。所配得的混合液应为无色，贮于棕色瓶中。

2. 器材

电子天平；可见分光光度计；恒温水浴锅；滤纸；吸量管（1mL，2mL，5mL）；试管及试管架；擦镜纸；研钵。

【操作方法】

1. DNA标准曲线的绘制

取6支试管，编号，按表3-11加入试剂。

表3-11　　　　　　　　　　DNA标准曲线的绘制

试剂	试管编号					
	0	1	2	3	4	5
DNA标准溶液/mL	0	0.4	0.8	1.2	1.6	2.0
DNA质量/μg	0	80	160	240	320	400
蒸馏水/mL	2.0	1.6	1.2	0.8	0.4	0
二苯胺试剂/mL	4.0	4.0	4.0	4.0	4.0	4.0
	立即混匀，置60℃恒温水浴中保温1h，冷却					
A_{595}						

将上述各管置60℃恒温水浴中保温1h，冷却后于分光光度计595nm处比色。用0号管调零点，测出1～5号管吸光度。以DNA浓度μg为横坐标，A_{595}为纵坐标，绘制标准曲线。

2. 待测样品的制备

将自制的DNA样品置于研钵中，加入少量0.01mol/L NaOH溶液，慢慢研磨使之溶解，然后以0.01mol/L NaOH溶液定容至50mL容量瓶中。

3. 样品的测定

取2支试管，分别加入2mL待测液、4mL二苯胺试剂，摇匀。于60℃恒温水浴中保温1h，冷却后于595nm处比色。根据所测得的吸光度对照标准曲线求得DNA的质量（μg）。

4. 计算

100g动物肝脏中DNA的含量：

$$\text{DNA含量}(\%) = \frac{A \times n}{m} \times 100$$

式中 *A*——由标准曲线查得的样液中 DNA 的质量，μg；
  n——样液的稀释倍数；
  m——样品的质量，μg。

【要点提示】
　　如样品中含少量 RNA 时不影响测定，而蛋白质、某些糖及其衍生物、芳香醛和羟基醛等，都能与二苯胺形成各种有色物质，干扰测定，测定前应尽量除去。

【思考题】
　　1. 利用戊糖显色反应和紫外吸收测定核酸含量的方法，应用范围有何区别？
　　2. 二苯胺法测定 DNA 含量时，若 DNA 样品中混有 RNA 或蛋白质、糖类时，是否会有干扰？

实验17　紫外吸收法测定核酸含量

【目的要求】
　　1. 学习和掌握应用紫外分光光度法直接测定核酸含量的原理及技术。
　　2. 进一步熟悉紫外分光光度计的使用方法。

【实验原理】
　　核酸及其衍生物核苷酸、核苷、嘌呤和嘧啶具有吸收紫外光的性质，其吸收高峰在 260nm 波长处。核酸的摩尔消光系数（或称吸收系数）用 $\varepsilon(P)$ 来表示，即每升含有 1mol 核酸磷的溶液在 260nm 波长处的吸光度（即 A_{260} 值）。RNA 溶液（pH7.0）的 $\varepsilon(P)$ 为 7700~7800。RNA 的含磷量约为 9.5%，含 1μg/mL RNA 溶液的 A_{260} 为 0.022~0.024。小牛胸腺 DNA 钠盐溶液的 $\varepsilon(P)$（pH7.0）为 6600，DNA 含磷量为 9.2%，含 1μg/mL DNA 钠盐溶液的 A_{260} 为 0.020。通常规定：在 260nm 波长下，浓度为 1μg/mL 的 DNA 溶液其吸光度为 0.020，而浓度为 1μg/mL 的 RNA 溶液其吸光度为 0.024。因此，测定未知浓度核酸溶液的 A_{260} 值，即可计算出其中 RNA 或 DNA 的含量。

　　蛋白质和核苷酸也能吸收紫外光。通常蛋白质的最大吸收峰在 280nm 波长处，在 260nm 处的吸收值仅为核酸的 1/10 或更低，因此对于含有微量蛋白质的核酸样品，测定误差较小。RNA 的 260nm 与 280nm 吸收的比值在 2.0 以上；DNA 的 260nm 与 280nm 吸收的比值则在 1.8 左右，当样品中蛋白质含量较高时，比值下降。

【试剂与器材】
　　1. 试剂
　　（1）钼酸铵-过氯酸沉淀剂　取 3.6mL 70% 过氯酸和 0.25g 钼酸铵溶于 96.4mL 蒸馏水中，即成 0.25% 钼酸铵-2.5% 过氯酸溶液。
　　（2）5%~6% 氨水　用 25%~30% 氨水稀释 5 倍。
　　（3）测试样品　RNA 或 DNA 干粉。
　　2. 器材
　　紫外分光光度计；电子天平；低速离心机；吸量管（0.5mL，2mL）；试管及试管架；滤纸；擦镜纸；容量瓶（50mL）；冰袋（冰浴）。

【操作方法】

1. 准确称取 RNA 或 DNA 样品 0.50g，加少量 0.01mol/L NaOH 溶液调成糊状，再加适量水，用 5% 氨水调至 pH7.0，然后加水定容至 50mL。选择厚度为 1cm 的石英比色杯，于紫外分光光度计上 260nm 波长处测定 A 值。

$$\text{RNA(DNA) 浓度}(\mu g/mL) = \frac{A_{260}}{0.024(0.020) \times L} \times n$$

式中 A_{260}——260nm 波长处吸光值；

n——稀释倍数；

L——比色杯的厚度，1cm；

0.024——每毫升溶液内含 1μg RNA 的 A_{260} 值；

0.020——每毫升溶液内含 1μg DNA 钠盐的 A_{260} 值。

2. 如果待测的核酸样品中含有酸溶性核苷酸或可透析的低聚多核苷酸，在测定时需加钼酸铵－过氯酸沉淀剂，沉淀除去大分子核酸，测定上清液 260nm 波长处 A 值作为对照。具体操作如下：

取 2 支离心管，甲管加入 2mL 样品溶液和 2mL 蒸馏水，乙管加入 2mL 样品溶液和 2mL 沉淀剂。混匀，在冰浴中放置 30min，以 3000r/min 离心 10min。从甲、乙两管中分别吸取 0.5mL 上清液，用蒸馏水定容至 50mL。选择厚度为 1cm 的石英比色杯，在 260nm 波长处测定 A 值。

$$\text{RNA 或 DNA 含量}(\%) = \frac{\frac{A_{260(甲)} - A_{260(乙)}}{0.024(0.020)}(\mu g/mL)}{\text{样品浓度}(\mu g/mL)} \times 100$$

$$\text{样品浓度} = \frac{0.5g}{50 \times \frac{4}{2} \times \frac{50}{0.5}\text{mL}} = \frac{0.5 \times 10^6 \mu g}{10000 \text{mL}} = 50\mu g/mL$$

【要点提示】

1. 紫外分光光度计使用前要预热。
2. 比色皿应成套使用，注意保护，不能拿在光面上。
3. 离心机使用前必须将离心管平衡、对称放置。调速必须从低到高，离心结束等转子完全停下后，再打开盖子，然后将转速打到最低。

【思考题】

1. 用该法测定样品的核酸含量，有何优点及缺点？
2. 若样品中含有蛋白质，如何排除干扰？你认为最简便的方法是什么？

实验 18 酵母 RNA 的提取、组分鉴定及含量测定

【目的要求】

1. 学习稀碱法提取 RNA 的原理和操作方法。

2. 了解核酸的组成，并掌握鉴定核酸组分的方法。

3. 学习地衣酚显色法及紫外分光光度法测定 RNA 含量的原理及方法。

【实验原理】

酵母中 RNA 含量较高，占菌体质量的 2.67% ~10.0%，而干扰物质 DNA 的含量较少，仅占菌体质量的 0.03% ~0.516%，因此酵母是提取 RNA 较为理想的材料。

RNA 可溶于稀碱溶液。在碱性提取液中，利用加热煮沸的方法使蛋白质变性，通过离心技术除去蛋白质。RNA 溶液其 pI 较低，为 2.0 ~2.5，利用 RNA 在乙醇中溶解度低的性质，加入酸性乙醇使 RNA 从溶液中沉淀出来，由此即可得到 RNA 的粗制品。

RNA 在强酸和高温条件下可被降解为核糖、嘌呤碱、嘧啶碱和磷酸等组分。用硝酸银、地衣酚（3，5 - 二羟基甲苯）和定磷试剂可分别鉴定 RNA 水解液中嘌呤碱、核糖和磷酸等组分的存在。

定糖法：RNA 分子中的核糖和浓盐酸（浓硫酸）作用脱水生成糠醛，糠醛与酚类化合物（地衣酚）在 Fe^{3+} 或 Cu^{2+} 催化下，缩合而生成鲜绿色复合物。

定磷法：强酸将核酸样品消化，使核酸分子中的有机磷转变为无机磷，无机磷与钼酸反应生成磷钼酸，磷钼酸在还原剂（抗坏血酸）作用下还原成钼蓝。

嘌呤的鉴定：嘌呤与硝酸银作用生成白色的嘌呤银沉淀。

在 RNA 的含量测定中，采用紫外吸收的方法测定所提取的 RNA 的含量，同时分别于 260nm 和 280nm 处测出 A 值，可以鉴定 RNA 的纯度。

【试剂与器材】

1. 试剂、材料

（1）0.04mol/L NaOH 溶液。

（2）95% 乙醇。

（3）酵母粉。

（4）1.5mol/L H_2SO_4 溶液。

（5）5% 氨水。

（6）0.1mol/L $AgNO_3$ 溶液。

（7）酸性乙醇溶液　10mL 浓盐酸加到 1000mL 乙醇中混匀。

（8）$FeCl_3$ 浓盐酸溶液　1mL 10% $FeCl_3$ 加到 200mL 浓盐酸中混匀。

（9）地衣酚（3，5 - 二羟基甲苯）—乙醇溶液　将 6g 地衣酚溶于 100mL 95% 乙醇中，冰箱中保存。

（10）定磷试剂　A. 17% H_2SO_4：将 17mL 浓硫酸缓缓加入 83mL 水中；

B. 2.5% 钼酸铵溶液：2.5g 钼酸铵溶于 100mL 水中；

C. 10% 抗坏血酸溶液：10g 维生素 C 溶于 100mL 蒸馏水中，用棕色瓶贮存。

临用时将三种溶液和水按下列比例混合：17% H_2SO_4:2.5% 钼酸铵:10% 抗坏血酸:水 = 1:1:1:2（体积比）。

2. 器材

电子天平；紫外分光光度计；量筒（100mL）；布氏漏斗；低速离心机；吸量管（1mL）；三角瓶（250mL）；电磁炉；不锈钢锅。

【操作方法】

1. 酵母 RNA 提取

（1）称 4g 干酵母粉置于 100mL 三角烧瓶中，加入 0.04mol/L NaOH 溶液 30mL，在沸水浴中加热 30min，期间不时搅拌。

（2）冷却后转入离心管中，3500r/min 离心 10min。将上清液缓缓倾入 20mL 酸性乙醇溶液中，边加边搅动。加毕，静置，待 RNA 沉淀完全后，3500r/min 离心 5min。弃去上清液。

（3）用 95% 乙醇洗涤沉淀，3500r/min 离心 5min。弃去上清液，再用 10mL 95% 乙醇洗涤沉淀，离心（同上）5min，即得 RNA 粗制品。用无水乙醇将沉淀悬浮，3500r/min 离心 5min，沉淀在空气中干燥。称量所得 RNA 粗品质量。

代入公式计算含量：

$$干酵母粉 RNA 含量(\%) = \frac{RNA 粗品质量(g)}{干酵母粉质量(g)} \times 100$$

2. 酵母 RNA 组分的定性鉴定

利用离心管中残留的 RNA 进行定性鉴定。加 1.5mol/L H_2SO_4 5mL，在沸水浴中加热 10min 使 RNA 水解，用流水冲洗管外冷却。取水解液进行下列组分的鉴定。

（1）嘌呤碱的鉴定　取 2 支试管，编号，按表 3-12 操作。观察有无嘌呤碱的银化合物沉淀产生。静置 15min 后，再比较两管中的沉淀。

表 3-12　　　　　　　　　　嘌呤碱的鉴定

试剂	测定管	对照管
核酸水解液/mL	0.5	—
1.5mol/L H_2SO_4/mL	—	0.5
5% 氨水	至碱性	至碱性
0.1mol/L $AgNO_3$/mL	0.5	0.5
实验结果		

注：可用 pH 试纸检测加氨水后呈碱性的情况。

（2）核糖的鉴定　取 2 支试管，编号，按表 3-13 加入试剂。摇匀后于沸水浴中加热 5min，观察两管颜色的变化。

表 3-13　　　　　　　　　　核糖的鉴定

试剂	测定管	对照管
核酸水解液/mL	0.5	—
1.5mol/L H_2SO_4/mL	—	0.5
$FeCl_3$ 浓盐酸/mL	2.0	2.0
地衣酚乙醇溶液/mL	0.2	0.2
实验结果		

（3）磷的鉴定　取试管 2 支，编号，按表 3-14 加入试剂。摇匀后于沸水浴中加热，观察两管颜色的变化。

表 3-14　　　　　　　　　　　　　　　磷的鉴定

试剂	测定管	对照管
核酸水解液/mL	0.5	—
1.5mol/L H$_2$SO$_4$/mL	—	0.5
定磷试剂/mL	0.5	0.5
实验结果		

3. 紫外吸收法测定 RNA 含量及纯度

准确称取 RNA 样品 50mg，加少量 0.01mol/L NaOH 溶液调成糊状。加适量水，用 5% 氨水调至 pH7.0，然后加水定容至 50mL。取 0.5mL，用水稀释至 10mL。于紫外分光光度计 260nm 波长处测定吸光值，根据下列公式计算 RNA 含量。

$$\text{RNA 含量}(\%) = \frac{\frac{A_{260}}{0.024 \times L}(\mu g/mL)}{50(\mu g/mL)} \times 100$$

式中　A_{260}——260nm 波长处吸光值；

　　　L——比色杯的厚度，1cm；

　　　0.024——每毫升溶液内含 1μg RNA 的 A_{260} 值；

　　　50——样品浓度，μg/mL。

同时测定 280nm 波长处吸光值，计算 A_{260} 与 A_{280} 比值，鉴定所提取酵母 RNA 的纯度。

【要点提示】

1. 如果待测样品中含有酸溶性核苷酸或可透析的低聚多核苷酸，需对样品进行处理后再测定其 RNA 含量。

2. RNA 的 260nm 与 280nm 吸光度的比值在 2.0 以上，DNA 的 260nm 与 280nm 吸光度的比值在 1.8 左右，当样品中蛋白质含量较高时，比值下降。

【思考题】

1. 为什么用稀碱溶液可以使酵母细胞裂解？

2. RNA 提取过程中的关键步骤及注意事项有哪些？

实验 19　维生素 C 的定量测定及其稳定性实验

【目的要求】

1. 学习并掌握定量测定维生素 C 的原理和方法。

2. 了解蔬菜、水果中维生素 C 含量情况以及碱、热对维生素 C 含量的影响。

【实验原理】

维生素 C 是人类膳食中必需的维生素之一，如果缺乏维生素 C，将导致坏血病发生。因此，维生素 C 又称为抗坏血酸，有防治坏血病的功效。抗坏血酸在自然界分布十分广泛，存在于新鲜水果和蔬菜中，尤其是植物及许多水果（柑橘类、草莓、山楂、辣椒等）中含量极为丰富。维生素C具有很强的还原性，在碱性溶液中加热并有氧化剂存在时，易被氧化而破坏。

在酸性环境中，抗坏血酸能将染料2,6-二氯酚靛酚还原成无色的还原型2,6-二氯酚靛酚，而抗坏血酸则被氧化成脱氢抗坏血酸。氧化型的2,6-二氯酚靛酚在中性或碱性溶液中呈蓝色，但在酸性溶液中呈粉红色。因此，当用2,6-二氯酚靛酚滴定含有维生素C的酸性溶液时，在维生素C未被全部氧化时，滴下的染料立即被还原成无色。一旦溶液中的维生素C全部被氧化时，滴下的染料便立即使溶液显示淡粉红色，此时即为滴定终点，表示溶液中的抗坏血酸刚刚全部被氧化，其反应过程如图3-15所示。依据滴定时2,6-二氯酚靛酚标准溶液的消耗量，可以计算出被测样品中维生素C的含量。

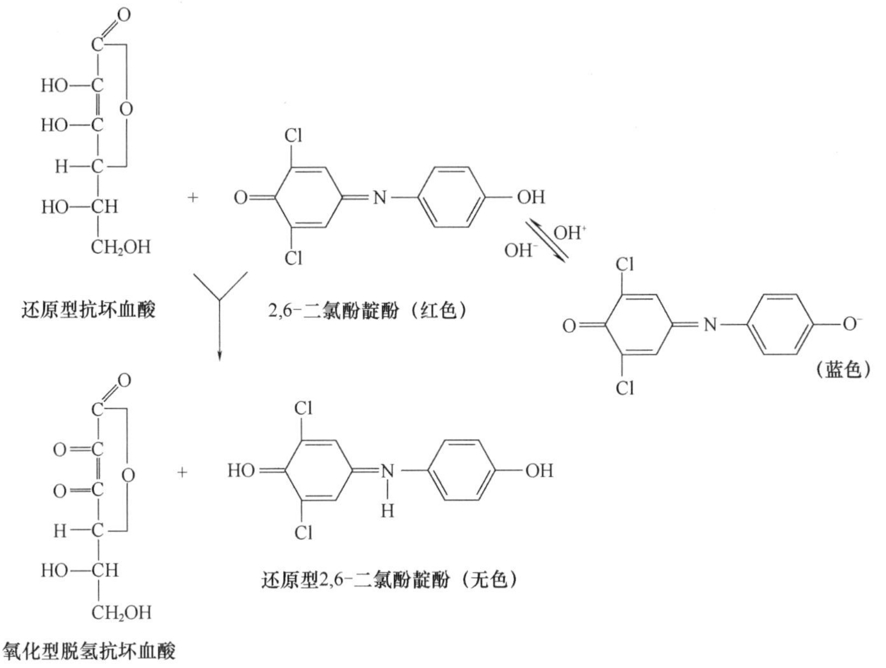

图3-15 2,6-二氯酚靛酚滴定维生素C反应

【试剂与器材】

1. 试剂、材料

（1）橘子、苹果、鲜枣、辣椒等。

（2）2%草酸溶液。

（3）1mol/L NaOH 溶液。

（4）1%草酸溶液。

（5）30%乙酸锌溶液。

（6）1mol/L HCl 溶液。

（7）15%亚铁氰化钾溶液。

（8）2,6-二氯酚靛酚溶液 将50mg 2,6-二氯酚靛酚溶于约200mL含有52mg NaHCO$_3$的热水中。冷却后加水稀释至250mL。过滤后置棕色瓶内4℃贮存。使用时需用抗坏

血酸标准溶液标定。

（9）维生素 C 标准溶液　准确称取 20mg 维生素 C，溶于 1% 草酸溶液中，定容至 100mL 即成 0.2mg/mL 溶液。贮存于冰箱中，使用时用 1% 草酸溶液稀释至 0.02mg/mL。

2. 器材

电子天平；组织捣碎机；吸量管（5mL，10mL）；微量滴定管；容量瓶；漏斗；烧杯（100mL，500mL）；滤纸；电炉。

【操作方法】

1. 样品提取

称取水果、蔬菜样品各 100g，加入等体积 2% 草酸溶液，置组织捣碎机中捣成匀浆。称取 10~20g 浆状样品置于小烧杯中，用 1% 草酸溶液将样品移入 100mL 容量瓶中（若样品有颜色，加入 5mL 30% 乙酸锌和 5mL 15% 亚铁氰化钾脱色），并稀释至刻度，充分摇匀后过滤。

2. 样品滴定

迅速吸取样品滤液 5~10mL 置于 100mL 三角瓶中，立即用 2,6 - 二氯酚靛酚溶液滴定至淡红色，并保持 15s 不褪色，即达终点。同时，以 10mL 1% 草酸溶液作为空白同上方法进行滴定。

3. 碱、热对维生素 C 含量的影响

（1）吸取水果或蔬菜滤液 5mL 置三角瓶中，加入 1% 草酸溶液 5mL，加热煮沸 3min。冷却后加入 1% 草酸 5mL，滴定方法同前。

（2）吸取水果或蔬菜滤液 5mL 置三角瓶中，加入 1mol/L NaOH 溶液 1mL，摇匀。放置 3min 后加入 1mol/L HCl 溶液 1.5mL 中和，然后加入 1% 草酸 5mL，滴定方法同前。

4. 计算

$$维生素 C 含量(mg/100g) = \frac{(V_1 - V_0) \times T}{m} \times 100$$

$$m = 100 \times \frac{20}{200} \times \frac{5}{100} = 0.5(g)$$

式中　V_1——滴定样品时消耗染料的体积，mL；

V_0——滴定空白时消耗染料的体积，mL；

T——1mL 染料相当于维生素 C 标准溶液中维生素 C 的质量，mg；

m——滴定时所取滤液中含样品的质量，g。

【要点提示】

1. 各样品滴定过程要迅速，一般不超过 2min。以 15s 内不褪色为终点。

2. 滴定所用的染料应在 1~4mL 之间。如果样品含维生素 C 太高或太低时，可酌量增减样液。

3. 测定过程中应避免溶液接触金属离子。

【附注】

1. 维生素 C 标准溶液的标定

吸取维生素 C 标准使用液（0.02mg/mL）5mL 于三角瓶中，加入 6% 碘化钾溶液 0.5mL，1% 淀粉溶液 3 滴，再以 0.001mol/L 碘酸钾标准液滴定，终点为蓝色。

$$抗坏血酸浓度(mg/mL) = \frac{V_1 \times 0.088}{V_2}$$

式中　V_1——滴定时消耗 0.001mol/L 碘酸钾标准溶液的体积，mL；

　　　V_2——滴定时所取抗坏血酸的体积，mL；

　　0.088——1mL 0.001mol/L 碘酸钾标准溶液相当于抗坏血酸的量，mg。

2. 2,6-二氯酚靛酚溶液的标定

吸取维生素 C 标准使用液（0.02mg/mL）5mL 于三角瓶中，加入 5mL 1% 草酸，用 2,6-二氯酚靛酚染料滴定至微红色，并保持 15s 不褪色即为终点。由所用染料的体积计算出 1mL 染料相当于多少毫克的抗坏血酸。

【思考题】

1. 样品经加热和加碱处理后，维生素 C 含量有什么变化，说明什么问题？
2. 为什么滴定终点以淡红色存在 15s 为准？

实验 20　酶的特异性

【目的要求】

1. 了解酶的特异性。
2. 掌握检查酶特异性的方法及原理。

【实验原理】

酶是生物体内一类具有催化功能的蛋白质（传统酶的概念），即生物催化剂。它与一般催化剂的最主要区别就是具有高度的特异性（专一性）。所谓特异性是指酶对所作用的底物有严格的选择性，即一种酶只能对一种化合物或一类化合物（其结构中具有相同的化学键）起一定的催化作用，而不能对别的物质起催化作用。酶的特异性是酶的特征之一，但各种酶所表现的特异性在程度上有很大差别，又可分为结构特异性和立体异构特异性。

淀粉和蔗糖都是非还原性糖，分别为唾液淀粉酶和蔗糖酶的专一底物。唾液淀粉酶可水解淀粉生成具有还原性的麦芽糖，但不能水解蔗糖；蔗糖酶可水解蔗糖生成具有还原性的葡萄糖和果糖，但不能水解淀粉。

Benedict 试剂是含硫酸铜和柠檬酸钠的碳酸钠溶液，可以将还原糖氧化成相应的化合物，同时 Cu^{2+} 被还原为 Cu^+，即蓝色硫酸铜溶液被还原产生砖红色的氧化亚铜沉淀。因此，可用 Benedict 试剂检查两种酶水解各自的底物所生成产物的还原性，来加深对酶特异性的理解。

【试剂与器材】

1. 试剂

（1）2%（质量浓度）蔗糖。

（2）1%（质量浓度）淀粉［内含 0.3%（质量浓度）的 NaCl］。

（3）唾液淀粉酶溶液　先用蒸馏水漱口，然后用洁净试管 1 支，取唾液（无泡沫）约 2mL，用蒸馏水 20 倍稀释，备用。

（4）蔗糖酶溶液　取活性干酵母 1.0g 置于研钵中，加少量蒸馏水及石英砂研磨约

10min，再加蒸馏水至总体积约为 20mL，过滤或离心，取滤液或上清液备用。

（5）Benedict 试剂　将无水 $CuSO_4$ 17.4g 溶于 100℃ 热水中，冷后稀释至 150mL。另取柠檬酸钠 173g 及无水 Na_2CO_3 100g 放入 600mL 水中，加热溶解，溶液如有浑浊，过滤，冷后稀释至 850mL。最后将 $CuSO_4$ 溶液倾入柠檬酸钠 – Na_2CO_3 溶液中，混匀（此溶液可长期保存）。

2. 器材

恒温水浴锅；试管及试管架；漏斗；吸量管；低速离心机；量筒；烧杯。

【操作方法】

1. 淀粉酶的特异性

取试管 5 支，编号，按表 3 – 15 加入试剂。混匀，放入 37℃ 恒温水浴一起保温 10min，然后各加入 Benedict 试剂 2mL，移入沸水浴 5min。观察各试管颜色变化，并解释实验结果。

表 3 – 15　　　　　　　　　淀粉酶特异性鉴定

试剂	试管编号				
	1	2	3	4	5
1% 淀粉溶液/mL	1.0	—	1.0	—	—
2% 蔗糖溶液/mL	—	1.0	—	1.0	—
唾液淀粉酶/mL	—	—	1.0	1.0	1.0
蒸馏水/mL	1.0	1.0	—	—	1.0

2. 蔗糖酶的特异性

取试管 5 支，编号，按表 3 – 16 加入试剂。混匀，放入 37℃ 恒温水浴 10min，然后各加入 Benedict 试剂 2mL，移入沸水浴 5min。观察各试管颜色变化，并解释实验结果。

表 3 – 16　　　　　　　　　蔗糖酶的特异性鉴定

试剂	试管编号				
	1	2	3	4	5
1% 淀粉溶液/mL	1.0	—	1.0	—	—
2% 蔗糖溶液/mL	—	1.0	—	1.0	—
蔗糖酶/mL	—	—	1.0	1.0	1.0
蒸馏水/mL	1.0	1.0	—	—	1.0

【要点提示】

1. 蔗糖是典型的非还原糖，若商品中还原糖的含量超过一定的标准，则呈现还原性，这种蔗糖不能使用。一般在实验前要对所用的蔗糖进行检查，至少要用分析纯试剂。

2. 由于不同的人或同一个人不同时间采集的唾液内淀粉酶的活性并不相同，有时差别很大，所以唾液的稀释倍数可根据各人的唾液淀粉酶的活性进行调整，一般为 20~100 倍。

3. 制备的蔗糖酶液一般情况下含有少量的还原糖杂质，所以可出现轻度的阳性反应。另外，不纯净的淀粉及加热过程中淀粉的部分降解，也可出现轻度的阳性反应。

4. 除了含有淀粉酶外，唾液中还含有少量的麦芽糖酶，可使麦芽糖水解为葡萄糖。

【思考题】
1. 什么是酶的特异性？本实验如何验证酶的特异性？
2. 若将淀粉酶和蔗糖酶煮沸 1min，其实验结果会发生什么样的变化？

实验 21　温度、pH、激活剂和抑制剂对酶活力的影响

【目的要求】
1. 了解温度、pH、激活剂和抑制剂对酶活力的影响。
2. 掌握各种理化因素对唾液淀粉酶活力影响的原理和检测方法。

（一）温度对酶活力的影响

【实验原理】
酶作为生物催化剂与一般催化剂一样呈现温度效应，酶促反应开始时，反应速度随温度升高而加快。达到最大反应速度时的温度称为某种酶的最适温度。由于绝大多数酶是有活力的蛋白质，当达到最适温度后，继续升高温度，引起蛋白质变性，酶促反应速度反而逐步下降，以至完全停止。

酶的最适温度不是一个特征物理常数，它与作用时间长短有关。测定酶活力均在酶促反应最适温度下进行。大多数动物酶的最适温度为 37~40℃，植物酶的最适温度为 50~60℃。酶对温度的稳定性与其存在的形式有关。低温能降低或抑制酶的活力，但不使酶失活。

淀粉遇碘呈蓝色。淀粉在唾液淀粉酶作用下发生水解生成糊精和麦芽糖，糊精按其相对分子质量大小，遇碘可呈蓝色、紫色、红色或无色。无色糊精和麦芽糖遇碘不显色。在不同温度条件下，淀粉被唾液淀粉酶水解的程度可由水解混合物遇碘呈现的颜色来判断。

【试剂与器材】
1. 试剂

（1）0.3% NaCl 的 0.5% 淀粉溶液　称取可溶性淀粉 0.5g，加入 0.3% NaCl 溶液 5mL，搅匀后缓缓倒入 100mL 煮沸的 0.3% NaCl 溶液中，随加随搅拌，继续煮沸 1min，冷却后可用。淀粉溶液最好现用现配。

（2）碘化钾 – 碘溶液　称取碘化钾 20g 及碘 10g，溶于 100mL 蒸馏水中，使用前稀释 10 倍。

2. 器材

试管及试管架；恒温水浴锅；冰袋；吸量管（1mL，2mL）；量筒；电磁炉；不锈钢锅。

【操作方法】
1. 新鲜唾液的收集：用蒸馏水漱口，含蒸馏水 20~30mL，3min 后吐入小烧杯中，男生稀释到 50mL，女生稀释到 30mL，即为稀释酶液，备用。

2. 取试管 3 支，编号，按表 3 – 17 加入试剂。

表 3-17　　　　　　　　　　　温度对酶活力的影响

试剂	试管编号		
	1	2	3
0.5%淀粉溶液/mL	1.5	1.5	1.5
稀释唾液/mL	1.0	1.0	—
煮沸过的稀释唾液/mL	—	—	1.0

3. 摇匀，将1、3号试管放入37℃恒温水浴中，2号试管先放入冰水中，10min后取出。将2号管内液体分为两半，用碘液检验1、2（一半）、3号管内淀粉被唾液淀粉酶水解的程度。记录并解释结果。将2号管剩下的一半溶液再放入37℃水浴中继续保温10min，再用碘液检验，记录并解释结果。

【要点提示】

1. 唾液的稀释倍数应根据各人唾液淀粉酶活力进行调整。
2. 严格控制恒温水浴的温度。

（二）pH对酶活力的影响

【实验原理】

酶的催化活性与环境pH有密切关系，通常各种酶只在一定pH范围内才具有活性，酶活力最高时的pH，称为酶的最适pH。高于或低于此pH时酶的活力逐渐降低。

酶的最适pH不是特征物理常数，对于同一个酶，其最适pH因缓冲液和底物的性质不同而有差异。一般酶的最适pH在4.0~8.0之间，唾液淀粉酶的最适pH约为6.8。

【试剂与器材】

1. 试剂

（1）0.3% NaCl的0.5%淀粉溶液　称取可溶性淀粉0.5g，加入0.3% NaCl溶液5mL，搅匀后缓缓倒入100mL煮沸的0.3% NaCl溶液中，随加随搅拌，继续煮沸1min，冷却后可用。淀粉溶液最好现用现配。

（2）0.2mol/L Na_2HPO_4溶液　称取$Na_2HPO_4 \cdot 7H_2O$ 53.65g，溶于少量蒸馏水中，移入1000mL容量瓶，加蒸馏水稀释至刻度。

（3）0.1mol/L 柠檬酸溶液　称取柠檬酸21.01g，溶于少量蒸馏水中，移入1000mL容量瓶，加蒸馏水稀释至刻度。

（4）碘化钾-碘溶液　称取碘化钾20g及碘10g溶于100mL蒸馏水中，使用前稀释10倍。

2. 器材

恒温水浴锅；试管及试管架；三角瓶；白瓷板；烧杯（100mL）；精密pH试纸；吸量管（1mL，2mL，5mL，10mL）；计时器。

【操作方法】

1. 新鲜唾液的收集　用水漱口，含蒸馏水30~40mL，3min后流入小烧杯中备用。

2. 取3个100mL三角瓶并编号。按表3-18中的比例，准确加入0.2mol/L Na_2HPO_4溶液和0.1mol/L柠檬酸溶液，配制pH5.0、pH 6.8、pH8.0的缓冲溶液。

表 3-18　　　　　　　　　　　pH 5.0~8.0 磷酸缓冲溶液的配制

三角瓶编号	试剂		
	0.2mol/L Na$_2$HPO$_4$/mL	0.1mol/L 柠檬酸/mL	缓冲溶液 pH
1	5.15	4.85	5.0
2	7.72	2.28	6.8
3	9.72	0.28	8.0

3. 取干净试管4支，编号。分别吸取三角瓶中不同 pH 缓冲液3mL，加入相应编号的试管中。第4号试管与第2号试管的内容物相同。然后再向每个试管中加入0.5%淀粉溶液2mL。

4. 向第4号试管中加入稀释唾液2mL。摇匀，置37℃恒温水浴中保温。每隔1min由第4号试管中取出1滴混合液置于白瓷板上，加1滴碘溶液，检验淀粉的水解程度。待结果呈橙黄色时，取出试管，记录保温时间。

5. 以1min的间隔，依次向第1~3号试管中加入稀释唾液2mL，摇匀，并以1min的间隔依次将3支试管放入37℃恒温水浴中保温。然后按第4号试管的保温时间，依次将各试管迅速取出，并立即加入碘溶液1滴，充分摇匀。观察各试管呈现的颜色，判断在不同 pH 下淀粉被水解的程度，分析 pH 对唾液淀粉酶活力的影响。

【要点提示】

1. 掌握第4号试管的水解程度是本试验成败的关键之一。
2. 严格控制温度，在保温期间，水浴温度不能波动，否则影响结果。
3. 用秒表严格控制反应时间，保证每支试管的反应时间相同。

（三）激活剂和抑制剂对酶活力的影响

【实验原理】

在酶促反应过程中，酶的活力常受某些物质的影响，有些物质能增加酶的活力，称为酶的激活剂；有些物质则会降低酶的活力，称为酶的抑制剂。

本实验以 NaCl 和 CuSO$_4$ 对唾液淀粉酶活力的影响来观察对酶的激活和抑制作用，同时以 Na$_2$SO$_4$ 做对照。氯离子为唾液淀粉酶的激活剂，而铜离子为该酶的抑制剂。将淀粉与唾液淀粉酶液混合，一定时间后淀粉被水解，遇碘不产生蓝色。若酶活力强，水解淀粉时间短；酶活力弱，水解淀粉时间长，故可用水解时间长短表示酶的活力强弱。

【试剂与器材】

1. 试剂

（1）0.1%淀粉溶液　称取可溶性淀粉1g，先用少量热水调成糊状，搅匀后缓慢倒入1000mL煮沸的水中，随加随搅拌，继续煮沸1min，冷却后可用。淀粉溶液最好现用现配。

（2）碘化钾-碘溶液　称取碘化钾20g及碘10g溶于100mL蒸馏水中，使用前稀释10倍。

（3）1% NaCl 溶液　1g NaCl 溶于100mL蒸馏水中。

（4）1% CuSO$_4$ 溶液　1g CuSO$_4$ 溶于100mL蒸馏水中。

（5）1% Na$_2$SO$_4$ 溶液　1g Na$_2$SO$_4$ 溶于100mL蒸馏水中。

2. 器材

恒温水浴锅；试管及试管架；白瓷板；吸量管（1mL，2mL）。

【操作方法】

1. 新鲜唾液的收集　用水漱口，含蒸馏水 30~40mL，3min 后流入小烧杯中备用。
2. 取试管 4 支，编号，按表 3-19 加入试剂。

表 3-19　　　　　　　　激活剂和抑制剂对酶活力的影响

试管	试剂						实验结果
	0.1% 淀粉/mL	1% NaCl/mL	1% $CuSO_4$/mL	1% Na_2SO_4/mL	H_2O/mL	唾液/mL	
1	2	0.5	—	—	—	1	
2	2	—	0.5	—	—	1	
3	2	—	—	0.5	—	1	
4	2	—	—	—	0.5	1	

3. 加毕，摇匀，将各试管同时置 37℃ 水浴中保温。每间隔 2min，由第 1 号试管中取出 1 滴混合液置白瓷板上，加 1 滴碘溶液，检验淀粉的水解程度。待结果呈橙黄色时，取出各试管，并向各试管加 1 滴碘溶液，观察试管内液体呈现的颜色有何不同，分析原因。

【要点提示】

1. 取反应液前应将滴管用蒸馏水洗净。注意取液顺序应依次从第 1 管开始。
2. 保温时间可根据个人唾液淀粉酶活力调整。

【思考题】

1. 说明在酶促反应动力学实验中分别设置对照实验的必要性。
2. 在激活剂和抑制剂对酶活力影响实验中 NaCl 和 $CuSO_4$ 各起什么作用？本实验中加入 Na_2SO_4 的意义是什么？

实验 22　琥珀酸脱氢酶的竞争性抑制

【目的要求】

了解丙二酸对琥珀酸脱氢酶的竞争性抑制作用。

【实验原理】

某些物质在化学结构上与酶的底物相似，因而也能与酶的活性中心结合。当它的浓度增大时，就占据了酶的活性中心，使酶不能与底物结合，因而酶的活性受到抑制，这种抑制作用称为竞争性抑制。其特点是：抑制作用的强弱取决于抑制剂的浓度和底物浓度的相对比例，若底物浓度大，抑制剂的抑制作用就减弱，若抑制剂浓度大，抑制剂的抑制作用就增强。

本实验是利用丙二酸与琥珀酸的结构相似，故可以竞争性地抑制琥珀酸脱氢酶对于琥珀酸的脱氢作用。

肌肉组织中含有琥珀酸脱氢酶，能催化琥珀酸脱氢转变成延胡索酸。在体内，琥珀酸脱氢酶催化琥珀酸，脱下来的氢经一系列递氢体和递电子体，最后交给氧，生成水，同时放出大量能量，供机体利用。在体外实验，可以人为地使反应在无氧的条件下进行，反应中生成的 $FADH_2$ 可使蓝色的美蓝（氧化型）还原为无色的美蓝（还原型），因此，可以从美蓝的褪色情况观察琥珀酸脱氢酶的作用。

【试剂与器材】

1. 试剂

（1）0.1mol/L 磷酸缓冲液（pH 7.4） 0.1mol/L Na_2HPO_4 80.8mL 和 0.1mol/L KH_2PO_4 19.2mL 混合。

（2）0.04mol/L 丙二酸钠溶液。

（3）0.02mol/L 琥珀酸钠溶液。

（4）0.01%（质量浓度）美蓝溶液。

（5）生理盐水。

（6）液体石蜡。

2. 器材

恒温水浴锅；手术剪；研钵；试管及试管架；刻度吸管；漏斗；脱脂棉；吸水纸；小白鼠（兔、蛙、鸡、猪）的肌肉。

【操作方法】

1. 取新杀死动物的肌肉 3~5g，用冰冷的生理盐水洗 2 次，用吸水纸吸去水分，放于研钵中，在冰浴中剪碎，研磨成糜状，加冰冷的 0.1mol/L pH7.4 的磷酸缓冲液 10mL 研磨成浆状，用少量脱脂棉过滤，即得肌提液（酶液），低温保存。

2. 取试管 3 支，编号，按表 3-20 加入试剂。

表 3-20　　　　　　　　　琥珀酸脱氢酶的竞争性抑制检测

试剂	试管编号		
	1	2	3
肌提液/mL	2	2	2（煮沸）
0.04mol/L 丙二酸钠溶液/mL	—	1	—
蒸馏水/mL	1	—	1
0.02mol/L 琥珀酸钠溶液/mL	2	2	2
0.01% 美蓝溶液/滴	5	5	5

3. 将各试管摇匀，并于液体上层滴加液体石蜡 5 滴，盖在液面上，以隔绝空气，置于 37℃ 水浴中保温，随时观察各试管中美蓝的褪色情况，并记录时间。

4. 再次摇动试管，观察溶液颜色有何变化。

【要点提示】

1. 酶液的提取需在冰浴中进行，以防酶失活。

2. 丙二酸钠溶液、琥珀酸钠溶液亦可用丙二酸溶液、琥珀酸溶液代替。

3. 本实验过程中，需快速加入试剂，摇匀后迅速加入液体石蜡。

4. 加液体石蜡的目的是为了使反应液与空气隔绝,因此加液体石蜡时需斜执试管,沿管壁加入,不要产生气泡。

5. 加完液体石蜡后,在观察结果的过程中,不要摇动试管,以免溶液与空气接触而使美蓝重新氧化变蓝。

【思考题】

1. 为什么酶液的提取要在冰浴中进行?
2. 为什么要在反应液的上面覆加液体石蜡?保温过程中为什么不能摇动试管?
3. 各管中美蓝的褪色情况有何不同?为什么?

实验 23 糖化酶的分离纯化

【目的要求】

1. 了解并熟悉盐析和分子筛凝胶过滤层析法分离纯化糖化酶的原理和方法。
2. 掌握有机溶剂沉淀法、等电点沉淀法制备糖化酶的基本方法。

【实验原理】

糖化酶广泛分布于能直接以淀粉为营养源的所有生物体中。该酶能将淀粉几乎百分之百地水解为葡萄糖,已广泛应用于淀粉糖浆及葡萄糖的工业生产。

糖化酶的分离纯化实质是活性蛋白质的提纯过程。实验中选用工业糖化酶粗粉为原料。首先加入一定比例的蒸馏水将酶浸出,离心后除去杂质,所得滤液为酶浸出液。然后在浸出液中加入70%饱和度的硫酸铵,使糖化酶沉淀析出。经离心分离获得的沉淀部分即为糖化酶的粗制品。经盐析法初步分离的糖化酶溶液含有大量的硫酸铵,会妨碍酶的进一步纯化,因此必须去除。常用的有透析法、凝胶过滤层析法等,本实验采用凝胶过滤层析法。

凝胶过滤层析法是利用蛋白质与无机盐类之间相对分子质量的差异除去粗制品中盐类。实验中先将盐析沉淀的糖化酶加水溶解,再将酶液通过 Sephadex G-25 凝胶柱,然后用蒸馏水洗脱。凝胶层析中由于酶蛋白的直径大于凝胶网孔,只能沿着凝胶颗粒间的空隙以较快的速度流过凝胶柱,所以最先流出柱外。而无机盐直径小于凝胶网孔,可自由进出凝胶颗粒的网孔,向下移动的速度慢,最后流出层析柱。这样经过凝胶层析后可以达到脱盐的目的(层析原理见图 2-8 示意图)。

脱盐后的糖化酶溶液经等电点沉淀、有机溶剂沉淀等处理可得到较纯的酶制剂。再用无水乙醇脱水、干燥,即得到较纯的干酶制剂。

【试剂与器材】

1. 试剂、材料

(1) $(NH_4)_2SO_4$ 粉末。

(2) 30% 三氯乙酸溶液。

(3) 葡聚糖凝胶 G-25。

(4) 糖化酶粗粉。

(5) 95% 乙醇。

（6）无水乙醇。

（7）奈氏试剂。

2. 器材

层析柱（1.5cm × 30cm）；电子天平；低速离心机；吸量管（2mL，5mL）；烧杯（150mL，500mL）；冰浴（冰袋）；精密 pH 试纸；黑瓷板；白瓷板。

【操作方法】

1. 糖化酶的浸出

（1）称取 2.0g 糖化酶粗粉　置于离心管中，加入 20mL 蒸馏水，用玻璃棒搅拌 15min。

（2）在天平上将离心管平衡，置于离心机中，4000r/min 离心 15min。弃去沉淀，上清液即为酶浸出液。

2. 硫酸铵盐析

（1）量出酶浸出液体积，称取 $(NH_4)_2SO_4$ 粉末使达 70% 饱和度（472g/L），边加边搅拌缓慢加入到酶浸出液中，待 $(NH_4)_2SO_4$ 全部溶解后室温下放置 30min。

（2）4000r/min 离心 15min。弃上清液，沉淀即为盐析所得粗酶。加入 4mL 蒸馏水，溶解后滤纸过滤，备用。

3. 凝胶柱层析脱盐

（1）凝胶的处理　量取 40mL SephadexG - 25，倾入 150mL 烧杯中，加入 2 倍量的蒸馏水，置于沸水浴中 1h，并经常摇动使气泡逸出。取出冷却，待凝胶下沉后，倾去含有细微悬浮物的上层液。

（2）装柱平衡　选用 1.5cm×30cm 层析柱，垂直夹于铁架台上。层析柱滤板下必须充满水，不能留有气泡。向柱内加入少量水，将上述处理过的凝胶粒悬液连续注入层析柱内，直至所需凝胶床高度距层析柱上口 3～4cm 为止。装柱时凝胶床内不得有界面和气泡，凝胶床面应平整。打开下口夹，调节柱下口夹至流速 2mL/min，用 2 倍柱床体积的蒸馏水平衡。关闭下口夹。

（3）上样与洗脱　打开下口夹，使床面上的水流出（或用滴管吸出），待液面降到凝胶床表面时，关闭出水口。柱下面用 10mL 量筒接液，以便了解加样后液体的流出量。用滴管吸取盐析所得酶液，在距床面 1mm 处沿管内壁轻轻转动加入样品。然后打开下口夹，使样品进入床内，直到与床面平齐为止。立即用 1mL 水冲洗柱内壁，待水进入凝胶床后再加少量水。如此重复 2 次，以洗净内壁上的样品溶液。然后再加入适量水于凝胶床上，调流速 10 滴/min，开始洗脱。

（4）检测 NH_4^+ 与蛋白质　取黑白瓷板各一块，在黑瓷板凹孔内加 1 滴 30% 三氯乙酸溶液，检查流出液。待流出液出现白色浑浊或沉淀即示有蛋白质析出，立即用试管收集。每管收集 2mL，直到无白色沉淀时停止收集。取 1 滴含有酶蛋白的各试管酶液于白瓷板凹孔中，加入 1 滴奈氏试剂，检查有无 NH_4^+。合并经检查不含 NH_4^+ 的各管收集液，即为脱盐后的糖化酶液。

（5）处理凝胶柱　用蒸馏水流洗凝胶柱，直至用奈氏试剂检查流出液中不含 NH_4^+ 为止。关闭下口夹，凝胶柱备下组实验使用。

4. 酒精沉淀

（1）准确记录收集无盐酶液体积，用 1mol/L 盐酸调至 pH4.0（准确）。

（2）加入 2.5 倍体积的 95% 冷乙醇，放置冰浴中静置 30min。

（3）小心倾去上清液，浑浊液 4000r/min 离心 10min。

（4）弃去上层清液，沉淀中加入无水乙醇少许，用玻璃棒搅拌成悬浮液，4000r/min 离心 5min。弃上清液，沉淀即为初步纯化的酶制剂。

（5）将酶泥涂于预先洁净、干燥、称重的表面皿内，室温下风干。称重后计算得率。

【要点提示】

1. 装柱时尽量一次加完，凝胶悬浆不可太稀或太黏稠。

2. 流速不可太快，否则分子小的物质来不及扩散，随分子大的物质一起被洗脱下来，达不到分离目的。

3. 在整个洗脱过程中，始终应保持层析柱床面上有一段液体，不能使凝胶干结。

【思考题】

1. 全面总结一下，本实验各步骤是根据蛋白质的什么性质设计的？

2. 葡聚糖凝胶型号很多，本实验为什么用 G-25，而不用 G-200 等大型号的？

实验 24　糖化酶活力测定

【目的要求】

1. 学习测定糖化酶活力的基本原理和操作方法。

2. 掌握测定酶活力的一般操作程序及要领。

【实验原理】

糖化酶（淀粉 $\alpha_{-1,6}^{-1,4}$ - 葡萄糖苷酶 EC 3.2.1.3），广泛分布于能直接以淀粉为营养源的所有生物体中。糖化酶催化淀粉水解，从淀粉分子非还原性末端开始，分解 $\alpha-1,4$ 葡萄糖苷键生成葡萄糖。葡萄糖分子中含有醛基，能被次碘酸钠氧化，过量的次碘酸钠酸化后析出碘，再用硫代硫酸钠标准溶液滴定过剩的碘，计算出酶活力。

1. 葡萄糖分子中的醛基被碘氧化

$$\begin{array}{c} CHO \\ | \\ (CHOH)_4 \\ | \\ CH_2OH \end{array} + I_2 + 3NaOH \longrightarrow \begin{array}{c} COONa \\ | \\ (CHOH)_4 \\ | \\ CH_2OH \end{array} + 2NaI + 2H_2O$$

葡萄糖　　　　　　　　　　　葡萄糖酸钠

2. 过剩的碘与氢氧化钠作用，生成次碘酸钠

$$I_2 + 2NaOH \longrightarrow NaOI + NaI + H_2O$$

3. 加酸后次碘酸钠和碘化钠作用析出游离碘

$$NaOI + NaI + H_2SO_4 \longrightarrow I_2 + Na_2SO_4 + H_2O$$

4. 用硫代硫酸钠标准液滴定过剩的碘

$$I_2 + 2Na_2S_2O_3 \longrightarrow Na_2S_4O_6 + 2NaI$$

通过滴定时所消耗的 $Na_2S_2O_3$ 的量，可以得出糖化酶催化淀粉水解后所产生的葡萄糖的量，根据公式可计算出糖化酶的活力。

【试剂与器材】

1. 试剂

（1）0.1mol/L pH4.6 乙酸缓冲液　称取乙酸钠（NaAc·3H$_2$O）6.7g，溶于水中，加冰乙酸2.6mL，调至pH4.6，用水稀释至1000mL。

（2）0.05mol/L Na$_2$S$_2$O$_3$ 标准溶液　称取13g 硫代硫酸钠（Na$_2$S$_2$O$_3$·5H$_2$O）和0.2g Na$_2$CO$_3$，用新煮沸过的冷水溶解并稀释至1000mL，配制一周后用碘酸钾标定。

（3）0.1mol/L 碘溶液　称取36g 碘化钾溶于100mL水中，加入14g碘逐渐溶解，加3滴盐酸，用水稀释至1000mL，棕色瓶保存。

（4）1mol/L H$_2$SO$_4$ 溶液　量取浓硫酸5.6mL，缓慢注入80mL水中，冷却后稀释至100mL。

（5）0.1mol/L NaOH 溶液。

（6）2% 可溶性淀粉溶液　称取可溶性淀粉2g（预先100℃烘干约2h至恒重），用少量蒸馏水调匀，徐徐倾入已沸的蒸馏水中，煮沸至透明，冷却定容至100mL，此溶液需当天配制。

（7）20% NaOH 溶液。

2. 器材

恒温水浴锅；电子天平；试管及试管架；吸量管；旋涡混合器；比色管（50mL）；碱式滴定管（25mL）；碘量瓶。

【操作方法】

1. 待测酶液的制备

称取酶粉 1~2g，准确至0.0002g（或吸取液体酶1.00mL），先用少量的乙酸缓冲液溶解，并用玻璃棒捣研，将上清液小心倾入适当的容量瓶中。沉渣部分再加入少量缓冲液，如此捣研3~4次，最后全部移入容量瓶中，用缓冲液定容至刻度，摇匀。四层纱布过滤，滤液供测定用。

2. 酶活力测定

于甲、乙两支50mL比色管中，分别加入2%可溶性淀粉溶液25mL和pH4.6乙酸缓冲液5mL，混匀，置40℃恒温水浴中预热5min。在甲管（样品）中加入待测酶液2mL，立刻混匀，在此温度下准确反应30min，立即各加20% NaOH溶液0.2mL，混匀。将两管取出迅速冷却，并于乙管（空白）中补加待测酶液2mL，混匀。吸取上述反应液各5mL，分别置于碘量瓶中，准确加入0.1mol/L 碘溶液10mL，再加0.1mol/L NaOH溶液15.0mL。摇匀，密塞，于暗处反应15min。取出，加1mol/L H$_2$SO$_4$溶液2mL，立即用0.05mol/L Na$_2$S$_2$O$_3$标准溶液滴定，直至蓝色刚好消失为其终点。

3. 结果计算

酶活单位定义：在上述条件（40℃，pH4.6）下，1h分解可溶性淀粉产生1mg葡萄糖的酶量为一个酶活力单位。

$$\text{糖化酶活力}(\text{U/g 或 U/mL}) = (A-B) \times c \times 90.05 \times \frac{32.2}{5} \times \frac{1}{2} \times n \times 2$$

$$= 579.9 \times (A-B) \times c \times n$$

式中　A——空白消耗硫代硫酸钠标准溶液的体积，mL；

B——样品消耗硫代硫酸钠标准溶液的体积，mL；

c——硫代硫酸钠标准溶液的浓度，mol/L；

90.05——与1.00mL 1mol/L 硫代硫酸钠标准溶液相当的葡萄糖的质量，g；

32.2——反应液的总体积，mL；

5——吸取反应液的体积，mL；

1/2——吸取酶液 2.00mL 以 1.00mL 计；

n——酶液稀释倍数；

2——反应 30min，换算成 1h 的酶活力系数。

所得的结果取整数表示。

【要点提示】

1. 不同稀释倍数，应做相应的空白试验。
2. 酶液浓度在样品与空白消耗 $Na_2S_2O_3$ 的差值为 3~6mL 为宜。

【思考题】

糖化酶活力测定中应注意哪些因素？

实验25　枯草芽孢杆菌蛋白酶活力测定

【目的要求】

学习福林-酚法测定蛋白酶活力的原理和操作方法。

【实验原理】

蛋白酶在一定温度与 pH 条件下，水解底物酪蛋白产生含有酚基的氨基酸（如酪氨酸、色氨酸等）。在碱性条件下，福林-酚试剂极不稳定，易被酚类化合物还原生成钼蓝与钨蓝，根据蓝色的深浅可以推断酶活力的大小。

本实验用一系列不同浓度的酪氨酸标准溶液分别与福林-酚试剂作用，生成蓝色深浅各不同的一系列溶液，用分光光度法测定 680nm 波长处吸光度，做出酪氨酸浓度-吸光度的标准曲线。然后用酶促水解液与福林-酚试剂进行显色反应，测定 A_{680}，查阅标准曲线，即可求得酶活力。

【试剂与器材】

1. 试剂、材料

（1）福林-酚试剂　称钨酸钠（$NaWO_4 \cdot 2H_2O$）100g、钼酸钠（$Na_2MoO_4 \cdot 2H_2O$）25g 置 2000mL 磨口回流装置内，加蒸馏水 700mL、磷酸 50mL 和浓盐酸 100mL。充分混匀，接回流冷凝管，小火回流 10h。回流结束后加入硫酸锂（$LiSO_4$）150g、蒸馏水 50mL 及数滴液体溴，开口继续煮沸 15min，以除去多余的溴。冷却后溶液呈黄色（如仍呈绿色，需再重复滴加液体溴的步骤）。将溶液稀释至 1000mL，过滤，置棕色瓶中保存。使用时用水 1:2 稀释。

（2）0.4mol/L Na_2CO_3 溶液　称取无水碳酸钠 42.4g，加水溶解，定容至 1000mL。

（3）0.4mol/L 三氯乙酸溶液　称取三氯乙酸 65.4g，加水溶解，定容至 1000mL。

(4) pH7.5 磷酸缓冲液　称取磷酸氢二钠（$Na_2HPO_4 \cdot 12H_2O$）6.02g、磷酸二氢钠（$NaH_2PO_4 \cdot 2H_2O$）0.5g，加水溶解并定容至1000mL。

(5) 1% 酪蛋白溶液　称取酪蛋白1.00g，用少量0.5mol/L NaOH湿润后，加入缓冲液约80mL，在沸水浴中不断搅拌直至完全溶解。冷却后转入100mL容量瓶中，用缓冲液稀释至刻度。此溶液在冰箱内贮存，有效期为3d。

(6) 100μg/mL 酪氨酸标准液　称取于105℃干燥至恒重的酪氨酸0.1000g，加入1mol/L HCl溶液60mL溶解，定容至100mL。吸取10mL，用0.1mol/L HCl定容至100mL，即为100μg/mL的使用液。

(7) 枯草芽孢杆菌蛋白酶粉（AS1.398）。

2. 器材

可见分光光度计；恒温水浴锅；电子天平；吸量管；旋涡混合器；试管及试管架；漏斗；滤纸；研钵；容量瓶。

【操作方法】

1. 标准曲线的绘制

取6支试管，编号，分别按表3-21配置溶液。

表3-21　　　　　　　　　　酪氨酸标准曲线的绘制

试剂	试管编号					
	0	1	2	3	4	5
酪氨酸标准液/mL	0	0.1	0.2	0.3	0.4	0.5
酪氨酸浓度/（μg/mL）	0	10	20	30	40	50
蒸馏水/mL	1.0	0.9	0.8	0.7	0.6	0.5
0.4mol/L Na_2CO_3/mL	5.0	5.0	5.0	5.0	5.0	5.0
福林-酚试剂/mL	1.0	1.0	1.0	1.0	1.0	1.0
	混匀，37℃恒温水浴20min					
A_{680}						

以不含酪氨酸的"0"号管为空白，分别测定各管吸光度。以A_{680}为纵坐标，酪氨酸浓度（μg/mL）为横坐标，绘制标准曲线。根据作图或用回归方程，计算当吸光度为1时的酪氨酸的量（μg），即为吸光常数K，K值应在95~100范围内。

2. 待测酶液的制备

称取蛋白酶粉1~2g，准确至0.001g（或吸取液体酶1mL），用少量缓冲液溶解，并用玻璃棒捣研。将上清液小心倾入容量瓶中，沉渣中再添加少量上述缓冲液，如此捣研3~4次，最后全部转入容量瓶中，用缓冲液定容至刻度，摇匀后用四层纱布过滤。滤液根据酶活力再次用缓冲液稀释至适当浓度（A_{680}在0.20~0.70范围内）供测试用。

3. 蛋白酶活力测定

先将1%酪蛋白溶液放入37℃恒温水浴中预热5min，然后按下列程序操作：

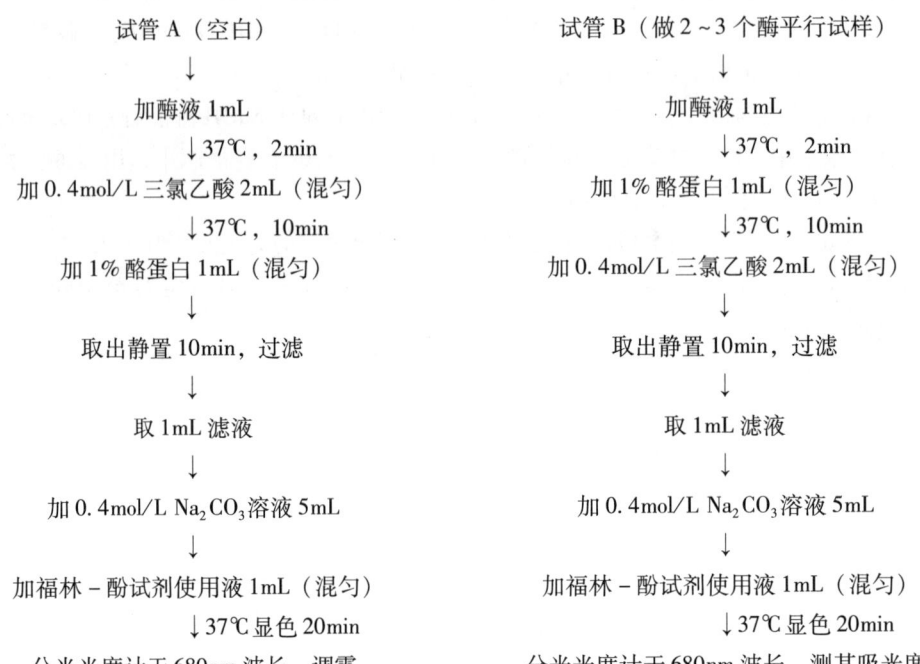

4. 计算

酶活力单位定义：在上述条件下，1min 水解酪蛋白产生 1μg 酪氨酸的酶量为一个酶活力单位。以 U/g 表示：

$$蛋白酶活力(U/g 或 U/mL) = A \times K \times \frac{4}{10} \times n$$

式中　A——样品平行试验的平均吸光度；

　　　K——吸光常数；

　　　4——反应试剂的总体积，mL；

　　　10——反应时间 10min；

　　　n——稀释倍数。

所得结果取整数表示。

【要点提示】

1. 不同稀释倍数应做相应的空白试验。
2. 待测样品稀释倍数要合适，测定其 A_{680} 应在 0.20~0.70 范围内为宜。
3. 实验中吸取各试剂的量必须准确，否则误差太大。

【思考题】

常规酶活力测定程序为：酶液适当稀释→最适条件下进行酶促反应→测定反应量→根据酶活力单位定义计算酶活力。以上过程中，哪个阶段的操作误差给实验结果造成的影响最大？为什么？如何防止？

实验26 碱性磷酸酶（AKP）的分离纯化

【目的要求】

1. 了解有机溶剂分步沉淀酶蛋白的原理和方法。
2. 掌握测定碱性磷酸酶活力和比活力的方法。

【实验原理】

碱性磷酸酶（AKP）是一种底物特异性较低，在碱性环境中能水解多种磷酸单酯化合物的酶，需要镁和锰离子为激活剂。AKP具有磷酸基团转移活性，能将底物中的磷酸基团转移到另一个含有羟基的接受体上，如磷酸基团的接受体是水，则其作用就是水解。碱性磷酸酶最适pH范围为8.6~10.0，主要存在于小肠黏膜、肾、骨骼、肝和胎盘等组织的细胞膜上。

本实验采取有机溶剂分步沉淀法从兔肝或肾组织匀浆液中提取分离碱性磷酸酶。利用乙醇、丙酮、正丁醇等有机溶剂可以降低酶的溶解度，是通过降低介质的介电常数及其对酶蛋白的脱水作用达到目的。由于降低了溶液的介电常数，带有相反电荷的酶蛋白表面残基之间的吸引力增加，导致酶蛋白凝集而易从溶液中沉淀出来。此类有机溶剂也溶解于水，与水分子结合而导致蛋白质的脱水作用，进一步加强酶蛋白的沉淀析出。

在制备肝匀浆时，采用低浓度醋酸钠可以达到低渗破膜的作用，而醋酸镁有保护和稳定AKP的作用。匀浆液中加入正丁醇能使部分杂蛋白变性，可通过过滤而除去。含有AKP的滤液再进一步用冷丙酮和冷乙醇进行分离纯化。根据AKP溶解于终浓度33%的丙酮或终浓度30%的乙醇中，而不溶解于终浓度50%的丙酮或终浓度60%的乙醇中的性质，采用离心的方法重复分离提取，可使AKP得到部分纯化。

酶的比活力是指每单位质量（mg）酶制剂蛋白样品中含的酶活力单位。随着酶蛋白逐步被纯化，其比活力随之逐步升高，因此，比活力可以用来鉴定酶的纯化程度。

AKP活力测定采用磷酸苯二钠法。在一定的pH和温度条件下，待测液中的碱性磷酸酶作用于底物磷酸苯二钠，使之水解放出酚。酚在碱性溶液中，与4-氨基安替比林作用并经铁氰化钾氧化生成红色醌类化合物。根据红色深浅可以测定酶活力高低，从而计算出酶的活力单位。

碱性磷酸酶蛋白含量测定采用考马斯亮蓝染色法。考马斯亮蓝与蛋白着色，在一定浓度范围内蛋白质含量与颜色深浅成正比。根据测得的酶制剂蛋白毫克数及酶活力单位数计算比活力，可鉴定酶的纯化程度。

【试剂与器材】

1. 试剂、材料

（1）0.5mol/L醋酸镁溶液 称取醋酸镁（相对分子质量214.45）107.25g溶于蒸馏水中，稀释至1000mL。

（2）0.1mol/L醋酸钠溶液 称取醋酸钠（相对分子质量82.03）8.2g溶于蒸馏水中，稀释至1000mL。

（3）0.01mol/L醋酸镁-醋酸钠混合液 取0.5mol/L醋酸镁20mL，0.1mol/L醋酸钠

100mL，混匀后加蒸馏水稀释至 1000mL。

（4）丙酮。

（5）95% 乙醇。

（6）正丁醇。

（7）pH8.8 Tris-醋酸镁缓冲液　称取三羟甲基氨基甲烷（Tris）12.1g，用蒸馏水溶解并稀释至 1000mL，即成 0.1mol/L Tris 溶液。取 100mL 0.1mol/L Tris 溶液，加 800mL 蒸馏水、100mL 0.1mol/L 醋酸镁，混匀后用 1% 醋酸调 pH 至 8.8，再用蒸馏水稀释至 1000mL 即可。

（8）复合底物液　称取磷酸苯二钠 6g、4-氨基安替比林 3g，分别溶于煮沸并冷却后的蒸馏水中，两液混合并稀释至 1000mL。加入 4mL 氯仿，贮存于棕色瓶内，置冰箱中保存。此液可用一周，使用时 0.1mol/L pH 10.0 碳酸盐缓冲液等量混合即可。

（9）0.1mol/L pH 10.0 碳酸盐缓冲液　称取 Na_2CO_3 6.36g 及 $NaHCO_3$ 3.36g 溶于蒸馏水中，溶解后稀释至 1000mL。

（10）0.5% 铁氰化钾溶液　称取铁氰化钾 5g、硼酸 15g，分别溶于 400mL 蒸馏水中。溶解后将两液混合，加蒸馏水至 1000mL。置于棕色瓶中，暗处保存。

（11）酚标准液　称取重结晶酚 1.5g 溶于 0.1mol/L HCl 中，并用此盐酸稀释至 1000mL 即成贮备液。取上述酚液 25mL 于 250mL 碘量瓶中，加 50mL 0.1mol/L NaOH 并加热至 65℃，再加入 0.1mol/L 碘液 25mL，盖好瓶塞，放置 30min 后，加浓盐酸 5mL，再以 0.1% 淀粉液作指示剂，用 0.1mol/L 标准 $Na_2S_2O_3$ 滴定，滴定反应如下：

$$3I_2 + C_6H_5OH \longrightarrow C_6H_2I_3(OH) + 3HI$$
$$I_2 + 2Na_2S_2O_3 \longrightarrow 2NaI + Na_2S_4O_6$$

根据上述反应，3 分子碘（相对分子质量 254）与 1 分子酚（相对分子质量 94）起作用，因此每毫升 0.1mol/L 碘溶液（含碘 12.7mg）所相当的酚毫克数为 $\frac{12.7 \times 94}{3 \times 254} = 1.567$。假设 0.1mol/L 碘液 25mL 与 25mL 酚液作用后，剩余的碘用 $Na_2S_2O_3$ 滴定为 XmL，则 25mL 酚溶液中所含酚量为 $(25-X) \times 1.567$，由此推算酚贮备液浓度。最后将贮备液稀释成 0.1mg/mL 应用液。

（12）标准蛋白溶液　称取牛血清白蛋白 100mg 溶于 9g/L NaCl 溶液，稀释至 100mL。

（13）考马斯亮蓝试剂　称取考马斯亮蓝 G-250 100mg 溶于 50mL 95% 乙醇，加入 100mL 85% 磷酸（质量浓度），用蒸馏水稀释至 1000mL。

（14）新鲜兔肝或兔肾。

2. 器材

可见分光光度计；低速离心机；吸量管（0.1mL，5mL，10mL）；试管及试管架；恒温水浴锅；玻璃组织匀浆器；烧杯（100mL，500mL）；刻度离心管。

【操作方法】

1. 碱性磷酸酶的分离纯化

（1）匀浆　称取新鲜兔肝 2g 或兔肾 1g，剪碎，置于玻璃组织匀浆器中，加入 0.01mol/L 醋酸镁-醋酸钠混合液 6mL，匀浆 3~4min。匀浆液倒入刻度离心管，记录体积。取 0.1mL 于另一试管中，加 4.9mL pH8.8 Tris-醋酸镁缓冲液稀释，作为 A 液，待测比活力用。

（2）提取　加 2mL 正丁醇于匀浆液中，用玻棒充分搅拌 2min，室温放置 20min。纱布过滤，滤液置于刻度离心管中。

（3）丙酮沉淀　滤液中加入等体积的冷丙酮，混匀，3000r/min 离心 5min。将上清液倒弃，在沉淀中加入 0.5mol/L 醋酸镁 4mL，用玻棒充分搅拌使其溶解，记录悬液体积。取 0.1mL 于另一试管中，加入 pH8.8 Tris 醋酸镁缓冲液 4.9mL，作为 B 液待测比活力用。

（4）分步分离　于悬液中加入冷 95% 乙醇，使乙醇最终浓度达 30%，混匀，2000r/min 离心 5min。将上清液倒入另一离心管中，弃沉淀。上清液中加入冷 95% 乙醇，使乙醇最终浓度达 60%，混匀，3000r/min 离心 5min。弃上清液，沉淀中加入 0.5mol/L 醋酸镁 3mL，充分混匀，记录体积。取 0.1mL 于另一试管中，加 pH8.8 Tris–醋酸镁缓冲液 2.9mL，作为 C 液待测比活力用。

（5）其余悬液中加入冷丙酮，使丙酮最终浓度达 33%，混匀，2000r/min 离心 5min。弃沉淀，上清液中加入冷丙酮，使丙酮最终浓度达 50%，混匀，3000r/min 离心 5min。弃上清液，沉淀中加入 pH8.8 Tris–醋酸镁缓冲液 5mL，混匀，2000r/min 离心 5min。上清液为部分纯化的酶液，作为 D 液用于比活力测定。

2. 碱性磷酸酶的活力测定

（1）取 6 支试管，编号，按表 3–22 操作。

（2）加入复合底物液后，立即混匀，在 37℃水浴中准确保温 15min。保温结束后，各管加入 0.5% 铁氰化钾液 2.0mL，立即混匀以终止酶促反应。静置显色 15min，以空白管调零，于 510nm 波长处比色。

表 3–22　碱性磷酸酶的活力测定

试剂	试管编号					
	1	2	3	4	标准	空白
各阶段稀释酶液/mL	0.1	0.1	0.1	0.1	—	—
酚标准液/mL	—	—	—	—	0.1	—
pH8.8 Tris–醋酸镁缓冲液/mL	—	—	—	—	—	0.1
预热至 37℃复合底物液/mL	3.0	3.0	3.0	3.0	3.0	3.0

（3）酶活力计算　规定在 37℃下与底物作用 15min 产生 1mg 酚为 1 个酶活力单位。故每毫升酶液中的酶活力单位数为：

$$\frac{A_{测}}{A_{标}} \times 标准管中酚含量(mg) \times \frac{1}{0.1} \times 稀释倍数$$

3. 碱性磷酸酶蛋白质含量测定

（1）取 6 支试管，编号，按表 3–23 操作。

各管充分混匀，2min 后以空白管调零，于 595nm 波长处比色。

（2）蛋白质含量计算。

$$蛋白质含量 = \frac{A_{测}}{A_{标}} \times 标准管蛋白含量 \times \frac{1}{0.1} \times 稀释倍数$$

表 3-23　　　　　　　　　　　碱性磷酸酶蛋白质含量测定

试剂	试管编号				标准	空白
	1	2	3	4		
各阶段酶液/mL	0.1	0.1	0.1	0.1	—	—
pH8.8 Tris-醋酸镁缓冲液/mL	—	—	—	—	—	0.1
蛋白质标准液/mL	—	—	—	—	0.1	—
考马斯亮蓝试剂/mL	5.0	5.0	5.0	5.0	5.0	5.0
	各管充分混匀,静置2min					
A_{595}						

4. 比活力及得率的计算

（1）比活力计算：

$$碱性磷酸酶比活力 = \frac{每毫升样品的酶活力单位数}{每毫升样品蛋白毫克数}$$

（2）纯化倍数计算：

$$纯化倍数 = \frac{各阶段酶的比活力(B、C、D)}{纯化前的比活力(A)}$$

（3）得率计算：

$$碱性磷酸酶各阶段得率 = \frac{各阶段酶总活力(B、C、D)}{纯化前匀浆(A)中酶的总活力} \times 100\%$$

【结果处理】

将实验结果填入表 3-24。

表 3-24　　　　　　　　　　　碱性磷酸酶分离纯化结果

分离阶段	总体积/mL	蛋白含量/(mg/mL)	总蛋白质/mg	酶活力/(U/mL)	总活力/U	比活力/(U/mg)	纯化倍数	得率/%
匀浆（A液）								
第一次丙酮沉淀（B液）								
第二次乙醇沉淀（C液）								
第二次丙酮沉淀（D液）								

【要点提示】

1. 分清实验过程中每次离心后保留的是上清液，还是沉淀。

2. 由前述碱性磷酸酶分离纯化过程可见，A液、B液均稀释50倍，C液稀释30倍，D液未稀释，如D液颜色过深则需适当稀释后再测定。

3. 比色应在显色后1h内完成。

【思考题】

酶的纯度可用哪些方法表示？

实验 27　糖酵解中间产物的鉴定

【目的要求】

1. 掌握糖酵解中间产物的鉴定方法和原理。

2. 熟悉通过酶的抑制作用调节代谢途径。

3. 通过碘乙酸和硫酸肼的作用，了解使中间产物堆积的方法在研究中间代谢中的意义。

【实验原理】

酵母中含有糖酵解反应所需要的所有酶类。在一系列酶的催化下，正常的代谢作用持续向前进行，中间产物的浓度往往很低，不易分析鉴定。若加入某种专一性的酶抑制剂，使代谢中间产物积累，则便于观察和分析鉴定。

3-磷酸甘油醛是糖酵解的中间产物，利用碘乙酸对 3-磷酸甘油醛脱氢酶的抑制作用，使 3-磷酸甘油醛不再向前变化而积累，硫酸肼作为稳定剂，可以保护 3-磷酸甘油醛不会自发分解。在碱性条件下，2,4-二硝基苯肼与 3-磷酸甘油醛反应生成 2,4-二硝基苯腙-丙糖的红棕色复合物，其颜色的深浅与 3-磷酸甘油醛含量成正比。

【试剂与器材】

1. 试剂、材料

（1）0.56mol/L 硫酸肼溶液　称取 7.28g 硫酸肼溶于 50mL 蒸馏水中，加入 NaOH 使其 pH 7.4 时即全部溶解，溶后加蒸馏水至 100mL。

（2）2,4-二硝基苯肼溶液　称取 0.1g 2,4-二硝基苯肼溶于 100mL 2mol/L HCl 溶液中，贮于棕色瓶中备用。

（3）5% 葡萄糖溶液。

（4）10% 三氯乙酸溶液。

（5）0.75mol/L NaOH 溶液。

（6）0.002mol/L 碘乙酸溶液。

（7）新鲜酵母或活性干酵母。

2. 器材

电子天平；恒温水浴锅；移液管（1mL，2mL，5mL，10mL）；旋涡混合器；漏斗；试管及试管架；滤纸。

【操作方法】

1. 取 3 支试管，编号，分别加入新鲜酵母 1g（或干酵母 0.5g）。按表 3-25 加入试剂。

2. 将 3 支试管分别置旋涡混合器混匀，同时放入 37℃ 恒温水浴 40~50min。观察各试管顶端产生气泡量有何区别。

3. 记录各试管中产生的气泡量。第 2、3 支试管立即按表 3-26 补充加入试剂，并充分混匀。

4. 静置 10min，滤纸过滤。另取 3 支试管，编号，按表 3-27 操作。

表 3-25　　　　　　　　　鉴定糖酵解中间产物加入试剂

管号	试剂				保温后气泡生成量
	5% 葡萄糖/mL	10% 三氯乙酸/mL	碘乙酸/mL	硫酸肼/mL	
1	10	2.0	1.0	1.0	
2	10	—	1.0	1.0	
3	10	—	—	—	

表 3-26　　　　　　　　　补充加入试剂

管号	试剂		
	10% 三氯乙酸/mL	碘乙酸/mL	硫酸肼/mL
2	2.0	—	—
3	2.0	1.0	1.0

表 3-27　　　　　　　　　颜色反应加入试剂

管号	试剂					生成的颜色
	滤液/mL	0.75mol/L NaOH/mL		2,4-二硝基苯肼/mL	0.75mol/L NaOH/mL	
1	1.0	0.5	室温放置 10min	0.5	37℃水浴 保温 10min	3.5
2	1.0	0.5		0.5		3.5
3	1.0	0.5		0.5		3.5

【要点提示】

明确碘乙酸、硫酸肼、三氯乙酸的作用。

【思考题】

1. 发酵过程中各试管产生的气泡量有何不同，为什么？
2. 各试管最后生成的颜色有何不同，为什么？

实验 28　脂肪酸的 β-氧化

【目的要求】

1. 理解脂肪酸的 β-氧化作用。
2. 了解测定丙酮含量的原理。

【实验原理】

脂肪酸的 β-氧化是脂类分解代谢的重要途径，在动物肝脏中进行。脂肪酸经 β-氧化作用生成乙酰辅酶 A。2 分子乙酰辅酶 A 可缩合生成乙酰乙酸，乙酰乙酸可经脱羧作用生成丙酮，也可以还原生成 β-羟丁酸。乙酰乙酸 β-羟丁酸和丙酮统称为酮体。

本实验用新鲜肝糜与丁酸保温,生成的丙酮可借碘仿反应来测定,即用过量的碘(定量)在碱性条件下与丙酮作用,生成碘仿,以标准硫代硫酸钠($Na_2S_2O_3$)溶液在酸性环境中滴定剩余的碘,从而可计算出丙酮的生成量。反应式如下:

$$2NaOH + I_2 \longrightarrow NaIO + NaI + H_2O \quad (1)$$

$$CH_3COCH_3 + 3NaIO \longrightarrow CH_3I(碘仿) + CH_3COONa + 2NaOH \quad (2)$$

剩余的碘,可用标准 $Na_2S_2O_3$ 溶液滴定。

$$NaIO + NaI + 2HCl \longrightarrow I_2 + 2NaCl + H_2O \quad (3)$$

$$I_2 + 2Na_2S_2O_3 \longrightarrow Na_2S_4O_6 + 2NaI \quad (4)$$

由(1)、(2)、(3)、(4)的反应化学方程式可得出:

$$1CH_3COCH_3 \sim 3NaIO \sim 3I_2 \sim 6Na_2S_2O_3$$

因此每消耗 1mol 的 $Na_2S_2O_3$ 相当于生成了 1/6mol 的丙酮;根据滴定样品与滴定对照所消耗的 $Na_2S_2O_3$ 溶液体积之差,可以计算出由丁酸氧化生成丙酮的量。

【试剂与器材】

1. 试剂

(1)0.5%(质量浓度)淀粉溶液。

(2)0.9%(质量浓度)NaCl 溶液。

(3)0.5mol/L 丁酸溶液。

(4)15%(质量浓度)三氯乙酸溶液。

(5)10%(质量浓度)NaOH 溶液。

(6)10%(体积分数)盐酸溶液。

(7)0.1mol/L I_2 溶液 称取碘 12.7g 和 KI 25g,溶于蒸馏水中,稀释到 1000mL,混匀,用标准 0.05mol/L $Na_2S_2O_3$ 溶液标定。

(8)标准 0.01mol/L $Na_2S_2O_3$ 溶液(临用时将已标定的 0.05mol/L $Na_2S_2O_3$ 溶液稀释成 0.01mol/L)。

(9)1/15mol/L pH7.6 磷酸缓冲液 1/15mol/L Na_2HPO_4 溶液 86.8mL 与 1/15mol/L NaH_2PO_4 溶液 13.2mL 混合。

2. 器材

恒温水浴锅;5mL 微量滴定管;移液管;剪刀及镊子;组织匀浆器;50mL 锥形瓶;漏斗;滤纸;家兔。

【操作方法】

1. 肝糜制备

(1)将家兔颈部放血处死,取出肝脏;用 0.9%NaCl 溶液洗去污血;用滤纸吸去表面的水分。

(2)称取肝组织 5g 置研钵中,加少量 0.9%NaCl 溶液,研磨成细浆。再加 0.9%NaCl 溶液至总体积 10mL,得肝组织糜。

2. 酮体生成和沉淀蛋白质

取 50mL 锥形瓶 2 只,编号,并按表 3-28 操作提取酮体。

表 3-28　　酮体的生成

试剂	锥形瓶编号	
	1 号（样品）	2 号（对照）
1/15mol/L pH7.6 磷酸缓冲液/mL	3	2
0.5mol/L 丁酸溶液/mL	2	—
肝组织糜/mL	2	2
	混匀，置于 43℃恒温水浴内保温 1.5h	
15% 三氯乙酸溶液/mL	3	3
0.5mol/L 丁酸溶液/mL	—	2
	混匀，静置 15min，过滤，滤液分别收集于 2 支试管中	

3. 酮体的测定

另取 50mL 锥形瓶 2 只并编号，按表 3-29 操作进行酮体的测定。

混匀后立即用 0.01mol/L 标准 $Na_2S_2O_3$ 溶液滴定剩余的碘，滴至浅黄色时，记录滴定 1 号瓶与 2 号瓶溶液所用 $Na_2S_2O_3$ 溶液的毫升数，并按下式计算样品中的丙酮含量。

表 3-29　　酮体的测定

试剂	锥形瓶编号	
	1 号（样品）	2 号（对照）
1 号瓶滤液/mL	2	—
2 号瓶滤液/mL	—	2
0.1mol/L 碘溶液/mL	3	3
10% NaOH 溶液/mL	3	3
	摇匀，静置 10min	
10% 盐酸溶液/mL	3	3
0.5% 淀粉溶液/mL	3	3

4. 计算

$$肝脏的丙酮含量(mmol/g) = (V_{对照} - V_{样品}) \times c \div 6$$

式中　$V_{对照}$——滴定对照所消耗的标准 $Na_2S_2O_3$ 溶液的体积，mL；

　　　$V_{样品}$——滴定样品所消耗的标准 $Na_2S_2O_3$ 溶液的体积，mL；

　　　c——标准 $Na_2S_2O_3$ 溶液的浓度（mol/L）。

【要点提示】

1. 所用材料必须新鲜，以保证肝脏细胞内酶的活性；肝组织要在冰浴中研磨成细浆。

2. 在 43℃恒温水浴内保温，其目的是在酶的作用下让丁酸充分反应；三氯乙酸的作用是使肝匀浆的蛋白质、酶变性，发生沉淀并终止反应。

3. 为减少误差，应尽量缩短滴定样品瓶和对照瓶的时间间隔；滴定终点均为浅黄色，滴定结束后样品瓶和对照瓶中的溶液颜色应一致。

实验29 氨基移换作用的定性鉴定

【目的要求】

1. 学习一种鉴定氨基移换作用的简便方法及其原理。
2. 进一步掌握纸层析的原理和操作技术。
3. 了解氨基移换作用在中间代谢中的意义。

【实验原理】

氨基移换酶也称转氨酶。它能催化 α-氨基酸的氨基与 α-酮酸的 α-酮基互换，这种作用称为氨基移换作用。转氨酶在生物体内蛋白质的合成与分解，糖、脂肪、蛋白质三类物质代谢的相互联系、相互转化中都起着很重要的作用。转氨酶的种类甚多，任何一种氨基酸进行转氨作用时，都由其专一的转氨酶催化，它们的最适 pH 接近 7.4。在各种转氨酶中，以谷氨酸-丙酮酸转氨酶（简称 GPT）及谷氨酸-草酰乙酸转氨酶（简称 GOT）活力最强。催化反应如图 3-16 所示。

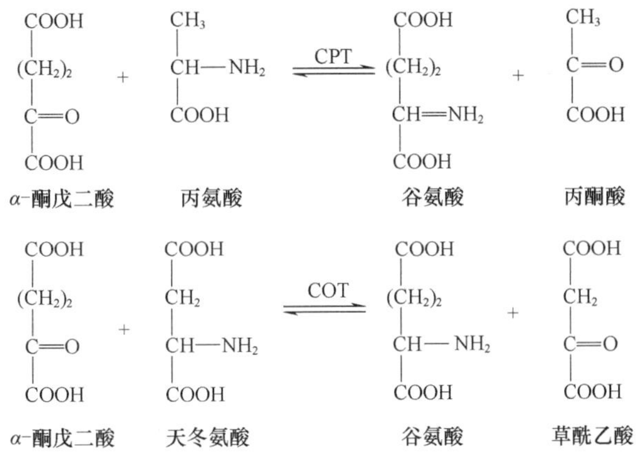

图 3-16 转氨酶催化反应

上述两种酶均广泛存在于生物机体中，在正常人血清中也有少量存在。机体发生肝炎、心肌梗死等病变时，血清中转氨酶活力常显著增加，在临床上转氨酶活性的测定是诊断的重要参考指标。

本实验利用纸上层析法（层析原理见实验 5）分离与鉴定动物肝脏中谷丙转氨酶（GPT）催化丙氨酸与 α-酮戊二酸生成谷氨酸，证实肝脏组织中发生的氨基移换作用。

【试剂与器材】

1. 试剂

（1）0.01mol/L pH 7.4 磷酸缓冲液 0.2mol/L Na_2HPO_4 溶液 81mL 与 0.2mol/L NaH_2PO_4 溶液 19mL 混匀，用蒸馏水稀释 20 倍。

（2）0.1mol/L 丙氨酸溶液 称取丙氨酸 0.89g，先溶于少量 0.01mol/L pH 7.4 磷酸缓冲

液中，以 1mol/L NaOH 仔细调至 pH 7.4，然后用磷酸缓冲液稀释至 100mL。

（3）0.1mol/L α-酮戊二酸溶液　称取 α-酮戊二酸 1.461g，先溶于少量 0.01mol/L pH7.4 磷酸缓冲液中，以 1mol/L NaOH 仔细调至 pH7.4，再用磷酸缓冲液稀释至 100mL。

（4）0.1mol/L 谷氨酸溶液　称取谷氨酸 0.735g，先溶于少量 0.01mol/L pH7.4 磷酸缓冲液中，以 1mol/L NaOH 仔细调至 pH 7.4，再用磷酸缓冲液稀释至 100mL。

（5）0.5% 茚三酮-丙酮溶液　称取茚三酮 0.5g，溶于 100mL 丙酮中。

（6）80% 苯酚溶液。

（7）新鲜动物肝脏。

2. 器材

恒温水浴锅；尺子；铅笔；培养皿；表面皿；毛细管；组织匀浆器；喷雾器；吹风机；电炉；层析滤纸（新华 1 号）。

【操作方法】

1. 肝匀浆制备

取新鲜的动物肝脏 1g，置组织匀浆器中，加入 9mL 冰冷的 0.01mol/L pH 7.4 磷酸缓冲液，迅速研成匀浆。

2. 氨基移换反应

（1）取干燥试管 2 支，分别标明测定管与对照管，各加入肝匀浆 10 滴。测定管放入 37℃ 水浴保温 10min，对照管放入沸水浴中煮沸 10min。取出用流水冷却。

（2）于两管中各加入 0.1mol/L 丙氨酸 0.5mL、0.1mol/L α-酮戊二酸 0.5mL 和 0.01mol/L pH7.4 磷酸缓冲液 1.5mL，摇匀，同置 37℃ 水浴 1h。取出，将测定管放入沸水浴中 5min 以终止反应，流水冷却。两管分别过滤到干燥小试管（标明"测定""对照"）中，留待层析用。

3. 纸上层析法鉴定

（1）洗净手后，取直径 12.5cm 圆形滤纸一张，以滤纸中心为圆心，用圆规做半径为 1cm 的圆，通过圆心用铅笔做两条相互垂直的线，在底线上用铅笔等距离点 4 个点，标明 1、2、3、4（图 3-17）。取 4 根毛细管，分别在 1、3 处点测定管和对照管，2、4 处点丙氨酸和谷氨酸。点子扩散直径控制在 0.1~0.2cm 内。点样时，必须待第 1 滴样品用冷风吹干后，再点第 2 滴，如此反复 3~5 次。

（2）在滤纸圆心处打一小孔（如铅笔芯大小），另取同类滤纸约 1cm²，下一半剪成须状，卷成圆筒，如灯芯，插入小孔（勿使突出滤纸面）。

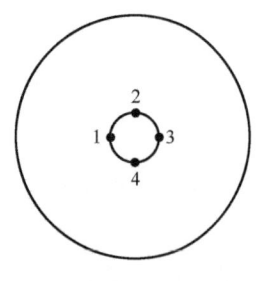

图 3-17　层析滤纸图

（3）将直径为 5cm 的表面皿置于培养皿正中，取苯酚层析溶剂 4mL 放入表面皿中。将滤纸平放在培养皿上，使灯芯浸入溶剂中，将另一相同直径培养皿反盖其上（图 3-18）。层析中溶剂沿灯芯上升到滤纸，再向四周扩展。待溶剂前缘距滤纸边缘约 1cm 时，取出滤纸，用铅笔描出溶剂扩展边缘，滤纸用吹风机吹干或在 60℃ 烘箱中烤干。

（4）将滤纸平放于培养皿上，用喷雾器喷上茚三酮-丙酮

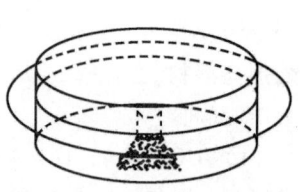

图 3-18　纸层析装置

溶液，立即用吹风机热风吹干。这时在滤纸的不同位置上可见有紫红色的斑点出现，用铅笔描出斑点及溶剂前沿的边缘，米尺测量各斑点中心与原点的距离及原点与溶剂前沿的距离。

4. 计算与结果

层析后，样品在图谱上的位置即在纸上的移动速度用 R_f 值表示：

$$R_f = \frac{原点到斑点中心的距离}{原点到溶剂前沿的距离}$$

计算各斑点的 R_f 值，判定测定管和对照管中分离得到的是何种氨基酸。

【要点提示】

1. 手上的汗渍会污染滤纸，层析前必须先洗干净手或带上一次性手套再拿滤纸。
2. 操作中层析用滤纸不要折叠，以免影响层析效果。
3. 点样时，将滤纸放在一张洁净的纸上进行操作。尽量少用手接触滤纸，以免玷污。

【思考题】

比较各斑点的位置和颜色深浅，解释测定管和对照管的 R_f 值为什么不同？

实验30　饱食、饥饿、肾上腺素、胰岛素对肝糖原含量的影响

【实验目的】

1. 实验验证影响肝糖原含量的几种因素。
2. 学习肝糖原的定量测定方法。

【实验原理】

肝脏是哺乳动物调节血糖浓度最重要的器官，对血糖浓度的变化很敏感。当动物饱食后，为防止血糖浓度过高，肝糖原合成增强，储备糖；饥饿时，为防止血糖浓度下降，肝糖原分解，释出葡萄糖。血糖浓度的恒定受激素信号的调节控制，如肾上腺素和胰岛素是作用相拮抗的两种激素，通过一系列酶促机制，调节血糖，影响肝糖原的含量；肾上腺素加速糖原分解，使血糖水平升高；胰岛素则促进糖原合成，是体内唯一的降低血糖的激素。

糖原是一种高分子化合物，微溶于水，无还原性。提取肝糖原是利用三氯乙酸破坏肝组织中的酶，使肝组织中的蛋白质沉淀，而糖原仍留在溶液中。加热时，糖原被酸水解为葡萄糖。蒽酮试剂中的浓硫酸可使糖原水解的葡萄糖进一步脱水生成糖醛衍生物，后者和蒽酮作用，形成的蓝绿色物质在620nm处有最大吸收值，可与同法处理的葡萄糖标准液比色进行肝糖原含量测定。

【试剂与器材】

1. 试剂

（1）5%（质量浓度）三氯乙酸。

（2）0.9%（质量浓度）生理盐水。

（3）葡萄糖标准液　含纯葡萄糖0.1mg/mL。

（4）肾上腺素　将0.1%（质量浓度）肾上腺素注射液用生理盐水准确稀释50倍，使

其浓度为20μg/mL。

(5) 胰岛素　将市售胰岛素用生理盐水稀释至0.1U/mL。

(6) 蒽酮试剂　取蒽酮2g溶于1000mL 80%（体积分数）硫酸中，当日配制使用。

2. 器材

可见光分光光度计；玻璃匀浆器；注射器；50mL容量瓶；剪刀；小漏斗；滤纸；白瓷盘；小白鼠（成年鼠，体重30g左右）；镊子。

【操作方法】

1. 处理动物

将成年小白鼠（30g左右）分为4组，3组饲喂（饱食），1组禁食（至实验时应禁食18~24h）。实验前0.5~1h取2只饱食小白鼠，1只腹腔注射肾上腺素15μg，另1只注射胰岛素0.05~0.1U。

2. 制备肝匀浆

将4只小白鼠（饱食、饥饿、注射肾上腺素、注射胰岛素）在白瓷盘中断头处死，取肝脏，用生理盐水冲洗并用滤纸吸干，分别称取0.5g（或1g），置组织匀浆器中，加入5%三氯乙酸3mL，匀浆。

3. 水解糖原

将匀浆液分别转入4支试管中，沸水浴煮沸15min，使肝糖原水解，水解液冷却后，分别过滤于4只50mL容量瓶中，以无离子水定容。

4. 显色定量

取试管6支，编号，按表3-30中加入试剂，分别读出各测定管及标准管的A_{620}值。

表3-30　　　　　　　　　　　肝糖原水解液的显色

试剂	试管编号					
	1（饿）	2（饱）	3（肾）	4（胰）	S（标准）	U（对照）
肝糖原提取液/mL	0.5	0.5	0.5	0.5	—	—
葡萄糖标准溶液/mL	—	—	—	—	0.5	—
无离子水/mL	—	—	—	—	—	0.5
蒽酮试剂/mL	5.0	5.0	5.0	5.0	5.0	5.0
			沸水浴10min			
A_{620}						调零

5. 计算结果

按公式：

$$肝糖原质量(g) = (A_{测}/A_{标}) \times (1/1.11)$$

计算出100g肝脏所含肝糖原的克数。

注：1.11为转换系数，葡萄糖的相对分子质量为180，糖原中葡萄糖残基为162，葡萄糖转换成糖原需除以1.11。

【要点提示】

1. 不要戏弄动物，否则影响血糖，以致影响肝糖原含量。

2. 肝脏离体后，肝糖原会迅速分解，故在杀死动物后，所得肝脏须迅速用三氯乙酸溶液处理。

【思考题】

1. 肝糖原含量的动态变化对维持血糖水平有何意义？

2. 肾上腺素、胰岛素调节血糖水平的机制是什么？

第四章 生物化学综合实验

实验1 天然产物中多糖的提取、纯化与鉴定

（一）多糖的提取、纯化

【目的要求】

了解多糖提取和纯化的一般方法。

【实验原理】

多糖类物质是除蛋白和核酸之外的又一类重要的生物分子。早在20世纪60年代，人们就发现多糖具有复杂的生物活性和功能。它可以调节免疫功能，促进蛋白质和核酸的生物合成，调节细胞的生长，提高生物活性和功能。它可以调节免疫功能，促进蛋白质和核酸的生物合成，调节细胞的生长，提高生物体的免疫力，具有抗肿瘤和抗艾滋病等功效。

由于高等真菌多糖主要是细胞壁多糖，多糖组分主要存在于小纤维网状结构交织的基质中，利用多糖溶于水而不溶于酶等有机溶剂的特点，通常采用热水浸提后用酒精沉淀的方法，对多糖进行提取。影响多糖提取率的因素很多，如浸提温度、时间、加水量以及脱杂的发法等，都会影响多糖的得率。

多糖的纯化，就是除去存在于粗多糖的杂质而获得单一的多糖组分。一般是先脱除非多糖组分，再对多糖组分进行分级。常用的除去多糖中蛋白质的方法有：Sevag法、三氟三氯乙烷法、三氯醋酸法，这些方法的原理是使多糖不沉淀而使蛋白质沉淀，其中Sevag方法脱蛋白质的方法效果较好，它是用氯仿∶戊醇或正丁醇，以4∶1比例混合，加到样品中使蛋白质变性成不溶状态，用离心方法除去。

本实验采用Sevag法（氯仿∶正丁醇=4∶1混合摇匀）进行脱蛋白质，用DEAE Sepharose层析柱进行纯化，然后合并多糖高峰部分，浓缩后透析、冻干，得多糖物质。

【试剂与器材】

1. 试剂

平衡缓冲溶液：0.01mol/L Tris – HCl，pH为7.2。

洗脱液A：0.1mol/L NaCl，0.01mol/L Tris – HCl，pH为7.2。

洗脱液B：0.1mol/L NaCl，0.01mol/L Tris – HCl，pH为7.2。

氯仿、正丁醇、乙醇（95%）等，均为分析纯。

2. 材料

灰树花子实体。

3. 器材

旋转真空蒸发仪；摇床；离心机；层析柱（26mm×10cm）；恒温振荡器。

【操作方法】

1. 粗多糖的提取

将灰树花子实体切碎烘干后称量，采用热水浸泡提取法，每次原料和水比例均为1:5，浸提温度为70~80℃，浸提时间3~5h，共提取4次，合并4次浸提液。真空旋转蒸发浓缩，浓缩1倍体积。对多糖提取液需进行脱色处理，（以1%的比例加入活性炭，搅拌均匀15min后过滤）。在浓缩液中加入3倍体积的乙醇（95%）搅拌，沉淀为多糖和蛋白质的混合物，此为粗多糖。它只是一种多糖的混合物，其中可能存在中性多糖、酸性多糖、单糖、低聚糖、蛋白质和无机盐，必须进一步分离纯化。

2. 粗多糖的纯化

粗多糖溶液加入Sevag试剂（氯仿:正丁醇=4:1混合摇匀）后，置恒温振荡器中振荡过夜，使蛋白质充分沉淀，再用3000r/min离心分离，去除蛋白质。然后浓缩、透析，加入4倍体积的乙醇沉淀多糖，将沉淀冻干。

取样品0.1g溶于10mL平衡缓冲液中。上样用洗脱液A和洗脱液B进行线性洗脱，分部收集。各管用硫酸苯酚法检测多糖。合并多糖高峰部分，浓缩后透析、冻干，即得多糖。

（二）多糖的鉴定

【目的要求】

（1）了解薄层层析法分析单糖组分的原理和方法。

（2）了解红外光谱法鉴定多糖的原理和方法。

【实验原理】

采用薄层层析法分析单糖组分。薄层层析显色后，比较多糖水解所得单糖斑点的颜色和 R_f 值与不同单糖标样参考斑点的颜色和 R_f，确定样品多糖的单糖组分。

多糖的分析、鉴定一般借助于气相色谱（GC）、高效液相色谱（HPLC）、红外光谱（LR）和紫外光谱（UV）等技术，气相（液相）色谱－质谱（GC/HPLC－MS）联用技术成为分析多糖更为有效的手段。

本实验利用红外光谱对多糖进行鉴定。多糖类物质的官能团在红外谱图上表现为相应的特征吸收峰，可以根据其特征吸收峰来鉴定糖类物质。O—H 的伸缩振动吸收峰在 $3650~3590cm^{-1}$，C—H 的伸缩振动吸收峰在 $2962~2853cm^{-1}$，C=O 的振动峰为 $1510~1670cm^{-1}$ 之间的吸收峰，C—H 的弯曲振动吸收峰为 $1485~1445cm^{-1}$，吡喃环结构的 C—O 吸收峰为 $1090cm^{-1}$。

【试剂与器材】

1. 试剂

浓硫酸，氢氧化钡，硅胶，0.3mol/L 磷酸二氢钠，多糖。

展开剂：正丁醇:乙酸乙酯:异丙醇:醋酸:水:吡啶＝7:20:12:7:6:6。

显色剂：1,3－二羟基萘硫酸溶液（0.2% 1,3－二巯基萘乙醇溶液）:浓硫酸＝1:

0.04（体积比）。

单糖标准品。

2. 器材

不锈钢锅；电磁炉；玻璃板；傅里叶变换红外光谱仪。

【操作方法】

1. 单糖组分分析

（1）薄层板制备　称取硅胶5g，置于50mL烧杯中，加入12mL 0.3mol/L磷酸二氢钠水浴，用玻璃棒慢慢搅拌至硅胶分散均匀，然后铺在玻璃板（7.5cm×10cm）上，110℃下活化1h，立即放入有干燥剂的干燥箱中备用。

（2）点样　称取少许的多糖（0.1g）于2.0mL离心管中，加入1mol/L的硫酸1mL，沸水浴水解2h，然后加氢氧化钡中和至中性，过滤除去硫酸钡沉淀，得多糖水解澄清液。以此水解液和单糖标准品点样，进行薄层层析展开：用点样器点样于薄层板上，一般为圆点，点样基线距底边2.0cm，点样直径为2~3mm，点间距离为1.5~2.0cm，点间距离可视斑点扩散情况以及不影响检出为宜。点样时必须注意勿损伤薄层表面。

（3）展开　展开时预先用展开剂饱和，将点好样品的薄层板放入展开室的展开剂中，浸入展开剂的深度为距薄层板底边0.5~1.0cm（切勿将样点浸入展开剂中），密封，等展开至规定距离（一般为10~15cm），取出薄层板，晾干。

（4）显色　将展开晾干后的薄板再在100℃烘箱内烘烤30min，将显色剂均匀地喷洒在薄板上，此板在110℃下烘烤10min即可显色。

薄层显色后，将样品图谱与标准样图谱进行比较，参考斑点颜色、相对位置及R_f值，确定样品中有哪几种糖。

2. 红外光谱在多糖分析上的应用

将冻干后的样品用KBr压片，在4000~400cm^{-1}区间内红外光谱扫描，有如下多糖特征吸收峰：3401cm^{-1}（O—H），2919cm^{-1}（C—H），1381cm^{-1}及1076cm^{-1}（C—O）。在900cm^{-1}处的吸收峰说明该多糖以β-糖苷键链接。在N—H变角振动区1650~1550cm^{-1}处有明显的蛋白质吸收峰，表明该样品是多糖蛋白质复合物。

实验2　鸡卵类黏蛋白的分离与纯化

【目的要求】

1. 掌握从鸡蛋清中提取鸡卵类黏蛋白的原理及方法。
2. 了解凝胶过滤层析、离子交换层析的工作原理和操作技术。
3. 掌握紫外吸收法测定蛋白质含量的原理及计算方法。

【实验原理】

鸡卵类黏蛋白是由鸡蛋清中提取的一种糖蛋白，可强烈地抑制胰蛋白酶，常用于胰蛋白酶学性质的研究，也可将其制成亲和吸附剂，通过亲和层析技术有效地分离与纯化胰蛋白酶。

鸡卵类黏蛋白在中性或酸性溶液中对热及高浓度的脲、有机溶剂都相当稳定，而在碱性溶液中不稳定，尤其是当温度较高时会迅速失活。它在10%三氯乙酸或50%丙酮溶液中有较好的溶解度。选择合适的pH及适当浓度的三氯乙酸或丙酮，可以从蛋清中除去大量的非卵类黏蛋白，获得鸡卵类黏蛋白的粗提液。

含盐或其他小分子的蛋白质混合溶液，在经过凝胶层析柱时，大分子蛋白质不能进入凝胶内部而沿凝胶颗粒间的空隙以较快的速度最先流出柱外，而相对分子质量较低的盐或其他小分子物质则可以进入凝胶内部的微孔中，所以向下移动的速度较慢而最后流出柱外。这样鸡卵类黏蛋白粗提液经过凝胶柱层析后可以除去小分子物质（盐）而得到初步纯化。

初步纯化的鸡卵类黏蛋白，经 DEAE – 纤维素离子交换柱进一步纯化，可除去少量的杂蛋白，得到鸡卵类黏蛋白的纯溶液。

本实验先将鸡蛋清用三氯乙酸溶液处理，离心后去除沉淀物，然后由丙酮分级沉淀获得粗品，经 Sephadex G – 25 柱层析脱盐，DEAE – 纤维素离子交换柱层析纯化，再经透析及丙酮沉淀进一步纯化，最后真空干燥可得到鸡卵类黏蛋白合格产品。

鸡卵类黏蛋白在280nm处的消光系数$A_{1cm}^{1\%}=4.13$，即蛋白质浓度为1mg/mL时溶液的吸光度$A_{280}=0.413$，据此可以测定鸡卵类黏蛋白的含量。

【试剂与器材】

1. 试剂

（1）丙酮。

（2）新鲜鸡蛋。

（3）0.5mol/L HCl 溶液。

（4）Sephadex G – 25。

（5）DEAE – 纤维素粉。

（6）10% pH1.15 三氯乙酸（TCA） 将称取的三氯乙酸置烧杯内，加入2/3体积的蒸馏水溶解，用6mol/L NaOH 调至约 pH1.15，静置约1h，然后在 pH 计上校正至 pH1.15，最后补充水到所配体积。

（7）0.5mol/L NaOH – 0.5mol/L NaCl 溶液。

（8）0.02mol/L pH6.5 磷酸盐缓冲液。

（9）0.3mol/L NaCl – 0.02mol/L pH6.5 磷酸盐缓冲液。

2. 器材

恒温水浴锅；752 紫外分光光度计；低速离心机；pH 酸度计；核酸蛋白质检测仪；真空干燥器；烧结漏斗（G – 3）；抽滤瓶；层析柱（25mm×300mm，15mm×200mm）；布氏漏斗（80mm）；电磁炉；不锈钢锅；透析袋；离心管；贮液瓶。

【操作方法】

1. 鸡卵类黏蛋白的提取

（1）取1个鸡蛋清，加入等体积的10% pH1.15 三氯乙酸溶液，这时出现大量白色沉淀，充分搅匀后，此时溶液的 pH 应是 3.5±0.2，若偏离此值，用 5mol/L NaOH 或 5mol/L HCl 调至 pH3.5。继续搅拌 10min，室温下静置 4h 以上。

（2）4000r/min 离心 10min。收集上清液，再用滤纸过滤，除去上清液中脂类物质及其他不溶物。收集滤液转入 100mL 烧杯内。检查滤液的 pH 是否为 3.5，否则要调到 pH3.5。然后缓慢加入3倍体积预冷的丙酮，用玻璃棒搅匀并用保鲜膜封严，冰浴放置2~4h。

（3）待鸡卵类黏蛋白完全沉淀后，小心虹吸出部分上清液，剩余浑浊液转移到离心管中，3500r/min 离心10min，弃去上清液，将有沉淀的离心管置于真空干燥器内。抽气，除去残留丙酮。

（4）将离心管中鸡卵黏蛋白加20mL蒸馏水，玻璃棒搅拌溶解，滤纸过滤除去不溶物。将滤液用 Sephadex G-25 层析柱脱盐或透析袋除盐。

2. Sephadex G-25 柱层析脱盐

（1）凝胶的处理　量取100mL Sephadex G-25（已溶胀好）加入到250mL烧杯中，加入200mL 0.02mol/L pH6.5 的磷酸盐缓冲液，于沸水浴中加热1h。冷却后用真空干燥器脱气。

（2）装柱　选用25mm×300mm层析柱，垂直夹于铁架台上。关闭层析柱出水口，然后在搅拌下将浆状的凝胶缓缓地倾入柱中，使之自然沉降，打开柱出水口，调节合适流速，使凝胶继续沉集。待沉集的胶面上升至距柱上口3~5cm时关闭层析柱出水口。

（3）平衡　打开核酸蛋白检测仪及记录仪电源开关。将贮液瓶中加入0.02mol/L，pH6.5 的磷酸盐缓冲液，与层析柱上端接口连接。再将层析柱出水口与核酸蛋白检测仪比色池进液口相连（下口）。开启柱出水口夹子，调节流速2mL/min，用约2倍体积的缓冲液平衡。流出液在核酸蛋白检测仪上绘出稳定的基线即可上样。

（4）上样　关闭柱上、下口夹子，用滴管小心吸出层析柱上层液体。打开柱出水口，使残余液体降至与胶面相切，立即关闭出水口。吸取蛋白提取液在距离床面1mm处沿柱内壁轻轻转动加到凝胶床表面，打开出水口夹子，调节流速15滴/min，使样品流入凝胶床内，直到与胶面相切，立即用1mL 0.02mol/L pH 6.5 的磷酸盐缓冲液冲洗柱壁，使其缓慢进入凝胶床内，然后在胶面上端加入3~4cm洗脱液，并将上端接口与贮液瓶连接。

（5）洗脱　控制流速15滴/min，开始洗脱，在检测仪上观察到开始出峰时开始收集。将收集的蛋白液体放置冰箱，准备进一步用 DEAE-纤维素柱层析纯化。

3. DEAE-纤维素柱层析纯化

通过上述方法获得的鸡卵类黏蛋白溶液仍含有少量的卵清清蛋白。由于二者的等电点不同，采用 DEAE-纤维素离子交换层析可以将二者分开。

（1）DEAE-纤维素的处理　称取10g DEAE-纤维素粉，置于250mL烧杯中，加入150mL 0.5mol/L NaOH-0.5mol/L NaCl 溶液浸泡20min。然后用布氏漏斗抽滤。蒸馏水洗至pH8.0 左右，抽干。再移至250mL烧杯中，加入150mL HCl 溶液浸泡20min，转移到布氏漏斗内，抽滤，用蒸馏水洗至pH6.0 左右，最后转移到烧杯内，用150mL 0.02mol/L pH6.5 磷酸盐缓冲液浸泡约15min，经真空干燥器脱气后装柱。

（2）装柱　选用15mm×200mm层析柱，垂直夹于铁架台上。将脱气后的 DEAE-纤维素装入柱内（装柱操作同上）。用pH6.5 磷酸盐缓冲液平衡，流出液在核酸蛋白质检测仪上绘出稳定的基线即可加样。

（3）吸附　将经 Sephadex G-25 脱盐后的卵类黏蛋白粗提液上样吸附，调节流速15滴/min，待样品全部流入柱床后，再用pH6.5 的磷酸盐缓冲液平衡，目的是洗去未被吸附的杂蛋白，直至基线稳定。

（4）改用含0.3mol/L NaCl-0.02mol/L pH6.5 的磷酸盐缓冲液洗脱，收集出峰蛋白液体。如果在前面的提取过程中条件控制得适宜，提取的鸡卵类黏蛋白是较纯的，洗脱时可能不出现鸡卵清蛋白峰（第1峰）。柱层析图谱见图4-1。

4. 鸡卵类黏蛋白纯品的制备

（1）透析除盐　将收集的鸡卵类黏蛋白装入透析袋内，用蒸馏水进行透析，隔一段时间换一次水，直至经1% AgNO$_3$溶液检查无氯离子为止。

（2）调pH　量透析后鸡卵类黏蛋白样品体积，转移到烧杯内。吸取1mL透析液置小试管中（测定蛋白含量用），剩余溶液小心用1mol/L HCl调至pH4.0。

（3）丙酮沉淀　加入3倍体积的预冷丙酮（若pH准确，此时应出现大量沉淀），用塑料薄膜封严，冰箱内静置4h或过夜。

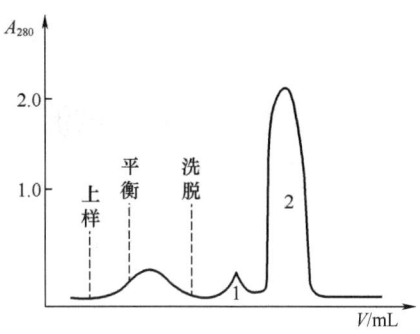

图4-1　鸡卵类黏蛋白在DEAE-纤维素柱上的洗脱曲线

（4）离心　虹吸出部分上清液，将沉淀部分转移到离心管内，于3500r/min离心10min，弃去上清液，收集沉淀。

（5）干燥　将盛有沉淀的离心管放入真空干燥器中干燥，即可得到透明胶状物的鸡卵类黏蛋白。保存好，以备鉴定其纯度用。

5. 鸡卵类黏蛋白含量测定

将待测透析液样品稀释5~10倍，以蒸馏水作空白对照，测定A_{280}鸡卵类黏蛋白含量。

【结果处理】

1. 根据公式计算鸡卵类黏蛋白总含量（mg）。
2. 鸡卵类黏蛋白的产率（%）=100mL鸡蛋清得到鸡卵类黏性蛋白的毫克数。
3. 绘制Sephadex G-25柱层析分离鸡卵类黏蛋白的层析图。
4. 绘制DEAE-纤维素离子交换柱层析分离鸡卵类黏蛋白的层析图。

【要点提示】

1. 在鸡卵类黏蛋白的制备过程中，最重要的环节是掌握好溶液的pH，这是实验成败的关键。鸡卵类黏蛋白在10% pH3.5的三氯乙酸溶液中有很好的溶解度，只有小量的（约5%）沉淀，而鸡卵清蛋白则会出现大量（约95%）的沉淀，因此，只要将提取液的pH严格控制在pH3.5，可以将鸡卵类黏蛋白和鸡卵清蛋白基本分开，而且鸡卵类黏蛋白的产率也比较高。

2. 经10%三氯乙酸提取鸡卵类黏蛋白的上清液及DEAE-纤维素离子交换层析后的透析液都要用丙酮沉淀鸡卵类黏蛋白，在加丙酮之前，一定要先将溶液的pH精确调至所规定的范围，否则加入丙酮后不会出现沉淀或者只出现极少的沉淀，而且事后难以弥补。

3. 消光系数的定义：芳香族氨基酸在280nm处有最大吸收峰。蛋白质分子中含有芳香族氨基酸的数量以及分子的紧密程度有差异，在280nm处的光吸收强弱不同。在一定条件下，一种纯的蛋白质在280nm处的光吸收值是一个常数。符号$A_{1cm}^{1\%}$表示该蛋白质溶液在浓度为1%（质量浓度），光程为1cm条件下的吸光值。

【思考题】

1. 在鸡卵黏蛋白的提取分离及纯化过程中，直接影响产率的是哪几步？应当注意什么？
2. 简述分离纯化鸡卵黏蛋白主要应用了蛋白质的什么性质及哪些生化技术？

实验3　凝胶过滤层析法测定蛋白质相对分子质量

【目的要求】

1. 了解凝胶层析的基本原理及其应用。
2. 学习利用凝胶层析法测定蛋白质相对分子质量的实验技能。

【实验原理】

凝胶层析法也称分子筛层析法，是利用具有一定孔径大小的多孔凝胶对混合物中各组分按分子大小不同进行分离的层析技术。该法广泛应用于分离、提纯、浓缩生物大分子及脱盐、去热源等，而测定蛋白质的相对分子质量也是它的重要应用之一。

凝胶是一种具有立体网状结构且呈多孔的不溶性珠状颗粒物质，每个颗粒的结构及筛孔的直径均匀一致，像筛子，小的分子可以进入凝胶网孔，而大的分子则排阻于颗粒之外。当含有分子大小不一的蛋白质的混合物样品加到用此类凝胶颗粒装填而成的层析柱上时，这些物质即随洗脱液的流动而发生移动。大分子物质沿凝胶颗粒间隙随洗脱液移动，流程短，移动速率快，先从柱中流出；而小分子物质通过凝胶网孔进入颗粒内部，然后再扩散出来，故流程长，移动速度慢，最后流出柱外。一些中等大小的分子介于大分子与小分子之间，只能进入一部分凝胶较大的孔隙，即部分排阻，因此这些分子从柱中流出的顺序也介于大、小分子之间。这样样品经过凝胶层析后，分子便按照从大到小的顺序依次流出，达到分离的目的。

对于任何一种被分离的化合物在凝胶层析柱中被排阻的范围均在 0～100% 之间，其被排阻的程度可以用有效分配系数（K_{av}）（分离化合物在内水和外水体积中的比例关系）表示，K_{av} 值的大小和凝胶柱床的总体积（V_t）、外水体积（V_o）以及分离物本身的洗脱体积（V_e）有关：

在限定的层析条件下，V_t 和 V_o 都是恒定值，而 V_e 随着分离物相对分子质量的变化而改变。相对分子质量大，V_e 值小，K_{av} 值也小。反之，相对分子质量小 V_e 值大，K_{av} 值大。

外水体积 V_o 是指凝胶柱中凝胶颗粒周围空间的体积，一般常用蓝色葡聚糖 - 2000 作为测定外水体积的物质。柱床体积 V_t 是凝胶柱所能容纳的总体积。可用下式计算：

$$V_t = \pi \times (D/2) \times h$$

式中　π——常数 3.14；

D——柱直径；

h——凝胶床的高度。

也可加入一定量的水至层析柱预定标记处，然后测量水的体积。洗脱体积 V_e 是指将样品中某一组分洗脱下来所需洗脱液的体积。它包括自加入样品时算起，到组分最大浓度出现（洗脱峰尖）时所流出的体积。V_e 一般是介于 V_o 和 V_t 之间的。对于完全排阻的大分子由于其不进入凝胶颗粒内，故其洗脱体积 $V_e = V_o$。对于完全渗透的小分子由于它可以存在于凝胶柱整个体积内，故其洗脱体积 $V_e = V_t$。相对分子质量介于二者之间的分子，它们的洗脱体积也介于二者之间。

K_{av} 是判断分离效果的一个重要参数，同时也是测定蛋白质相对分子质量的一个依据。在相同层析条件下，被分离物质 K_{av} 值差异越大，分离效果越好。反之，分离效果差或根本不能分开。在实际的实验中，我们可以实测出 V_t、V_o 及 V_e 的值，从而计算出 K_{av} 的大小。对于某一特定型号的凝胶，在一定的相对分子质量范围内，K_{av} 与 $\lg M_r$ 呈线性关系：

$$K_{av} = -b\lg M_r + c$$

其中 b，c 为常数。

同样可以得到：

$$V_e = -b'\lg M_r + c'$$

其中 b'、c' 为常数。即 V_e 与 $\lg M_r$ 也呈线性关系。我们可以通过在一凝胶柱上分离多种已知相对分子质量的蛋白质后，并根据上述的线性关系绘出标准曲线，然后用同一凝胶柱测出其他未知蛋白的相对分子质量。

【试剂与器材】

1. 试剂

（1）标准蛋白质混合液（2～3mg/mL KCl－乙酸溶液配制），牛血清白蛋白（相对分子质量 67000），鸡卵白蛋白（相对分子质量 43000），胰凝乳蛋白酶原 A（相对分子质量 25000）和溶菌酶（相对分子质量 14300）。

（2）0.025mol/L KCl－0.2mol/L 乙酸溶液（洗脱液）。

（3）2mg/mL 蓝色葡聚糖－2000，配成质量浓度为 2g/L 的溶液。

（4）Sephadex G－75。

2. 器材

层析柱（1.1cm×100cm）；核酸蛋白检测仪；贮液瓶；电磁炉；铁架台；记录仪；烧杯。

【操作方法】

1. 凝胶的处理

称取 7g Sephadex G－75 干粉于 250mL 烧杯中，加入洗脱液 100mL，置室温溶胀 24h，然后于沸水浴中煮沸 1～2h。冷却后用真空干燥器抽尽凝胶中的空气。

2. 装柱与平衡

（1）取洁净的玻璃层析柱垂直固定在铁架台上。

（2）凝胶柱总体积（V_t）的测定，在距柱上端约 5cm 处做一记号，关闭柱出水口，加入水，待液面降至柱记号处即关闭出水口，然后用量筒接收柱中水（水面降至层析柱玻璃筛板），读出的体积即为柱床总体积 V_t。也可最后走完未知蛋白后再测定 V_t。

（3）在柱内加入约 1/4 柱床高度的洗脱液，然后在搅拌下，将浓浆状的凝胶连续地倾入柱中，使之自然沉降，待凝胶沉降 2～3cm 后打开出水口，调节合适的流速，使凝胶继续沉集，至待沉集的胶面上升到柱记号处则装柱完毕。

（4）用眼睛观察柱内凝胶是否均匀，有无"纹路"或气泡。若层析柱床不均一，必须重新装柱。

（5）柱装好后，将柱上端接口与贮液瓶连接，用 2～3 倍体积的洗脱液平衡层析柱，使柱床稳定。

3. V_o 的测定

（1）用滴管吸去柱上端的洗脱液，打开出水口，使残余液体降至与胶面相切时立即关闭出水口。

(2) 用滴管吸取 0.5mL 蓝色葡聚糖 – 2000 溶液，小心地绕柱壁一圈（距胶面 2mm）缓慢加入，再打开出水口（开始收集），待溶液完全渗入柱床后，用少量洗脱液小心沿管壁洗柱 1~2 次，然后在柱上端加入 3~4cm 高度洗脱液。

(3) 将柱上端接口与贮液瓶连接，柱出口端与核酸蛋白检测仪比色池进液口连接（下管），以 3mL/10min 流速开始洗脱。收集并测量从加样开始至洗脱液中蓝色葡聚糖 – 2000 浓度最高点（峰尖）洗脱液体积，该数值即为 V_o。

4. 标准曲线的绘制

(1) 按上述测定 V_o 的操作加入 1mL 标准蛋白混合液，以 3mL/10min 流速洗脱并收集。

(2) 根据洗脱峰位置，分别测量各标准蛋白质洗脱峰最高点的洗脱液体积（V_e）。

(3) 以蛋白质相对分子质量的对数 $\lg M_r$ 为纵坐标，V_e 为横坐标绘制标准曲线。

(4) 以蛋白质相对分子质量的对数 $\lg M_r$ 为纵坐标，K_{av} 为横坐标绘制标准曲线。

5. 未知样品相对分子质量的测定

完全按照标准曲线的条件操作。根据紫外检测的洗脱峰位置，收集并测量待测蛋白样品洗脱体积 V_e。也可以代入公式计算出 K_{av}，分别由标准曲线查得其样品的相对分子质量。

【结果处理】

1. 绘制蓝色葡聚糖 – 2000 洗脱曲线。
2. 绘制标准蛋白质洗脱曲线。
3. 绘制待测蛋白样品洗脱曲线。
4. 绘制 $\lg M_r$ – K_{av} 标准曲线，确定待测蛋白样品相对分子质量。

【要点提示】

1. 各接头不能漏气，连接用的小乳胶管不要有破损，否则造成漏气、漏液。操作过程中，层析柱内液面不断下降，则表示整个系统有漏气之处，应仔细检查并加以纠正。

2. 装柱要均匀，流速不宜过快，避免因此而压紧凝胶。但也不宜过慢，使柱装得太松，导致层析过程中，凝胶床高度下降。

3. 始终保持柱内液面高于凝胶表面，否则水分挥发，凝胶变干。也要防止液体流干，使凝胶混入大量气泡，影响液体在柱内的流动，导致分离效果变坏，不得不重新装柱。

4. 洗脱用的液体应与凝胶溶胀所用液体相同，否则，由于更换溶剂引起容积变化，从而影响分离效果。

【思考题】

1. 生化实验中常用的凝胶有哪些种类？各有何特点？
2. 凝胶层析除用于测定蛋白质相对分子质量外，还有何用途？

实验 4　SDS – PAGE 法测定蛋白质相对分子质量

【目的要求】

1. 了解 SDS – PAGE 垂直板电泳法的基本原理。

2. 掌握 SDS – PAGE 法测定蛋白质相对分子质量的技术。

【实验原理】

聚丙烯酰胺凝胶是由单体丙烯酰胺（Acr）和交联剂 N,N – 亚甲基双丙烯酰胺（Bis）在加速剂四甲基乙二胺（TEMED）和催化剂过硫酸铵（AP）共同作用下聚合交联而成的三维网状结构的凝胶，以此凝胶为支持物的电泳称为聚丙烯酰胺凝胶电泳（PAGE）。

蛋白质在 PAGE 时，它的迁移率取决于它所带净电荷以及分子的大小和形状等因素。如果在聚丙烯酰胺凝胶系统中加入十二烷基硫酸钠（SDS），则蛋白质分子的电泳迁移率主要取决于它的相对分子质量，而与所带电荷和形状无关，因此可以利用 SDS – PAGE 测定蛋白质相对分子质量。

SDS 是一种阴离子去污剂，能够破坏蛋白质分子内和分子间的氢键，使蛋白质变性而改变其原有的构象，并同蛋白质分子充分结合形成带负电荷的蛋白质 – SDS 复合物。强还原剂巯基乙醇可以打开蛋白质分子内的二硫键使这种结合更加充分。一定量的 SDS 与蛋白质分子结合后，所带负电荷的量远远超过了蛋白质原有的净电荷，从而消除了不同种蛋白质之间所带净电荷的差异。因此，在电泳过程中，迁移率仅取决于蛋白质 – SDS 复合物的大小，也可以说是取决于蛋白质相对分子质量的大小。当蛋白质相对分子质量在 15000 ~ 200000 之间时，样品的迁移率与其相对分子质量的对数呈线性关系，符合下列方程：

$$\lg M_r = K - b m_r$$

式中　M_r——蛋白质的相对分子质量；

　　　K——常数；

　　　b——斜率；

　　　m_r——相对迁移率。

在条件一定时，b 和 K 均为常数。

将已知相对分子质量的标准蛋白质的迁移率对相对分子质量的对数作图，可获得一条标准曲线（图 4 – 2 所示）。未知蛋白质在相同条件下进行电泳，根据它的电泳迁移率即可在标准曲线上求得相对分子质量。

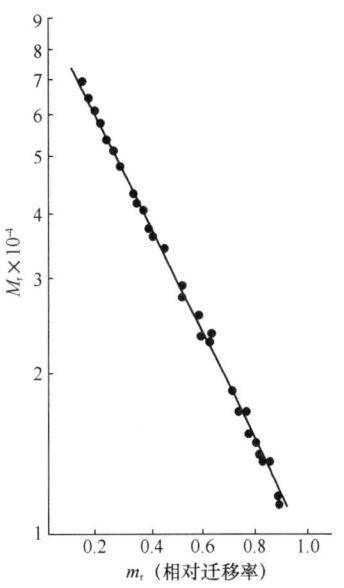

图 4 – 2　蛋白质的相对分子质量与相对迁移率的关系

【试剂与器材】

1. 试剂

（1）标准蛋白质　根据待测蛋白质的相对分子质量大小，选择 6 种已知相对分子质量的蛋白质纯品作为标准蛋白质（marker）。标准蛋白质相对分子质量见表 4 – 1。

表 4 – 1　　　　　　　　　标准蛋白质的相对分子质量

标准蛋白质	相对分子质量
兔磷酸化酶 B	97400
牛血清清蛋白	67000
兔肌动蛋白	43000

续表

标准蛋白质	相对分子质量
牛碳酸酐酶	31000
胰蛋白酶抑制剂	20100
鸡蛋清溶菌酶	14400

(2) 1%（体积分数）TEMED 溶液　取 1mL TEMED，加蒸馏水至 100mL，置棕色瓶中，4℃冰箱中保存。

(3) 10%（质量浓度）过硫酸铵溶液（AP）　取过硫酸铵 1g，溶解于 10mL 蒸馏水中。现配现用。

(4) 0.05mol/L pH8.0 Tris-HCl 缓冲溶液　称取 Tris 0.6g，加入 50mL 蒸馏水使之溶解，再加入 3mL 1mol/L HCl 溶液，混匀后用 pH 计调 pH 至 8.0，最后加蒸馏水至 100mL。

(5) 蛋白质样品溶解液　SDS 100mg，巯基乙醇 0.1mL，甘油 1.0mL，溴酚蓝 2mg，Tris-HCl 缓冲溶液 2mL，加蒸馏水至总体积 10mL。

(6) 分离胶缓冲溶液　Tris 36.3g，加入 1mol/L HCl 溶液 48mL，再加入蒸馏水定容至 100mL，pH8.9。

(7) 浓缩胶缓冲溶液　Tris 5.98g，加 1mol/L HCl 溶液 48mL，加蒸馏水至 100mL，pH6.7。

(8) 凝胶贮液　丙烯酰胺（Acr）30.0g，Bis 0.8g，加蒸馏水至 100mL。

(9) 10% SDS 溶液　将 1g SDS 溶于 10mL 蒸馏水中，50℃水浴加热。

(10) 电极缓冲溶液　取 SDS 1g，Tris 6g，甘氨酸（Gly）28.8g，加蒸馏水至 1000mL，pH8.3。

(11) 固定液　取 50%甲醇 454mL，冰醋酸 46mL，混匀。

(12) 染色液　1.25g 考马斯亮蓝 R-250，加 454mL 50%甲醇溶液和 46mL 冰醋酸，混匀。

(13) 脱色液　取冰醋酸 75mL，甲醇 50mL，加蒸馏水 875mL。

2. 器材

迷你双垂直板电泳槽；PE 手套；白瓷盘；电磁炉；直流稳压电源；移液枪及吸头；微波炉；大培养皿。

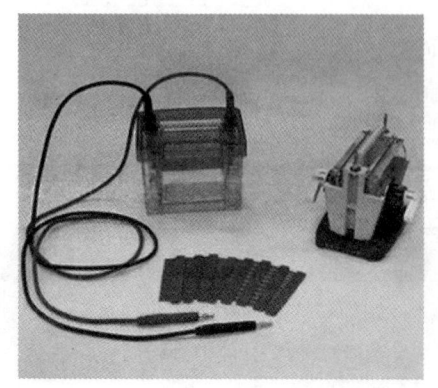

图 4-3　迷你双垂直板电泳槽

【操作方法】

1. 安装双垂直板电泳槽

双垂直板电泳装置（图 4-3），主要由装有铂丝电极的主体、上盖、下槽组成。附带有制备凝胶的原位制胶器、玻璃板、梳子、凝胶密封垫、单胶替代板、楔形板等。

(1) 用洗洁精浸透海绵擦洗玻璃板，然后用自来水冲洗，晾干。

(2) 将长、短玻璃板组成的制胶板放入电极主体两侧，短玻璃板在内侧，用楔形板压好。

（3）将已插好玻璃板的电极主体平放在底座上，选择不同的厚度（1.0mm 和 1.5mm），双手同时用力拧紧底座上的塑料手柄。

（4）检测制胶板是否漏水，在玻璃板下端与硅胶密封垫交界的缝隙加入融化的 1% 琼脂。其目的是封住空隙，凝固后的琼脂中应避免有气泡。

2. 凝胶的制备

（1）分离胶的制备　根据所测蛋白质的相对分子质量范围，选择某一合适的分离胶浓度。按表 4-2 所列的试剂用量配制分离胶和浓缩胶。

表 4-2　　　　　SDS-不连续系统不同浓度凝胶配制用量表

贮液	配制 20mL 不同浓度的分离凝胶所需试剂用量/mL					配制 10mL 3% 浓缩胶/mL
	7%	10%	12%	15%	20%	
凝胶贮液	4.67	6.67	8	10	12.6	
分离胶缓冲溶液	5.0	5.0	5.0	5.0	5.0	
凝胶贮液	—	—	—	—	—	1
浓缩胶缓冲溶液	—	—	—	—	—	1.25
10% SDS 溶液	0.2	0.2	0.2	0.2	0.2	0.1
1% TEMED 溶液	2	2	2	2	2	2
蒸馏水	7.93	5.93	4.6	2.6	—	5.55
以上溶液混合后抽气 10min						
10% 过硫酸铵溶液	0.2	0.2	0.2	0.2	0.2	0.1

将制备的分离胶溶液沿着凝胶的长玻璃片的内面加至长、短玻璃板间的窄缝内，用 1mL 注射器或移液枪沿短玻璃板边缘轻轻加一层重蒸水（用于隔绝空气，使胶面平整）。约 1h 分离胶完全聚合，用窄滤纸条吸去残留的水。

（2）浓缩胶的制备　按表 4-2 配制浓缩胶，将凝胶溶液加到已聚合的分离胶上方，直至距短玻璃片上缘 0.5cm 处，轻轻将"梳子"插入浓缩胶内（插入"梳子"的目的是使胶液聚合后，在凝胶顶部形成数个相互隔开的凹槽）。在胶面上加入蒸馏水，30~60min 后浓缩胶聚合，再放置 30min。垂直胶面小心拔去"梳子"，放出蒸馏水，将 pH8.3 的电极缓冲溶液倒入内、外槽中，内槽液面应没过短板。

（3）蛋白质样品的处理

①标准蛋白质样品的处理。将 marker 开封后分装于 50 个离心管中备用。

②待测蛋白质样品的处理。称待测蛋白质样品 1mg，按 1mg/mL 溶液比例加入样品溶解液，然后将其转移到离心管中，盖上盖子，在沸水浴中加热 3min，取出冷至室温后加样。如待测样品已在溶液中，可先配制"浓样品溶解液"（各种溶质的浓度均比"样品溶解液"高 1 倍），将待测液与"浓样品溶解液"等体积混匀，然后同上加热。

（4）加样　用移液枪分别取 10μL 待测样品液，小心将样品加到凝胶凹形样品槽底部。标准蛋白 marker 5μL 加到正中央的凹槽中，待测蛋白样品分别加到左、右两边的凹槽中，做好标记。

（5）电泳　将电泳仪的正、负极分别与电泳槽的正、负极连接，打开电泳仪开关，选择恒流，将电流控制在 15~20mA，待样品进入分离胶后，电流调到 30~50mA。当溴酚蓝染料距硅胶框 1cm 时，停止电泳，关闭电源。

（6）剥胶与固定　电泳结束后，取下楔形板，拿出凝胶板，用移液枪的枪头轻轻撬动短玻璃板，将胶与玻璃板分开，凝胶板切下一角作为加样标记，然后用移液枪在胶与玻璃板之间注入 1mL 蒸馏水，凝胶板滑入白瓷盘或大培养皿内，加入固定液，固定 2h 或过夜。

（7）染色与脱色　倾出固定液，加入染色液，染色 2~4h。染色完毕，倾出染色液，用蒸馏水将胶面漂洗数次，然后加入脱色液。数小时换一次脱色液，直至蛋白质区带清晰为止。

【结果处理】

将大培养皿放在一张坐标纸上，量出加样端距细铜丝间的距离（cm）以及蛋白质样品区带中心与加样端的距离，按下式计算：

$$相对迁移率(m_r) = 样品距加样端迁移距离(cm) / 染料距加样端迁移距离(cm)$$

以标准蛋白质相对分子质量的对数对相对迁移率作图，得到标准曲线（如图 4-2 所示）。根据未知样品相对迁移率可直接在标准曲线上查出其相对分子质量。

【要点提示】

1. 灌胶时不能有气泡，以免电泳时影响电流的通过。
2. 加样槽内不能有气泡，如有气泡，可用注射器针头挑除。
3. 凝胶浓度的选择：根据待测样品估计的相对分子质量，选择凝胶浓度。相对分子质量在 25000~200000 的蛋白质选用终浓度为 5% 的凝胶；相对分子质量 10000~70000 的蛋白质选用 15% 的凝胶；在此范围内样品的相对分子质量的对数与迁移率呈直线关系。

【思考题】

1. 在样品溶解液中 SDS、巯基乙醇、甘油及溴酚蓝的作用分别是什么？
2. 在 SDS-PAGE 中，分离胶与浓缩胶中均含有 TEMED 和 AP，试述其作用。

实验 5　植物中超氧化物歧化酶（SOD）的分离纯化

【目的要求】

1. 了解有机溶剂沉淀蛋白质以及纤维素离子交换柱层析方法的原理。
2. 掌握测定超氧化物歧化酶活力和比活力的方法。

【实验原理】

（一）SOD 的性质

超氧化物歧化酶（SOD），是一种生物活性蛋白质，是人体不可缺少的氧自由基清除剂，也是目前为止发现的唯一的以自由基为底物的酶。

SOD 金属蛋白酶，对 pH、热和蛋白酶水解等反应比一般酶稳定。

它广泛存在于各类生物体内，按其所含金属离子的不同，可分为 3 种：铜锌超氧化物歧化酶（Cu·Zn-SOD）、锰超氧化物歧化酶（Mn-SOD）和铁超氧化物歧化酶（Fe-SOD）。

SOD 催化如下反应：　　　　　$O_2^- + O_2^- + 2H^+ \longrightarrow H_2O_2 + O_2$

（二） SOD 的分离提取

蛋白质包括酶的分离纯化方法很多，主要有：①根据蛋白质溶解度不同的分离方法，包括蛋白质的盐析、等电点沉淀法、低温有机溶剂沉淀法；②根据蛋白质分子大小的差别的分离方法，包括透析与超滤、凝胶过滤法；③根据蛋白质带电性质进行分离，包括电泳法、离子交换层析法。④根据配体特异性的分离方法——亲和色谱法。

1. 酶的提取纯化

在分离制备时首先将植物细胞破碎，用提取液制备粗酶液。经加热变性、有机溶剂沉淀除去大量杂蛋白，再用 DEAE-纤维素柱层析或 DEAE-葡聚糖柱层析纯化，可得到更纯的酶。经过以上分离纯化步骤后，酶可提纯 100 倍以上。

大部分酶都可溶于水、稀盐、稀酸或碱溶液，少数与脂类结合的蛋白质则溶于乙醇、丙酮、丁醇等有机溶剂中，因此，可采用水溶液提取、分离和纯化酶。稀盐和缓冲系统的水溶液对酶稳定性好、溶解度大，是提取酶最常用的溶剂，通常用量是原材料体积的 1~5 倍，提取时需要均匀地搅拌，以利于酶的溶解。提取的温度要视有效成分性质而定。一方面，多数酶的溶解度随着温度的升高而增大，因此，温度高利于溶解，缩短提取时间。但另一方面，温度升高会使酶变性失活，因此，基于这一点考虑提取酶时一般采用低温（5℃以下）操作。

由于 SOD 是金属酶，其金属离子对热有稳定的影响，所以 SOD 对热比较稳定。一般情况下，SOD 表现出短时间的耐热性能。据资料报道当反应温度为 88℃，时间为 15~30min 时对酶活力的影响不大，而一般杂蛋白在 55℃ 以上时就容易变性。因此，采用热击变性法对粗酶进行处理，以除去一部分杂蛋白。

极性有机溶剂能引起蛋白质脱去水化层，并降低介电常数而增加带电质点间的相互作用，致使蛋白质颗粒凝集而沉淀。采用这种方法沉淀蛋白质时，要求在低温下操作，并且需要尽量缩短处理时间，避免蛋白质变性。为此选用低温有机溶剂沉淀法进一步纯化酶。

$Cu·Zn-SOD$ 的 pI 为 6.8，将上一步收集的 SOD 丙酮沉淀物溶于蒸馏水中，在 pH7.8 的条件下，$Cu·Zn-SOD$ 带负电，过 DEAE-32 纤维素阴离子交换柱可得到进一步纯化。

离子交换层析是依据各种离子或离子化合物与离子交换剂的结合力不同而进行分离纯化的。离子交换层析的固定相是离子交换剂，它是由一类不溶于水的惰性高分子聚合物基质通过一定的化学反应共价结合某种电荷基团形成的。离子交换剂可以分为三部分：高分子聚合物基质、电荷基团和平衡离子。电荷基团与高分子聚合物共价结合，形成一个带电的可进行离子交换的基团。平衡离子是结合于电荷基团上的相反离子，它能与溶液中其他的离子基团发生可逆的交换反应。平衡离子带正电的离子交换剂能与带正电的离子基团发生交换作用，称为阳离子交换剂；平衡离子带负电的离子交换剂与带负电的离子基团发生交换作用，称为阴离子交换剂。

离子交换剂有阳离子交换剂（如羧甲基纤维素、CM-纤维素）和阴离子交换剂（二乙氨基乙基纤维素、DEAE-纤维素），当被分离的蛋白质溶液流经离子交换层析柱时，带有与离子交换剂相反电荷的蛋白质被吸附在离子交换剂上，随后可通过改变 pH 或离子强度将吸附的蛋白质洗脱下来。

离子交换柱层析基本装置及操作方法如下。

(1) 柱层析的基本装置　柱层析的基本装置如图 4-4 所示。

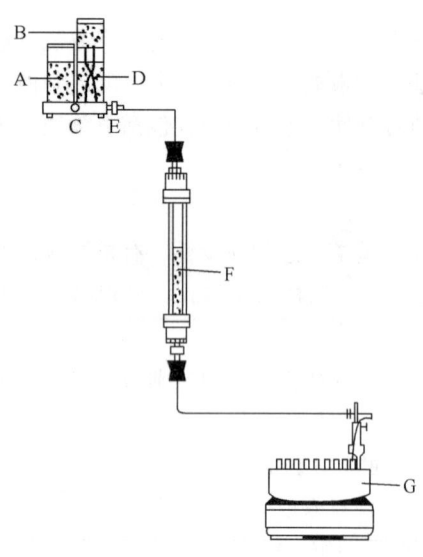

图 4-4　柱层析的基本装置示意图

(2) 柱层析的基本操作　柱层析的基本操作包括以下一些步骤。

①装柱。柱子装得质量好与差，是柱层析法能否成功分离、纯化物质的关键步骤之一。一般要求柱子装得要均匀，不能分层，柱子中不能有气泡等。否则要重新装柱。

首先选好柱子，根据层析的基质和分离目的而定。一般柱子的直径与长度比为 1：(10～50)，凝胶柱可以选 1：(100～200)，同时将柱子洗涤干净。

将层析用的基质（如吸附剂、树脂、凝胶等）在适当的溶剂或缓冲液中溶胀，加适量 1mol/L NaOH 溶液，搅匀后放置 15min，用 G3 烧结漏斗抽滤，水洗至中性，滤饼悬浮于 1mol/L HCl 溶液中，搅匀后放置 10min 后用 G3 烧结漏斗抽滤，水洗至中性，滤饼再悬浮于 1mol/L NaOH 溶液中，抽滤，水洗至中性，并真空抽气（吸附剂等与溶液混合在一起），以除去其内部的气泡。最后将滤饼悬浮于层析柱平衡缓冲液中待用。

关闭层析柱出水口，并装入 1/3 柱高的缓冲液，并将处理好的吸附剂等缓慢地倒入柱中，使其沉降约 3cm 高。

打开出水口，控制适当流速，使吸附剂等均匀沉降，并不断加入吸附剂溶液（吸附剂的多少根据分离样品的多少而定）。注意不能干柱、分层，否则必须重新装柱。

最后使柱中基质表面平坦并在表面上留有 2～3cm 高的缓冲液，同时关闭出水口（可采用机械化装柱法）。

②平衡。柱子装好后，要用 pH7.8，2.5mmol/L 磷酸钠缓冲液作层析柱平衡液平衡柱子。用恒流泵在恒定压力下走柱子（平衡与洗脱时的压力尽可能保持相同）。平衡液体积一般为 3～5 倍柱床体积，以保证平衡后柱床体积稳定及基质充分平衡。

③加样。加样量的多少直接影响分离的效果。一般讲，加样量尽量少些，分离效果比较好。通常加样量应少于 20% 的操作容量，体积应低于 5% 的床体积，对于分析性柱层析，一般不超过床体积的 1%。当然，最大加样量必须在具体条件下多次试验后才能决定。

应注意的是，加样时应缓慢小心地将样品溶液加到固定相表面，尽量避免冲击基质，以保持基质表面平坦。

④洗脱、收集、鉴定。洗脱条件的选择，也是影响层析效果的重要因素。当选定好洗脱液后，洗脱的方式可分为简单洗脱、分步洗脱和梯度洗脱三种。

简单洗脱：柱子始终用同一种溶剂洗脱，直到层析分离过程结束为止。如果被分离物质对固定相的亲和力差异不大，其区带的洗脱时间间隔（或洗脱体积间隔）也不长，采用这种方法是适宜的。但选择的溶剂必须很合适方能使各组分的分配系数较大。否则应采用下面的方法。

分步洗脱：这种方法是对按照递增洗脱能力顺序排列的几种洗脱液，进行逐级洗脱。它主要对混合物组成简单、各组分性质差异较大或需快速分离时适用。每次用一种洗脱液将其中一种组分快速洗脱下来。

梯度洗脱： 当混合物中组分复杂且性质差异较小时，一般采用梯度洗脱。它的洗脱能力是逐步连续增加的，梯度可以指浓度、极性、离子强度或pH等。最常用的是浓度梯度。在水溶液中，也采用离子强度梯度。

当对所分离的混合物的性质了解较少时，一般先采用线性梯度洗脱的方式去尝试，但梯度的斜率要小一些，尽管洗脱时间较长，但对性质相近的组分分离更为有利。

同时还应注意洗脱时的速率。前面我们已经谈到，流速的快慢将影响理论塔板高度，从而影响分辨率。事实上，速度太快，各组分在固液两相中平衡时间短，相互分不开，仍以混合组分流出。速度太慢，将增大物质的扩散，同样达不到理想的分离效果。只有多次试验才会得到合适的流速。总之，必须经过反复的试验与调整（可以用正交试验或优选法），才能得到最佳的洗脱条件。还应强调的一点是，在整个洗脱过程中，千万不能干柱，否则分离纯化将会前功尽弃。

在生化实验中，基本上都是采用部分收集器来收集分离纯化的样品。由于检测系统的分辨率有限，洗脱峰不一定能代表一个纯净的组分。因此，每管的收集量不能太多，一般1~5mL/管。如果分离的物质性质很相近，可低至0.5mL/管。在合并一个峰的各管溶液之前，还要进行鉴定。例如，一个蛋白峰的各管溶液，要先用电泳法对各管进行鉴定。对于是单条带的，认为已达电泳纯，合并在一起。其他的另行处理。对于不同种类的物质采用相应的鉴定方法，在这里不再叙述。最后，为了保持所得产品的稳定性与生物活性，我们一般采用透析除盐、超滤或减压薄膜浓缩，再冰冻干燥，得到干粉，在低温下保存备用。

用 pH7.8，2mmol/L（100mL）~200mmol/L（100mL）的磷酸钠缓冲液进行梯度洗脱。流速1mL/min，每管收集3mL。测定洗脱液的蛋白质含量和酶活，并绘制曲线（图4-5）（用紫外分光光度计测各管的 OD_{280}，OD_{280} 数值高的管进行酶活力测定）。

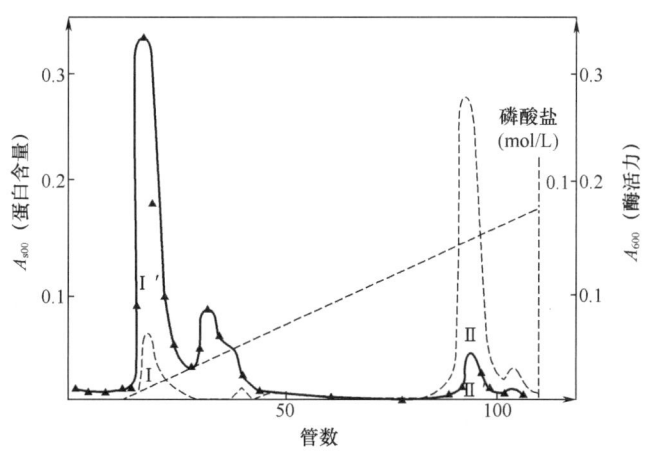

图4-5 蛋白含量、酶活力与管数的关系

⑤基质（吸附剂、交换树脂或凝胶等）的再生。许多基质（吸附剂、交换树脂或凝胶等）可以反复使用多次，而且价格昂贵，所以层析后要回收处理，以备再用，严禁乱倒乱扔。

2. 植物组织 SOD 活性测定

超氧化物歧化酶活力测定的方法有多种，其中以化学法应用 $O_2^{\cdot -}$ 最为普遍。化学测定法包括两个方面：一方面是产生超氧自由基，如黄嘌呤氧化酶起作用时会产生 $O_2^{\cdot -}$，肾上腺素自氧化和邻苯三酚在碱性条件下自氧化都会产生 $O_2^{\cdot -}$；另一方面是对 $O_2^{\cdot -}$ 的检测，多数是利用反应液中能与 $O_2^{\cdot -}$ 起作用，并易于被检测的指示物质的浓度变化来测定 SOD 活性。常用的方法有：黄嘌呤 - 黄嘌呤氧化酶 - 细胞色素 C 法、邻苯三酚自氧化法、超氧化钾直接滴定法、氯化硝基氮蓝四唑 - 核黄素法。

3. 分析方法

蛋白质含量测定：采用紫外吸收法。

酶纯度用比活力表示：比活力 = 酶活/蛋白质含量。

【试剂与器材】

1. 试剂

（1）圆葱。

（2）硫酸钠（1%）、硝酸钠（1%）、三氯乙酸（0.5%）、乙醇（5%）、无水碳酸钠、NaOH、$CuSO_4$、酒石酸钠钾、磷酸溶液、浓盐酸。NaOH 标准溶液、标准牛血清蛋白、$Na_2HPO_4 \cdot 12H_2O$、$NaH_2PO_4 \cdot 2H_2O$、邻苯三酚、丙酮（0.5%）、0.5mmol/L NaCl、1mol/L HCl 溶液、1mol/L NaOH 溶液、DEAE 纤维素粉。

（3）溶剂配制

①50mmol/L PBS 溶液（pH7.8）。a. 取 17.9070g $Na_2HPO_4 \cdot 12H_2O$ 定容至 1000mL；b. 取 1.9501g $NaH_2PO_4 \cdot 2H_2O$ 定容至 250mL；用 b. 滴定 a. 至 pH7.8，即为 50mmol/L 磷酸缓冲溶液。

②50mmol/L 的邻苯三酚。6.3g 邻苯三酚溶于 1L 蒸馏水中。

③1mg/mL 标准牛血清蛋白。准确称取 0.05g 牛血清蛋白定容至 50mL。

④pH7.8，200mmol/L 的磷酸钠缓冲液。

2. 器材

高速组织捣拌机、电热鼓风干燥箱、离心机、pH 计、恒温水浴锅、天平、可见分光光度计、核酸蛋白仪、紫外可见分光光度计、层析柱。

【操作方法】

（一）酶的制备

1. 粗酶液的提取

将圆葱切至 3cm 左右见方的小块，放入研钵中，捣 3~5min 使其破碎，以 0.5 倍的 0.5mmol/L NaCl 于 4℃下浸泡过夜。然后 4000r/min 离心 20min，弃去沉淀，留取上清液，即为 SOD 抽提液，留样 5mL 测定其酶活和蛋白质含量。

注意：离心管相对位置应配平。

2. 热变性

将粗酶液在 55℃下处理 30min，然后离心，4000r/min 20min，弃去沉淀，留取上清液，留样 5mL 测定其酶活和蛋白质含量。

3. 丙酮分级沉淀

取经热击处理后的上清液，缓慢加入 0.4 倍冷丙酮（体积比），然后在冰浴条件下搅拌，冰浴2h。4000r/min 离心 20min，弃去上清液，沉淀用 5 倍 2.5mmol/L 的磷酸缓冲溶液溶解，留样 2mL 测定其酶活和蛋白质含量（此时去除杂蛋白的效果最好）。

4. DEAE－纤维素柱层析

取经过丙酮沉淀后溶解的上清液，稀释 10 倍，过 DEAE－纤维素柱（2.6mm×40mm）。先用 2.5mmol/L pH7.8 磷酸缓冲溶液平衡 3～4 个床体积，上样量为 1mL，继续用 2.5mmol/L pH7.8 磷酸缓冲溶液冲洗 120mL，然后再分别用 60mL 50～250mmol/L（50mmol/L、100mmol/L、150mmol/L、200mmol/L、250mmol/L）pH7.8 的磷酸缓冲液梯度洗脱，流速为 0.6mL/min。核酸蛋白仪检测波长 280nm，收集有活性的部分，量取体积，测定蛋白质含量和酶活力。留取少量溶液备用。

（二）酶活力的测定

1. 活力的测定

邻苯三酚自氧化法：加入待测 SOD 样液 10μL，然后在 25℃ 水浴保温 10min，最后加入 50mmol/L 的邻苯三酚，迅速摇匀，倒入 1cm 比色杯，在 320nm 下每隔 30s 测一次光密度，共测 4min。此时邻苯三酚自氧化速率记做 ΔA（A/min），邻苯三酚自氧化速率在 4min 内有效，控制 SOD 浓度，使邻苯三酚自氧化速率降至 0.035（A/min）附近。

2. 酶活力的计算

1mL 反应液中每分钟抑制邻苯三酚自氧化速率达 50% 时的酶量定为一个酶活力单位。其 SOD 活力可由下式计算：

酶活力(U) = $[(0.07 - \Delta A)/0.07 \times 100\%]/50\% \times$ 反应液总体积 $\times$（样液稀释倍数／样液体积）

（三）蛋白质浓度测定——紫外吸收法

1. 制备法标准曲线

按照表 4－3 分别在以下 8 个试管中加入标准蛋白溶液、蒸馏水、不同蛋白质浓度的样品后，摇匀。选用光程为 1cm 的石英比色杯，在 280nm 波长处分别测定各管溶液的吸光值 A_{280} 值，以 A_{280} 值为纵坐标，标准蛋白含浓度为横坐标，绘制标准曲线。

表 4－3　　　　　　　　　　蛋白质标准曲线绘制

试剂	试管编号							
	0	1	2	3	4	5	6	7
蛋白标准溶液/mL	0	0.5	1.0	1.5	2.0	2.5	3.0	4.0
蒸馏水/mL	4.0	3.5	3.0	2.5	2.0	1.5	1.0	0
蛋白质浓度/μg	0	0.125	0.25	0.375	0.50	0.625	0.75	1.0
A_{280}								

2. 样品蛋白质浓度测定

取待测蛋白质溶液 1mL，加入 3mL 蒸馏水，摇匀，按上述方法在 280nm 波长处分别测定各管溶液的 A_{280} 值，并从标准曲线上查出待测蛋白质的浓度。如果待测液被稀释，则未知蛋白浓度按下列公式计算：

蛋白质(g/mL) = 酶液稀释倍数 $\times 100 \times A_{280}$／测定的稀释酶液的体积

【结果处理】

总活力和收率按下列公式计算，将结果添于表 4-4 中。

$$总活力(U) = SOD 活力 \times 原液总体积$$

$$回收率 = \frac{纯化后的总活力}{粗酶液总活力} \times 100\%$$

表 4-4 SOD 的分离纯化结果表

	酶液体积/mL	蛋白浓度/(mg/mL)	单位活力/(U/mL)	总蛋白/mg	总活力/U	比活力/(U/mg)	回收率/%	纯化倍数
粗酶液								
热击								
丙酮沉淀								
DEAE 层析								

实验 6　亲和层析法纯化麦胚凝集素

【目的要求】

1. 理解和掌握亲和层析的基本原理和操作技术。
2. 通过实验能初步掌握制备一种亲和吸附剂的操作方法。

【实验原理】

亲和层析是利用生物分子与配基之间所具有的专一而又可逆的亲和力使生物分子分离纯化的技术。在生物分子间存在很多特异性的相互作用，如酶与底物或抑制剂、抗原与抗体、激素与激素受体、植物凝集素与某些多糖等，它们之间都能专一而可逆地结合，这种结合力就称为亲和力。亲和层析由于是按照生物分子和配体的特异性结合进行分离的，一般来说通过亲和层析，被分离物质的纯度有时一次即可提高几倍、几十倍甚至几百倍。亲和层析技术已成为纯化生物活性物质最重要的方法之一。

亲和层析的分离原理简单地说就是通过将具有亲和力的两个分子中的一个固定在不溶性基质上，利用分子间亲和力的特异性和可逆性，对另一个分子进行分离纯化。被固定在基质上的分子称为配基，配基和基质是共价结合的，构成亲和层析固定相，称为亲和吸附剂。实验时首先选择与待分离的生物分子有亲和力的物质作为配基，并将其共价结合在水不溶性基质（如 Sepharose-4B）上制成亲和吸附剂，然后装柱，当样品溶液通过亲和层析柱时，绝大部分对配基没有亲和力的化合物均顺利地流过层析柱而不滞留，只有与配基互补的化合物被吸附留在柱内。当所有的杂质从柱上流走后，再改变洗脱条件，使结合在配基上的物质解离下来。

一、配基和载体的选择

1. 配基的选择

（1）必须有与载体共价结合的化学基团。

（2）与被分离物质有较强的亲和力。

（3）与纯化的物质结合后能被解吸。

2. 载体的选择

（1）具有疏松的多孔网状结构，较好的吸水性。

（2）具有较多的化学活性基团，能被有效地活化，而且容易与配基偶联。

（3）极低的非特异性吸附，理化性质稳定。

一般选择凝胶类层析介质，最常用的是 Sepharose – 4B，具有理想载体的特性。琼脂糖含有大量的羟基，容易被多种活化剂活化，并易引入各种适宜的活性团。

二、亲和吸附剂的制备

1. 载体的活化与偶联配基

通过对载体进行一定的化学处理，使载体表面上的一些化学基团转变为易于和特定配基结合的活性基团。环氧氯丙烷活化载体是最常用的方法。这种方法活化后的载体都含有环氧乙基，可以结合含有氨基的配基，采用环氧氯丙烷为活化剂，Sepharose – 4B 为载体，鸡卵类黏蛋白为配基可合成适用于分离麦胚凝集素的亲和吸附剂。

2. 引入"手臂"提高吸附剂的亲和力

层析过程中，如果配基直接与载体偶联，载体可占据配基分子表面的部分位置而影响结合，解决的方法是在载体和配基之间连接一段适当长度的有机小分子（己烷），称之为"手臂"，使载体上的配基离开载体的骨架向外延伸以增强配基的活动度和与被分离物质之间的接触面，提高对亲和吸附剂的结合效率。

麦胚凝集素是来自于小麦胚芽的一种蛋白质，可以可逆地与糖蛋白结合，凝集素名称的由来是它们通过与红细胞表面特异性受体结合可凝集各种类型的红细胞。本实验首先将载体琼脂糖凝胶4B活化，选择鸡卵类黏蛋白为配基，偶联在已经活化的载体上，制备成亲和吸附剂。然后从麦胚中分离提取麦胚凝集素粗提液。将其进行纯化。在 pH7.6~8.0 的条件下，麦胚凝集素能牢固地吸附在亲和吸附剂上，在 pH2.5~3.0 的条件下，又能从吸附剂上洗脱下来。收集洗脱液，经透析、冷冻干燥成干粉即可得到麦胚凝集素纯品。反应机制如图 4 – 6 所示。

实验结果证明，通过亲和层析技术，可以从麦胚的粗提液中直接得到有活性的麦胚凝集素纯品。

【试剂与器材】

1. 试剂

（1）0.5mol/L NaCl 溶液。

（2）2mol/L NaOH 溶液。

（3）0.2mol/L pH9.5 Na_2CO_3 缓冲液。

（4）56% 1,4 – 二氧六环（体积分数）。

（5）环氧氯丙烷。

（6）琼脂糖凝胶（Sepharose – 4B）。

（7）亲和柱平衡液　0.5mol/L KCl – 0.05mol/L $CaCl_2$ – 0.1mol/L pH7.8 Tris – HCl 缓冲液。

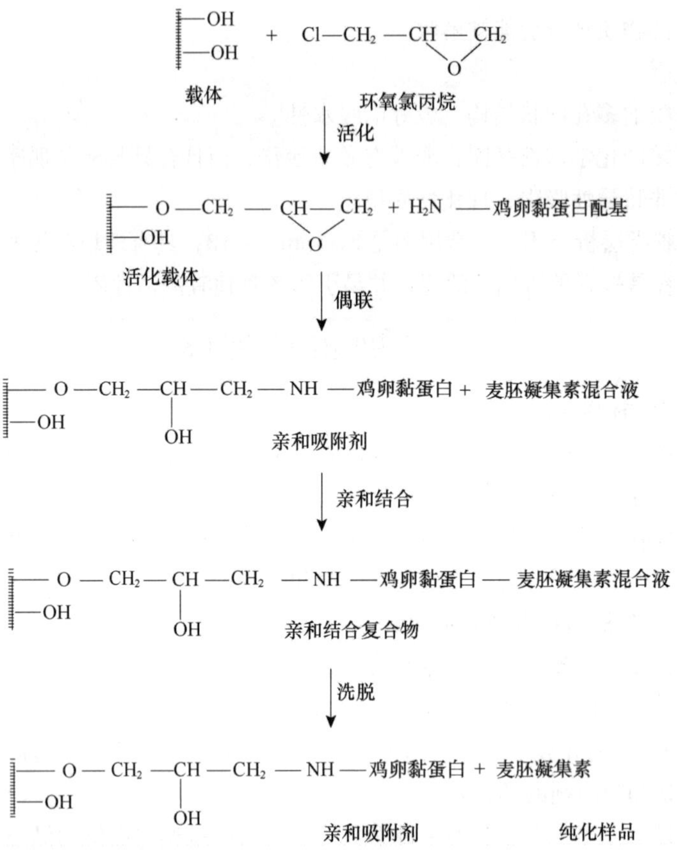

```
┃—OH      + Cl—CH₂—CH—CH₂
┃—OH                    \O/
载体              环氧氯丙烷
                    ↓活化

┃—O—CH₂—CH—CH₂ + H₂N—鸡卵黏蛋白配基
┃—OH          \O/
活化载体              ↓偶联

┃—O—CH₂—CH—CH₂—NH—鸡卵黏蛋白 + 麦胚凝集素混合液
┃—OH       OH
亲和吸附剂              ↓亲和结合

┃—O—CH₂—CH—CH₂—NH—鸡卵黏蛋白—麦胚凝集素混合液
┃—OH       OH
亲和结合复合物              ↓洗脱

┃—O—CH₂—CH—CH₂—NH—鸡卵黏蛋白 + 麦胚凝集素
┃—OH       OH
亲和吸附剂                         纯化样品
```

图4-6 亲和层析纯化麦胚凝集素

(8) 亲和柱洗脱液　0.5mol/L KCl – 0.1mol/L pH2.5 甲酸溶液。

2. 器材

恒温水浴摇床；752紫外分光光度计；层析柱（10mm×150mm）；抽滤瓶（500mL）；蛋白紫外检测仪；玻璃烧结漏斗（G-3）；低速离心机；透析袋；贮液瓶（500mL）。

【操作方法】

1. 亲和吸附剂的合成

(1) 载体Sepharose-4B的活化　将适量的Sepharose-4B于G-3玻璃烧结漏斗中抽干，称10g（湿重）Sepharose-4B，用100mL 0.5mol/L NaCl溶液淋洗、抽干，再用100mL蒸馏水淋洗、抽干，转移到100mL三角瓶内。然后加入8mL 2mol/L NaOH、2mL环氧氯丙烷、20mL 56% 1,4-二氧六环。在40℃的恒温水浴摇床中，160r/min振摇活化2h。然后转移到G-3玻璃烧结漏斗中，用蒸馏水洗去未反应的残留试剂，再用20mL 0.2mol/L pH 9.5 Na_2CO_3缓冲液洗涤。抽干后转移到100mL三角瓶中准备偶联。

(2) 配基鸡卵类黏蛋白的偶联　称取100mg鸡卵类黏蛋白，用10mL 0.2mol/L pH9.5 Na_2CO_3缓冲液充分溶解，取0.1mL溶液稀释30倍，用紫外分光光度计在280nm处测定鸡卵类黏蛋白的含量。然后将稀释后的溶液全部转移到100mL三角瓶中与活化的Sepharose-4B混匀，在40℃恒温水浴摇床中，160r/min振摇偶联24h左右停止偶联。

（3）洗涤　取一个洗净的500mL抽滤瓶，将已经偶联好的Sepharose-4B转移到G-3玻璃烧结漏斗中抽滤，用100mL 0.5mol/L NaCl溶液洗去未被偶联的蛋白，收集滤液，并在280nm处测定滤液中剩余的鸡卵黏蛋白的含量。用100mL蒸馏水洗，再用50mL亲和柱洗脱液（pH2.5）淋洗，蒸馏水洗至中性（pH6.0）。然后转移到100mL烧杯内，加入50mL亲和柱平衡液（pH7.8），浸泡约15min，脱气后装柱或置4℃冰箱保存备用。

2. 麦胚凝集素粗提液的制备

称取40g麦胚加入500mL烧杯中，加5倍体积的水，搅拌，置于40℃恒温水浴中浸提4h以上。4层纱布过滤。滤液3500r/min离心20min。将上清液pH调至5.0~5.5，然后置于60℃水浴中3~5min（此时出现大量明显絮状物）。3500r/min离心20min，上清液pH调至7.5即得麦胚凝集素粗提液，置冰箱内备用（检查对A型红血球的凝集现象）。

3. 亲和层析纯化麦胚凝集素

（1）装柱　选用10mm×150mm层析柱，垂直夹于铁架台上。柱内先装入1/4体积的亲和柱平衡液（pH7.8），将脱气的亲和吸附剂轻轻搅匀，一次装入柱内，待其自然沉降，调整流速为2~4mL/10min。用亲和柱平衡液（pH7.8）平衡约两个柱床体积，直至流出液在蛋白紫外检测仪上绘出稳定的基线。

（2）上样　将麦胚凝集素粗提液3500r/min离心10min，取上清液上柱亲和层析。待样品全部入床后（注意检查流出液的凝集活性）用亲和柱平衡液平衡。

（3）洗脱　待流出液在蛋白质检测仪上绘出稳定的基线以后，改用亲和柱洗脱液（pH2.5）洗脱。收集洗脱峰（图4-7）。

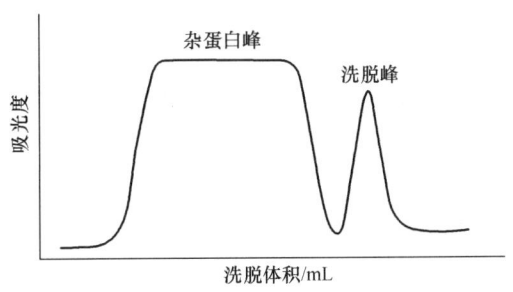

图4-7　麦胚凝集素亲和层析洗脱曲线

（4）透析　待全部收集后，量体积，调pH7.5，装入透析袋内在低温下对蒸馏水透析，直至经1% $AgNO_3$ 检查无氯离子为止。然后经冷冻干燥成干粉即可。

【结果处理】

1. 偶联率：1g Sepharose-4B偶联鸡卵类黏蛋白的毫克数。

$$偶联率(mg/g) = \frac{（偶联前配基量 - 偶联后配基量）}{4B的克数}$$

2. 亲和吸附率（mg/g）：1g亲和吸附剂结合麦胚凝集素的毫克数。
3. 绘制亲和层析分离麦胚凝集素的层析图。

【要点提示】

1. 在亲和层析分离纯化麦胚凝集素之前，将麦胚凝集素粗提取液调到pH7.5过滤后才能上样。若上样的麦胚凝集素是在酸性环境中，亲和吸附剂与麦胚凝集素不会发生结合。

2. 使用过的亲和柱，经亲和柱平衡液平衡后可重复使用。也可将亲和吸附剂经蒸馏水洗净，加入0.01% NaN_3于冰箱保存。

【思考题】

查阅文献，试改进纯化麦胚凝集素的实验方法。

实验7 重组蛋白质的表达、分离、纯化和鉴定

（一）蛋白质的表达、分离、纯化

【目的要求】

（1）了解重组蛋白表达的方法和意义。

（2）了解重组蛋白质和层析分离、纯化的方法。

【实验原理】

目的基因在宿主细胞中的高效表达及表达的重组蛋白的分离、纯化及理论研究和实验应用都具有重要的意义。通过表达能探索和研究基因的功能以及基因表达调控的机理，同时目的基因表达出编码的蛋白质可供科研工作者进行结构与功能的研究。大肠杆菌是目前应用最广泛的蛋白质表达系统，其表达外源基因产物的水平远高于其他表达系统，表达的目的蛋白质甚至能超过细菌总蛋白量的80%。本实验中，携带有目的蛋白基因的质粒在大肠杆菌BL21（DE3）中，于37℃在异丙基硫代半乳糖苷（IPTG）诱导下，超量表达携带有6个连续组氨酸残基的重组氯霉素酰基转移酶蛋白，该蛋白的N端带有6个连续的组氨酸残基，可通过固相化的镍离子（Ni^{2+}）亲和层析介质加以分离、纯化，称为金属螯合亲和层析（MCAC）。蛋白质的纯化程度可通过聚丙烯酰胺凝胶电泳进行分析。

【试剂与器材】

1. 试剂

（1）LB液体培养基 胰化蛋白胨（trytone）10g，酵母提取物（yeast extract）5g，NaCl 10g，用蒸馏水配至1000mL。

（2）氨苄青霉素 100mg/mL。

（3）上样缓冲液（GLB） 100mmol/L NaH_2PO_4，10mmol/L Tris，8mol/L 尿素，1mmol/L β-巯基乙醇，pH为8.0。

（4）清洗缓冲液（UWB） 100mmol/L NaH_2PO_4，10mmol/L Tris，8mmol/L 尿素，pH为6.3。

（5）洗脱缓冲液 100mmol/L NaH_2PO_4，10mmol/L Tris，8mmol/L 尿素，500mmol/L 咪唑，pH为8.0。

（6）异丙基硫代半乳糖苷（IPTG）。

2. 器材

摇床；高速离心机；层析柱（1cm×10cm）；蠕动泵。

【操作方法】

1. 氯霉素酰基转移酶重组蛋白的诱导

（1）接种含有重组氯霉素酰基转移酶蛋白表达载体的大肠杆菌BL21（DE3）菌株于

5mL LB 液体培养基中（含 100μg/mL 氨苄青霉素），37℃下振荡培养过夜。

（2）转接 1~5mL 过夜培养物于 100mL（含 100μL/mL 氨苄青霉素）LB 液体培养基中，37℃下振荡培养至 OD_{600} 0.6~0.8。取 1mL 培养物用于 SDS-PAEG 分析。

（3）加入 IPTG 至终浓度 0.5mmol/L，37℃下继续培养 1~3h。

（4）用 12000r/min 离心 5min，弃上澄清液，菌体沉淀保存于 -20℃ 或 -70℃ 的冰箱中。

2. 氯霉素酰基转移酶重组蛋白的分离、纯化

（1）Ni^{2+} 层析柱的准备　在层析柱中加入 1mL Ni^{2+} 介质，并分别用 8mL 去离子水、8mL 上样缓冲液（GLB）洗涤。

（2）重组蛋白的变性裂解　在冰浴中冻融菌体沉淀，加入 5mL 上样缓冲液，用吸管抽吸重悬，用振荡器轻柔地混匀样品 60min，4℃或室温下用 12000r/min 离心 30min，将上清液吸至一个干净的容器中，并弃沉淀。取 10μL 上清样品，用于 SDS-PAGE 分析。

（3）洗脱杂蛋白　用清洗缓冲液（UWB）50mL 以 10~15mL/h 流速洗涤层析柱，去除杂蛋白，直至 OD_{280} 为 0.01，经过 3~4h，取 10μL 洗涤结束时的样品，用于 SDS-PAGE 分析。

（4）洗脱目标蛋白　用洗脱缓冲液 10mL 洗柱，按每管 1mL 分别收集洗脱液，共收集 6~10 管，分别取 10μL 样品，用于 SDS-PAGE 分析。

（二）蛋白质的鉴定

【实验目的】

（1）了解 SDS-聚丙烯酰胺凝胶电泳实验原理。

（2）掌握凝胶电泳实验的操作方法。

【实验原理】

电泳可用于分离复杂的蛋白混合物，研究蛋白质的亚基组成等。在聚丙烯酰胺凝胶电泳中，凝胶的孔径，蛋白质的电荷、大小、性质等因素共同决定了蛋白质的电泳迁移率。

蛋白质在聚丙烯酰胺凝胶中电泳时，它的迁移率取决于它所带静电荷以及分子的大小和形状等因素。如果加入某种试剂使电荷因素消除，则电泳迁移率只取决于分子的大小，这样就可以用电泳技术测定蛋白质的相对分子质量。十二烷基硫酸钠（SDS）就是具有这种作用的试剂。在蛋白质溶液中加入足量的 SDS 和巯基乙醇可使蛋白质分子的二硫键还原，蛋白质-SDS 复合物带上相同密度的负电荷，并可引起蛋白质构象改变，使蛋白质在凝胶中的迁移率不再受蛋白质原有电荷和形状的影响，而取决于相对分子质量的大小，因此聚丙烯酰胺凝胶电泳可以用于测定蛋白质的相对分子质量。

SDS 聚丙烯酰胺凝胶电泳大多在不连续系统中进行，其电泳槽缓冲液的 pH 与离子强度不同于配胶缓冲液。该凝胶包括浓缩胶和分离胶两部分。当两电极间接接通电流后，凝胶中形成移动界面，并带动加入凝胶的样品中的 SDS 多肽复合物向前推进。样品通过高度多孔性的积成胶后，复合物在分离胶表面聚集成一条很薄的区带（或称积层）。由于不连续缓冲系统具有把样品中的复合物全部浓缩于极小体积的能力，从而大大提高了 SDS-聚丙烯酰胺凝胶电泳的分辨率，使蛋白质各自的大小得到分离。

【试剂和器材】

1. 试剂

（1）10% 过硫酸铵（现用现配）。

(2) TEMED（商品试剂）。

(3) 2×上样缓冲液　在40mL水中加入1.52g Tris、20mL甘油、2.0g SDS、2.0mL 2-巯基乙醇和1mg溴酚蓝，用1mol/L HCl定容至1000mL。

(4) 5×Tris-甘氨酸电泳缓冲液　15.1g Tris，94g甘氨酸（电泳级），50mL 10% SDS，定容至1000mL。

(5) 考马斯亮蓝染液　将0.25g考马斯亮蓝R-250溶于90mL甲醇:水（1:1）和10mL冰乙酸的混合液中。

(6) 脱色液　水:乙酸:乙醇=6.7:0.8:2.5。

2. 器材

DYCZ-24D型垂直板电泳槽；微量注射器（10μL或50μL）；脱色摇床；移液管（1mL、5mL、10mL）；烧杯（25mL、50mL、100mL）；电泳仪；大培养皿；移液枪。

【操作方法】

1. SDS-聚丙烯酰胺凝胶的配置

(1) 安装玻璃板，检查漏液情况。

(2) 制备分离板　按表4-2中所示，依次在烧杯中混合各成分，一旦加入过硫酸铵后，凝胶马上开始聚合，故应立即快速悬动混合物，迅速在两玻璃板的间隙中灌注丙烯酰胺液体。注意留出浓硫酸所需空间，并在其上覆盖一层水或异丁醇溶液。将凝胶垂直放置于室温下。

(3) 分离胶聚合后（约30min），倒出覆盖层液体，用滤纸将残留液体吸净。

(4) 制备浓缩胶　按表4-2中浓缩胶所示，依次在烧杯中混合各成分，一旦加入过硫酸铵后，应立即快速悬动混合物，迅速在分离胶上灌注浓缩胶液，并立即在浓缩胶溶液中插入干净的梳子，小心避免混入气泡。将凝胶垂直放置于室温下。

2. 上样样品处理

将样品置于1×上样缓冲液中，在100℃下加热5min，使蛋白质变性。加热后用8000r/min离心1min。

3. 电泳

(1) 浓缩胶完全聚合后（约30min），将凝胶固定于电泳装置上，并加入5×Tris-甘氨酸电泳缓冲液，然后垂直胶面小心拔出梳子。

(2) 按预定顺序加样，小心翼翼地加入样品，每个样品加12μL。

(3) 将电泳与电源相接，凝胶上所加电场强度为8V/cm，当染料前沿进入分离胶后，把电场强度提高到15V/cm，继续电泳直至溴酚蓝到达分离胶底部（约1h），然后关闭电源。

(4) 将玻璃板从电泳装置下卸下，并将凝胶取出，在第一点孔侧的凝胶上切去一角以标注凝胶的方位。

4. 考马斯亮蓝染色、脱色

(1) 用染液浸泡凝胶，并用保鲜膜封好，略微加热，放在水平脱色摇床上染色15min，重复加热染色1次。

(2) 移出并回收染液，将凝胶浸泡于脱色液中，用保鲜膜封好，略微加热，放在水平脱色摇床上染色30min，更换脱色液，直至检出蛋白质条带。

5. 拍照分析

将脱色条带清晰的凝胶放到凝胶成像仪里，拍照并分析蛋白质的诱导、表达、分离和纯化情况。

实验 8 聚合酶链式反应

【目的要求】

1. 学习聚合酶链式反应的原理。
2. 掌握 PCR 扩增 DNA 的操作方法。

【实验原理】

聚合酶链式反应（polymerase chain reaction，PCR）是 20 世纪 80 年代后期由 K. Mullis 等建立的一种体外酶促扩增特异 DNA 片段的技术。PCR 是利用针对目的基因所设计的一对特异寡核苷酸引物，以目的基因为模板进行的 DNA 体外合成反应。由于反应循环可进行一定次数，所以在短时间内即可扩增获得大量的目的基因。PCR 技术具有高灵敏度、特异性强、操作简便等特点。虽然 PCR 技术也存在出错倾向高、产物大小受到限制和必须先有目标 DNA 序列等缺点，但仍被誉为 20 世纪分子生物学研究领域最伟大的发明之一，Mullis 也因贡献卓著而获得 1993 年度诺贝尔奖。PCR 是由（变性→退火→延伸）三步基本反应经多次循环而完成的（图 4–8）。

（1）变性 加热至 90~96℃时，模板 DNA 双螺旋的氢键断裂，双链解链，形成单链 DNA。

（2）退火 当温度突然降低至 25~65℃时，模板 DNA 与引物按碱基互补配对原则结合，此时也存在两条模板链之间的结合，但由于引物的高浓度、结构简单等特点，从而使主要的结合发生在模板与引物之间。

（3）延伸 70~74℃时，在 TaqDNA 聚合酶和 4 种脱氧核糖核苷三磷酸底物及 Mg^{2+} 存在的条件下，以引物 3′端为起始点沿着互补的单链模板进行 DNA 链延伸反应。以上三步为一个循环，每一个循环的产物可以作为下一个循环的模板。因此扩增产物的量以指数方式增加。通常经 25~30 次可扩增目的片段约 10^5 倍，这个量足够分子生物学研究的一般要求。

【试剂与器材】

1. 试剂

（1）模板 用合适方法制备模板 DNA。

（2）引物 DNA 合成仪合成后，经纯化、定量，无菌去离子水或三蒸水配制成 10~50 μmol/L 的溶液。

（3）TaqDNA 聚合酶。

（4）dNTP。

（5）PCR 反应缓冲液。

（6）1.0% 琼脂糖。

（7）溴化乙锭（EB） 10 mg/mL。

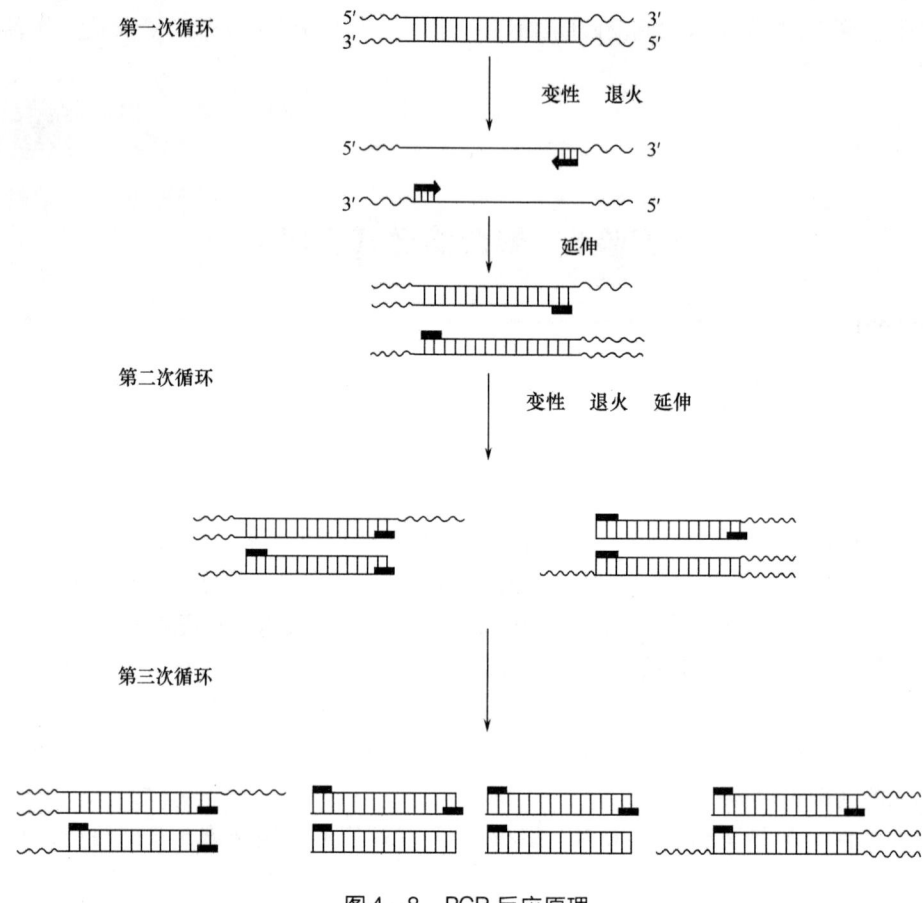

图 4-8 PCR 反应原理

2. 器材

PCR 自动扩增仪；电泳仪、电泳槽；紫外检测仪；台式高速离心机；可调式移液枪及吸头（0.1~2.5μL、0.5~10μL、2~20μL）；离心管（0.2mL、0.5mL）。

【操作方法】

1. 按顺序在 0.5mL 离心管中加入下列试剂：

①双蒸水　　　　　12.5μL
②PCR 反应缓冲液　　2.5μL
③dNTP　　　　　　2μL
④引物 A　　　　　2μL
⑤引物 B　　　　　2μL
⑥模板 DNA　　　　2μL
⑦TaqDNA 聚合酶　　2μL

Tip 头吸打数次混匀后稍离心。

2. PCR 扩增

95℃ -4min→ [（95℃ -30s，60℃ -60s，72℃ -60s）30 个循环] →72℃ -7min→4℃（保存）

3. 取 10μL PCR 产物进行电泳鉴定。

【要点提示】

PCR 方法操作简便，但影响因素较多，欲得到好的反应结果，需根据不同的 DNA 模板摸索最适条件。主要影响 PCR 结果的因素如下：

1. 模板

单、双链 DNA 都可以作为 PCR 的模板，若起始材料是 RNA，须通过逆转录得到第一条 cDNA，以此为模板进行 PCR。虽然 PCR 可以仅用极微量的样品（甚至是来自单一的细胞 DNA），但是为了保证反应的特异性，一般推举使用纳克量级的克隆 DNA、微克水平的染色体 DNA 或 10^4 拷贝的待扩增片段来做起始材料。原料可以是粗制品，但不能混有任何蛋白酶、核酸酶、TaqDNA 聚合酶抑制剂以及能结合 DNA 的蛋白，因此 DNA 样品纯度要尽可能地高。

2. 退火温度

一般设定比理论 t_m 低 5℃，一般提高退火温度会增加扩增的特异性。

3. 对照实验

PCR 灵敏度高，被检样品极易被污染，PCR 实验主要存在以下几种污染：

（1）标本间交叉污染；

（2）PCR 试剂的污染；

（3）PCR 扩增产物污染；

（4）实验室中克隆质粒的污染；

（5）实验室中气溶胶的污染。

所以在进行 PCR 实验的时候一定要设置阴性对照实验。阴性对照实验的方法之一是不加入模板（用水代替），其他试剂应完全相同。

【思考题】

1. 理论上，通过本次实验模板基因扩增了多少倍？
2. 如何设计 PCR 阴性对照实验？

实验 9　血清 γ-球蛋白的分离、纯化与鉴定

（一）血清 γ-球蛋白的分离与纯化

【目的要求】

1. 了解蛋白质分离纯化的总体思路。
2. 掌握盐析法、分子筛层析、离子交换层析等实验原理及操作技术。

【实验原理】

血清中含有清蛋白和各种球蛋白（α-球蛋白、β-球蛋白、γ-球蛋白等），由于它们所带电荷不同、相对分子质量不同，在高浓度盐溶液中的溶解度不同，因此可利用它们在中性盐溶液中溶解度的差异而进行沉淀分离，此法称为盐析法。本实验在血清中加 50％ 饱和度的硫酸铵，使球蛋白沉淀析出，清蛋白则仍溶解于溶解中，经离心分离获得沉淀部分即为含

有 γ-球蛋白的粗制品。

用盐析法分离而得的蛋白质含有大量的硫酸铵，会妨碍蛋白质的进一步纯化，因此必须去除，常用的有透析法、凝胶过滤法等。本实验采用凝胶过滤法，利用蛋白质与无机盐类之间相对分子质量的差异，除去粗制品中盐类。当 γ-球蛋白的粗提液流过 Sephadex G-25 凝胶柱时，溶液中分子直径大的蛋白质沿凝胶颗粒间的空隙以较快的速度流过凝胶柱，最先流出柱外，而分子直径小的无机盐因进入凝胶内部的微孔中向下移动的速度较慢，所以最后流出柱外。这样经过凝胶层析后可以达到脱盐的目的。

脱盐后的 γ-球蛋白再经 DEAE 纤维素层析柱进一步纯化。DEAE 纤维素为阴离子交换剂，带正电荷，在 pH6.3 的条件下，α-球蛋白和 β-球蛋白（pI 分别为 5.06、5.12）带负电荷，DEAE 纤维素能吸附带负电荷的；而 γ-球蛋白（pI 7.3）在此条件下带正电荷，不被吸附故直接从层析柱流出，此时收集的流出液即为纯化的 γ-球蛋白。

经 DEAE 纤维素阴离子交换柱纯化的 γ-球蛋白液往往体积较大，样品质量分数较低。为便于鉴定，常需浓缩。浓缩的方法很多，本实验选用聚乙二醇透析浓缩的方法。

血清 γ-球蛋白分离纯化后，选用醋酸纤维薄膜电泳法鉴定其纯度。

【试剂与器材】

1. 试剂

（1）饱和硫酸铵溶液　称取固体硫酸铵 850g 加入 1000mL 蒸馏水中，在 70~80℃下搅拌促溶，室温中放置过夜，瓶底析出白色结晶，上清液即为饱和硫酸铵溶液。

（2）0.02mol/L pH6.5 磷酸盐缓冲液　称取磷酸二氢钠（$NaH_2PO_4·2H_2O$）3.121g 溶于蒸馏水中，加蒸馏水稀释至 1000mL 为 A 液。称取磷酸氢二钠（$Na_2HPO_4·12H_2O$）7.164g，溶于蒸馏水中，加蒸馏水稀释至 1000mL 为 B 液。取 A 液 68.5mL，B 液 31.5mL，混匀后即成。

（3）300g/L 三氯乙酸。

（4）奈氏试剂。

（5）葡聚糖凝胶 G-25。

（6）DEAE 纤维素。

（7）新鲜血清。

（8）聚乙二醇 6000。

2. 器材

离心机；刻度离心管；pH 试纸；抽滤瓶；贮液瓶；层析柱（1.5cm×20cm）；透析袋；移液枪；布氏漏斗；黑、白反应板；铁架台；培养皿。

【操作方法】

1. 硫酸铵盐析

（1）取刻度离心管 1 支，加入新鲜血清 1mL 和生理盐水 1mL 混匀，然后边摇边缓慢滴入饱和硫酸铵溶液 2mL，混匀后室温下放置 10min，此蛋白质溶液的硫酸铵浓度为 50% 饱和度。

（2）将离心管平衡后置于离心机中，3000r/min 离心 10min。弃去含清蛋白的上清液，向沉淀中加入 0.02mol/L pH6.5 磷酸盐缓冲液 1mL 使之溶解，此液即为 γ-球蛋白粗提液。

2. 凝胶柱层析脱盐

（1）凝胶的处理　量取 30mL Sephadex G-25，加入 2 倍量的 0.02mol/L pH6.5 磷酸盐缓

冲液，置于沸水浴中 1h，并经常摇动使气泡逸出。取出冷却，待凝胶下沉后，倾去含有细微悬浮物的上层液。

（2）装柱平衡　选用 1.5cm×20cm 层析柱，垂直夹于铁架台上。向柱内加入少量 0.02mol/L pH6.5 磷酸盐缓冲液，将上述处理过的凝胶粒悬液连续注入层析柱内，直至所需凝胶床高度距层析柱上口 3～4cm 为止。装柱时应注意凝胶粒装填均匀，凝胶床内不得有界面和气泡，凝胶床面应平整。打开下口夹，调节柱下端螺旋夹流速为 2mL/min，用 2 倍柱床体积的磷酸盐缓冲液平衡。关闭下口夹。

（3）上样与洗脱　打开下口夹，使床面上的缓冲液流出，待液面降到凝胶床表面时，关闭出水口。用滴管吸取盐析所得 γ-球蛋白溶液，在距离床面 1mm 处沿管内壁轻轻转动加进样品，切勿搅动床面。然后打开下口夹，使样品进入床内，直到与床面平齐为止。立即用 1mL 0.02mol/L pH6.5 磷酸盐缓冲液冲洗柱内壁，待缓冲液进入凝胶床后再加少量缓冲液。如此重复 2 次，以洗净内壁上的样品溶液。然后再加入适量缓冲液于凝胶床上，调流速为 10 滴/min，开始洗脱。用小试管收集流出的液体，每管收集 20 滴，收集 10 管后关闭出水口。

（4）检测 NH_4^+ 与蛋白质　取黑、白反应板各一块，按洗脱液的顺序每管取一滴，分别滴入反应板中，在黑色反应板中加 300g/L 三氯乙酸溶液 2 滴，出现白色混浊或沉淀即表示有蛋白质析出，并记录各管白色混浊程度，以（－）、（＋）、（＋＋）、（＋＋＋）表示。于白反应板中加入奈氏试剂溶液 1 滴，观察 NH_4^+ 出现的情况。并用上述符号记录各管颜色变化。合并含有蛋白质的各管，即为已脱盐的 γ-球蛋白溶液，待进一步纯化。

3. 离子交换层析柱纯化

（1）DEAE 纤维素处理　量取 DEAE-纤维素 25mL，加 0.5mol/L HCl 溶液 50mL，搅拌后放置 20min，虹吸去除上清液（也可用布氏漏斗抽干），再用蒸馏水反复洗数次直至 pH6.0 为止。加等体积的 0.5mol/L NaOH 溶液，搅拌后放置 20min，虹吸去除上清液，同上用蒸馏水反复洗至 pH<7.0 为止。然后转移到烧杯内，加 0.02mol/L pH6.5 磷酸盐缓冲液 60mL 放置 30min。待装柱。

（2）装柱与洗脱　取层析柱 1.5cm×20cm 1 支，按以上装柱方法将处理好的 DEAE-纤维素装入柱中，然后用 0.02mol/L pH6.5 磷酸盐缓冲液平衡。调流速 20 滴/min，将脱盐后的 γ-球蛋白溶液上柱，方法与上述脱盐法相同。同样用 300g/L 三氯乙酸溶液检查有无蛋白质流出。收集不被纤维素吸附的蛋白质即为纯化的 γ-球蛋白溶液。

4. γ-球蛋白溶液浓缩

将待浓缩的蛋白质溶液放入较细的透析袋中，置入培养皿内。透析袋周围撒上聚乙二醇。经过一定时间后即可观察到明显的浓缩现象。该浓缩样品留作纯度鉴定。以上物质在使用后可以通过加温及吹风而回收。

【要点提示】

（1）装柱时，不能有气泡和分层现象，凝胶悬液尽量一次加完。

（2）加样时，切莫将床面冲起，不能搅动床面，否则分离带不整齐。

（3）流速不可太快，否则分子小的物质来不及扩散，随分子大的物质一起被洗脱下来，达不到分离目的。

（4）在整个洗脱过程中，始终应保持层析柱床面上有一段蒸馏水，不得使凝胶干结。

【思考题】
1. 完全饱和的硫酸铵中清蛋白、球蛋白是否会发生沉淀？
2. 为什么葡萄糖凝胶 G-25 可将 γ-球蛋白与硫酸铵分开？
3. 试写出分离纯化血清蛋白的操作流程，并说明各分离纯化步骤的理论依据。

（二） 血清 γ-球蛋白的鉴定——醋酸纤维素薄膜电泳

【实验目的】
1. 掌握电泳的基本原理。
2. 熟悉醋酸纤维素薄膜电泳的方法和应用。

【实验原理】
蛋白质是两性电解质，在同一 pH 环境下，混合蛋白质中各种成分带电量不同、分子大小不同，在同一电场中泳动的速度不同，导致相同的时间迁移的距离不同而把它们分开。血清中含有多种蛋白质，用醋酸纤维素薄膜电泳可分为五个区带，γ-球蛋白的等电点为 7.3，在 pH8.6 的巴比妥缓冲液中，带的负电荷最少，因此在电场中比其他蛋白质移动速度慢。而清蛋白等其他蛋白质的等电点均小于 7.3，因此在电场中比 γ-球蛋白移动速度快。

本实验分离全血清中各种蛋白质成分，同时鉴定上次实验 γ-球蛋白的提纯结果。

【试剂与器材】
1. 试剂
（1）巴比妥-巴比妥钠缓冲液（pH8.6，离子强度 0.06） 称取巴比妥钠 12.76g，巴比妥 1.66g，蒸馏水溶解并定容至 1000mL。
（2）染色液 氨基黑 10B 0.25g，用甲醇 50mL、冰醋酸 10mL、水 40mL 溶解。
（3）漂洗液 甲醇或乙醇 45mL，冰醋酸 5mL，水 50mL，混匀。
2. 器材
电泳仪；电泳槽；醋酸纤维薄膜；大培养皿；吸量管；竹镊子；吹风机。

【操作方法】
1. 取醋酸纤维薄膜 2 张，在薄膜的无光泽面的 1.5cm 处用铅笔轻轻画一条线。
2. 将薄膜浸入 pH8.6 的巴比妥-巴比妥钠缓冲液中，浸泡约 30min。
3. 将完全浸透的薄膜轻轻取出，平铺在滤纸上，用滤纸吸去多余的缓冲液。分别用点样器蘸取正常血清和 γ-球蛋白溶液点在点样线上。
4. 薄膜的无光泽面向下，两端紧贴在电泳槽支架上的滤纸条上（点样端在阴极）。打开电源，调电流 0.5mA/cm 膜宽，通电时间 40~60min。
5. 电泳结束后，关闭电源，将薄膜浸于氨基黑 10B 染色液中染色 5min，取出后用漂洗液漂洗 4~5 次，每次约 5min，待背景无色为止。

【结果处理】
根据脱色后薄膜上出现的斑点，对 γ-球蛋白与正常血清比较，分析样品的纯度。

【思考题】
如果电泳结果证实 γ-球蛋白的分离效果不理想，应从哪些方面分析？

实验10 溶菌酶的结晶提取及酶活力测定

【目的要求】

1. 掌握从蛋清中制备溶菌酶的原理和方法。
2. 学习用菌悬液测定溶菌酶活力的方法。

【实验原理】

溶菌酶（EC 3.2.1.17）又称细胞壁质酶或 N-乙酰基胞壁酰水解酶，是糖苷水解酶，作用于 N-乙酰氨基葡萄糖胺和 N-乙酰胞壁酸之间的 β-1,4 糖苷键。相对分子质量 14307，由 129 个氨基酸残基组成，由于其中含有较多碱性氨基酸残基，所以其等电点高达 11 左右。

溶菌酶广泛用于医学临床，有抗菌的作用，可抗感染、消炎、消肿、增强体内免疫反应等。还是优良的天然防腐剂，可用于食品的防腐保鲜。另外，近年来溶菌酶已成为基因工程及细胞工程必不可少的工具酶。

溶菌酶在鸡蛋清中含量较丰富，从 1 个鸡蛋中可获得 20mg 左右的冻干粉。蛋清溶菌酶很容易形成单晶，被作为蛋白结晶中的模型蛋白。最早的蛋清溶菌酶单晶是在 1946 年由 Alderton 获得的，此后溶菌酶的结晶被广泛应用于蛋白质结晶机理和方法的研究。晶体生长的过程是一个由非晶相到晶相的转变过程，溶液中的相变驱动力是过饱和度。从溶液中得到结晶，首先要使溶液达到过饱和，之后再由过饱和度驱动相变，使溶质从液相转变为晶相，得到晶体。

从鸡蛋清中分离溶菌酶可以选用多种不同的方法和步骤，本实验选用等电点沉淀和盐析法。蛋白质在等电点时溶解度最低，所以蛋白质的沉淀在等电点附近最为显著。若向蛋清中加入一定量的中性盐，并调节 pH 至溶菌酶的等电点，在适当的温度下，静止若干时间，溶菌酶就会以结晶形式从溶液析出。

溶菌酶可以溶解以肽聚糖为主要成分的细菌细胞壁。测定溶菌酶活力时，可用某些细菌细胞壁作底物，以单位时间内被它水解的细胞壁的量表示酶活力的大小。例如，溶菌酶对溶壁微球菌（*Micrococcus lysodeikticus*）作用后，细胞壁溶解，细菌解体，菌悬液透明度增加，透明度增加的程度与溶菌酶活力成正比。因此，可利用测定 450nm 波长下，菌悬液在该酶作用后透光度增加，以此表示溶菌酶的活力。

【试剂与器材】

1. 试剂

（1）鸡蛋清（pH 不低于 8.0）。

（2）氯化钠（CP）。

（3）丙酮（CP）。

（4）1mol/L NaOH 溶液。

（5）0.1mol/L pH6.2 磷酸缓冲液　称取 $NaH_2PO_4 \cdot 2H_2O$ 11.70g，$NaHPO_4 \cdot 12H_2O$ 7.86g 及 EDTA 0.392g，溶于蒸馏水并稀释出 1000mL，用 pH 计校正。

（6）溶菌酶晶种　5%溶菌酶溶液10mL，加NaCl 0.5g，滴加1mol/L NaOH溶液调至pH9.5~10.0，溶液置4℃冰箱中，1~2d内溶菌酶晶体即析出。吸滤取得晶体，用冷丙酮洗晶体2次，放置真空干燥器中干燥。

（7）液体培养基　牛肉膏0.5g，氯化钠0.5g，蛋白胨1g，溶于蒸馏水并稀释至100mL。分装于锥形瓶中，高压灭菌15min，备用。

（8）固体培养基　琼脂20g，牛肉膏5g，氯化钠5g，蛋白胨10g，溶于1000mL蒸馏水（加热），分别装于250mL三角瓶中，高压灭菌15min，冷却凝固，备用。

（9）溶壁微球菌　中国科学院微生物研究所提供。

2. 器材

吸管（0.2mL、5.0mL）；烧杯（100mL）；匀浆器；量筒（100mL、50mL）；电子天平；抽滤瓶（500mL）；真空干燥器；纱布；显微镜；分离器；培养箱；恒温水浴锅；可见分光光度计；三角瓶。

【操作方法】

1. 结晶溶菌酶的制备

（1）蛋黄与蛋清分离　将1只新鲜鸡蛋去壳，用分离器将蛋黄与蛋清分离。

（2）蛋清预处理　将蛋清置于小烧杯中（蛋清pH不得低于8.0），慢慢搅拌数分钟，使蛋清稠度均匀，然后用两层纱布滤去卵带或碎蛋壳。

（3）按100mL蛋清加5g氯化钠的比例，向蛋清内慢慢加入氯化钠细粉，边加边搅，促使氯化钠细粉及时溶解，以避免局部浓度过高或沉淀于容器底部，用1mol/L NaOH调节pH至9.5~10.0，随加随搅匀，避免局部过碱。

（4）加入少量溶菌酶结晶作为晶种，4℃放置数天（72~96h达到最高产率）。当观察有结晶形成后，吸取晶液一滴置载玻片上，用100倍显微镜观察。

（5）4000r/min 10min离心收集，0℃丙酮洗涤2次，转移到干燥的研钵中，自然干燥得酶粉。

2. 酶活力测定

（1）底物的制备　将溶壁微球菌接种于斜面培养基上，28℃培养24h，再接种固体平板，28℃ 48h，用蒸馏水将菌洗下离心4000r/min，10min，倾去上清液，沉淀为菌体。加入少量蒸馏水，用玻璃棒搅成悬液，离心，倾去上清液，如此反复洗涤菌体数次（洗涤1次为4000r/min 10min）得到菌体。

（2）底物的配制　加一定量的pH6.2磷酸缓冲液于菌体离心管中，振荡，制成菌悬液，比色测定450nm波长下吸光度，此悬液吸光度应控制在0.5~0.7范围内。

（3）酶液的制备　准确称取干酶粉10mg，用0.1mol/L pH6.2磷酸缓冲液5mL溶解成2mg/mL酶液。用时稀释20倍，则每毫升酶液酶量为100μg。

（4）将酶液和底物悬液分别置25℃水浴中保温10~15min，然后吸底物悬液3.0mL置比色杯中，于450nm波长下读出吸光度，此时为零时读数。然后加入酶液0.1mL（10μg酶），迅速混合，同时用秒表计算时间，每隔30s读一次吸光度，共测5次（120s）。

酶活力单位定义：25℃，pH6.2，波长为450nm时，平均每分钟引起菌悬液吸光率下降0.001的酶量为一个酶活力单位。

$$溶菌酶活力单位(U/mg) = \frac{A_0 - A_1}{m} \times 1000$$

式中　A_0——零时 450nm 处的吸光度；

　　　A_1——1min 时 450nm 处的吸光度；

　　　m——样品的质量，mg；

　　1000——0.001 的倒数，即相当于除以 0.001。

3. 结果处理

（1）绘制观察到的溶菌酶结晶形态。

（2）计算所得溶菌酶的酶活力单位。

【要点提示】

1. 必须避免氯化钠沉于容器底部，否则将因局部盐浓度过高而产生大量白色沉淀。
2. 最初一段时间（30s）因稀释，会有假象，数据不很可靠，因此计算时应取直线部分。

【思考题】

1. 溶菌酶有何用途？除了鸡蛋清外，人体中什么部分也分泌溶菌酶？
2. 你认为还可以选用哪些方法和步骤从鸡蛋清中分离溶菌酶？
3. 分光光度法测定溶菌酶活力的原理是什么？注意事项有哪些？
4. 溶菌酶的特性有哪些？
5. 蛋白质结晶和沉淀的区别是什么？

附录

APPENDIX

一、常用仪器的使用方法

（一）低速离心机的使用

1. 各按键的含义

（1）左移键　数字换位，使数码管闪烁位左移一位。

（2）加减键　使闪烁数字加一或减一。

（3）选择键　选择转速、时间等功能。

（4）记忆键　保存用户设置的数据。

（5）离心键　使离心机开始运转。

（6）停止键　离心机停转，恢复复位状态。

（7）数码管　显示数据或状态。

2. 转速的设定和运转时间的设定

（1）接好电源，打开电源开关，窗口显示设定的时间和转速。

（2）如需调整仪器的运行参数（运行时间和速度），按选择键出现上次设定的工作转速，末位闪烁。

（3）用左移键和加减键，输入需要的工作转速。

（4）必须按记忆键，存下设定的数值。

（5）再按选择键，时间窗口显示上次设定的时间的数值。

（6）用左移键和加减键设定所需工作时间，单位为分钟，工作时间包括加速时间和最高转速时间，但不包括减速时间。

（7）必须按记忆键存下该设定的数值。

（8）按选择键，退出设定。

（9）确保离心机盖门已关好后，按离心键，仪器工作，窗口分别显示剩余时间和实际转速，达到设定时间，降速到0，在数秒后，电子门锁弹开，用手打开盖门，取出样品。

如有需要，在运行中可按停止键，中断机器运转。

3. 注意事项

（1）使用前应检查仪器是否有伤痕、腐蚀、离心管是否有裂纹老化现象，发现疑问应停止使用，实验完毕后，将转头和仪器擦干净，以防试液沾污而产生腐蚀。

（2）离心杯、管必须等量灌注，切不可在转子不平衡状态下运转（切记先在天平上配平）。

（3）不能在塑料盖上放置任何物品，以免影响仪器的使用效果，不能在机器运转过程中或者转子未停稳的情况下打开盖门，以免发生事故。

（4）转速设定不得超过最高转速以保证仪器正常运转。

（5）使用中如出现 00000 或其他数字机器不运转，应关机断电，10s 后重新开机。待显示设定转速后，再按运转键将照常运转。

（6）离心机一次运行最好不要超过 60min。

（7）离心机必须可靠接地，机器不使用请拔掉插头。

（8）如果未能及时打开盖门，可按停止键打开盖门。

（9）如果遇到停电或其他原因自动门锁不能打开，可以用六角扳手将机壳左侧的内六角螺母顺时针旋转 90°，自动门锁就打开。

（二）可见分光光度计

1. 开机预热

仪器在使用前应预热 30min。

2. 波长调整

转动波长旋钮，并观察波长显示窗，调整至需要的测试波长。

注意事项：转动测试波长调 100% T/0A 后，以稳定 5min 后进行测试为好（符合行业标准及质监局检定规程要求）。

3. 设置测试模式

（1）按动功能键便可切换测试模式。相应的测试模式循环如下：开机默认的测试方式为吸光度方式。

（2）光源切换（适用于 752、754、755B 型），仪器在紫外区和可见区使用不同的光源，所以需要波动光源切换杆来手动地切换光源。建议的光源切换波长为 340nm，即 200~339nm 使用氘灯，340~1000nm 使用卤素灯。

注意事项：如果光源选择不正确，或光源切换杆不到位，将直接影响仪器的稳定性。特殊测试要求除外。

4. 比色皿配对性

（1）仪器所附的比色皿是经过配对测试的，未经配对处理的比色皿将影响样品的测试精度。

（2）石英比色皿一套两只，供紫外光谱区使用，置入样品架时，两只石英比色皿上标记 Q 或箭头方向要一致。玻璃比色皿一套四只，供可见光谱区使用。石英比色皿和玻璃比色皿不能混用，更不能和其他不经配对的比色皿混用。

（3）用手拿比色皿应握比色皿的磨砂表面，不应该接触比色皿的透光面，即透光面上不能有手印或溶液痕迹，待测溶液中不能有气泡、悬浮物，否则也将影响样品的测试精度。

比色皿在使用完毕后应立即清洗干净。

5. 调 T 零（0%T）

在 T 模式时，将遮光体置入样品架，合上样品室盖，并拉动样品架拉杆使其进入光路。然后按动"调 0%T"键，显示器上显示"00.0"或"-00.0"，便完成调 T 零，完成调 T 零后，取出遮光体。

注意事项：

（1）测试模式应在透射比（T）模式。

（2）如果未置入遮光体就合上样品室盖，并使其进入光路便无法完成调 T 零。

（3）调 T 零时不要打开样品室盖、推拉样品架。

（4）调 T 零后（未取出遮光体），如切换至吸光度测试模式，显示器上显示为". EL"，需按动"调 0%T"键。

6. 调 100%T/0A

将参比样品置入样品架，并推拉样品架拉杆使其进入光路。然后按动"调 100%T"键，此时屏幕显示"BL"，延时数秒便显示"100.0"（在 T 模式时）或"-.000"（在 A 模式时），即自动完成调 100%T/0A。

注意事项：调 100%T/0A 时不要打开样品室盖、推拉样品架。

7. 吸光度测试

（1）按动功能键，切换至透射比测试模式。

（2）调整测试波长，置入遮光体，合上样品室，并使其进入光路，按动"调%T"键调 T 零，此时仪器显示"00.0"或"-00.0"。完成调 T 零后，取出遮光体。

（3）按动功能键，切换至吸光度测试模式。

（4）置入参比样品，按动"调 100%T"键，此时仪器显示"BL"，延时数秒后便显示"-.000"或".000"。

（5）置入待测样品，读取测试数据。

8. 721 型分光光度计

（1）其波长范围 360~800nm，色散元件为三角棱形。

（2）检查仪器各调节钮的起始位置是否正确，接通电源开关，打开样品室暗箱盖，使电表指针处于"0"位，预热 20min 后，再选择需要的单色光波长和相应的放大灵敏度档，用调"0"电位器调整电表为 T=0%。

（3）盖上样品室盖使光电管受光，推动试样架拉手，使参比溶液池（溶液装入 4/5 高度，置第一格）置于光路上，调节 100%透射比调节器，使电表指针指 T=100%。

（4）重复进行打开样品室盖，调 0，盖上样品室盖，调透射比为 100%的操作至仪器稳定。

（5）盖上样品室盖，推动试样架拉手，使样品溶液池置于光路上，读出吸光度值。读数后应立即打开样品室盖。

（6）测量完毕，取出比色皿，洗净后倒置于滤纸上晾干。各旋钮置于原来位置，电源开关置于"关"，拔下电源插头。

（7）放大器各档的灵敏度为："1"为×1 倍；"2"为×10 倍；"3"为×20 倍，灵敏度依次增大。由于单色光波长不同时，光能量不同，需选不同的灵敏度档。选择原则是在能使参比溶液调到 T=100%处时，尽量使用灵敏度较低的档，以提高仪器的稳定性。改变灵敏度档后，应重新调"0"和"100"。

（三）紫外分光光度计

1. 使用方法

（1）预热仪器　将选择开关置于"T"，打开电源开关，使仪器预热 20 min。为了防止光电管疲劳，不要连续光照，预热仪器时和不测定时应将试样室盖打开，使光路切断。

（2）选定波长　根据实验要求，转动波长手轮，调至所需要的单色波长。

（3）固定灵敏度挡　在能使空白溶液很好地调到"100%"的情况下，尽可能采用灵敏度较低的挡，使用时，首先调到"1"挡，灵敏度不够时再逐渐升高。但换挡改变灵敏度后，须重新校正"0%"和"100%"。选好的灵敏度，实验过程中不要再变动。

（4）调节 T = 0%　轻轻旋动"0%"旋钮，使数字显示为"00.0"（此时试样室是打开的）。

（5）调节 T = 100%　将盛蒸馏水（或空白溶液，或纯溶剂）的比色皿放入比色皿座架中的第一格内，并对准光路，把试样室盖子轻轻盖上，调节透过率"100%"旋钮，使数字显示正好为"100.0"。

（6）吸光度的测定　将选择开关置于"A"，盖上试样室盖子，将空白液置于光路中，调节吸光度调节旋钮，使数字显示为".000"。将盛有待测溶液的比色皿放入比色皿座架中的其他格内，盖上试样室盖，轻轻拉动试样架拉手，使待测溶液进入光路，此时数字显示值即为该待测溶液的吸光度值。读数后，打开试样室盖，切断光路。重复上述测定操作 1~2 次，读取相应的吸光度值，取平均值。

（7）浓度的测定　选择开关由"A"旋至"C"，将已标定浓度的样品放入光路，调节浓度旋钮，使得数字显示为标定值，将被测样品放入光路，此时数字显示值即为该待测溶液的浓度值。

（8）关机　实验完毕，切断电源，将比色皿取出洗净，并将比色皿座架用软纸擦净。

2. 注意事项

（1）为了防止光电管疲劳，不测定时必须将试样室盖打开，使光路切断，以延长光电管的使用寿命。

（2）取拿比色皿时，手指只能捏住比色皿的毛玻璃面，而不能碰比色皿的光学表面。

（3）比色皿不能用碱溶液或氧化性强的洗涤液洗涤，也不能用毛刷清洗。比色皿外壁附着的水或溶液应用擦镜纸或细而软的吸水纸吸干，擦拭干净，以免损伤它的光学表面。

二、常用缓冲液的配制

1. 磷酸缓冲液

（1）磷酸氢二钠 - 磷酸二氢钠缓冲液（0.2 mol/L）

pH	0.2mol/L Na$_2$HPO$_4$/mL	0.2mol/L NaH$_2$PO$_4$/mL	pH	0.2mol/L Na$_2$HPO$_4$/mL	0.2mol/L NaH$_2$PO$_4$/mL
5.8	8.0	92.0	7.0	61.0	39.0
5.9	10.0	90.0	7.1	67.0	33.0
6.0	12.3	87.7	7.2	72.0	28.0
6.1	15.0	85.0	7.3	77.0	23.0
6.2	18.5	81.5	7.4	81.0	19.0
6.3	22.5	77.5	7.5	84.0	16.0
6.4	26.5	73.5	7.6	87.0	13.0
6.5	31.5	68.5	7.7	89.5	10.5
6.6	37.5	62.5	7.8	91.5	8.5
6.7	43.5	56.5	7.9	93.0	7.0
6.8	49.5	50.5	8.0	94.7	5.3
6.9	55.0	45.0			

注：Na$_2$HPO$_4$·2H$_2$O 相对分子质量 = 178.05，0.2mol/L 溶液为 35.61g/L。
Na$_2$HPO$_4$·12H$_2$O 相对分子质量 = 358.14，0.2mol/L 溶液为 71.64g/L。
NaH$_2$PO$_4$·2H$_2$O 相对分子质量 = 156.03，0.2mol/L 溶液为 31.21g/L。

（2）磷酸氢二钠-磷酸二氢钾缓冲液（1/15mol/L）

pH	1/15mol/L Na$_2$HPO$_4$/mL	1/15mol/L KH$_2$PO$_4$/mL	pH	1/15mol/L Na$_2$HPO$_4$/mL	1/15mol/L KH$_2$PO$_4$/mL
4.92	0.10	9.90	7.17	7.00	3.00
5.29	0.50	9.50	7.38	8.00	2.00
5.91	1.00	9.00	7.73	9.00	1.00
6.24	2.00	8.00	8.04	9.50	0.50
6.47	3.00	7.00	8.34	9.75	0.25
6.64	4.00	6.00	8.67	9.90	0.10
6.81	5.00	5.00	8.18	10.00	0
6.98	6.00	4.00			

注：Na$_2$HPO$_4$·2H$_2$O 相对分子质量 = 178.05，1/15mol/L 溶液含 11.876g/L。
KH$_2$PO$_4$ 相对分子质量 = 178.05，1/15mol/L 溶液含 9.078g/L。

2. 磷酸氢二钠 – 柠檬酸缓冲液

pH	0.2mol/L Na$_2$HPO$_4$/mL	0.1mol/L 柠檬酸/mL	pH	0.2mol/L Na$_2$HPO$_4$/mL	0.1mol/L 柠檬酸/mL
2.2	0.40	19.60	5.2	10.72	9.28
2.4	1.24	18.76	5.4	11.15	8.85
2.6	2.18	17.82	5.6	11.60	8.40
2.8	3.17	16.83	5.8	12.09	7.91
3.0	4.11	15.89	6.0	12.63	7.37
3.2	4.94	15.06	6.2	13.22	6.78
3.4	5.70	14.30	6.4	13.85	6.15
3.6	6.44	13.56	6.6	14.55	5.45
3.8	7.10	12.90	6.8	15.45	4.55
4.0	7.71	12.29	7.0	16.47	3.53
4.2	8.28	11.72	7.2	17.39	2.61
4.4	8.82	11.18	7.4	18.17	1.83
4.6	9.35	10.65	7.6	18.73	1.27
4.8	9.86	10.14	7.8	19.15	0.85
5.0	10.30	9.70	8.0	19.45	0.55

注：Na$_2$HPO$_4$·2H$_2$O 相对分子质量 = 178.05，0.2mol/L 溶液为 35.61g/L。
Na$_2$HPO$_4$·相对分子质量 = 141.98，0.2mol/L 溶液为 28.40g/L。
柠檬酸相对分子质量 = 210.14，0.1mol/L 溶液为 21.01g/L。

3. 柠檬酸 – 柠檬酸钠缓冲液（0.1mol/L）

pH	0.1mol/L 柠檬酸/mL	0.1mol/L 柠檬酸钠/mL	pH	0.1mol/L 柠檬酸/mL	0.1mol/L 柠檬酸钠/mL
3.0	18.6	1.4	5.0	8.2	11.8
3.2	17.2	6.8	5.2	7.3	12.7
3.4	16.0	4.0	5.4	6.4	13.6
3.6	14.9	5.1	5.6	5.5	14.5
3.8	14.0	6.0	5.8	4.7	15.3
4.0	13.1	6.9	6.0	3.8	16.2
4.2	12.3	7.7	6.2	2.8	17.2
4.4	11.4	8.6	6.4	2.0	18.0
4.6	10.3	9.7	6.6	1.4	18.6
4.8	9.2	10.8			

注：柠檬酸相对分子质量 = 210.14，0.1mol/L 溶液为 21.01g/L。
柠檬酸钠相对分子质量 = 294.12，0.1mol/L 溶液为 29.41g/L。

4. Tris-盐酸缓冲液（0.05mol/L，25℃）

50mL 0.1mol/L 三羟甲基氨基甲烷（Tris）溶液与 XmL 0.1mol/L 盐酸混匀后，加水稀释至 100mL。

pH	X/mL	pH	X/mL
7.10	45.7	8.10	26.2
7.20	44.7	8.20	22.9
7.30	43.4	8.30	19.9
7.40	42.0	8.40	17.2
7.50	40.3	8.50	14.7
7.60	38.5	8.60	12.4
7.70	36.6	8.70	10.3
7.80	34.5	8.80	8.5
7.90	32.0	8.90	7.0
8.00	29.2		

注：Tris 相对分子质量 = 121.14，0.1mol/L 溶液为 12.114g/L。

5. 磷酸二氢钾-氢氧化钠缓冲液（0.05mol/L）

XmL 0.2mol/L KH_2PO_4 + YmL NaOH 加水稀释至 20mL。

pH（20℃）	X/mL	Y/mL	pH（20℃）	X/mL	Y/mL
5.8	5	0.372	7.0	5	2.963
6.0	5	0.570	7.2	5	3.500
6.2	5	0.860	7.4	5	3.950
6.4	5	1.260	7.6	5	4.280
6.6	5	1.780	7.8	5	4.520
6.8	5	2.365	8.0	5	4.680

6. 乙酸-乙酸钠缓冲液（0.2mol/L）

pH（18℃）	0.2mol/L NaAc/mL	0.2mol/L HAc/mL	pH（18℃）	0.2mol/L NaAc/mL	0.2mol/L HAc/mL
3.6	0.75	9.25	4.8	5.90	4.10
3.8	1.20	8.80	5.0	7.00	3.00
4.0	1.80	8.20	5.2	7.90	2.10
4.2	2.65	7.35	5.4	8.60	1.40
4.4	3.70	6.30	5.6	9.10	0.90
4.6	4.90	5.10	5.8	9.40	0.60

注：NaAc·$3H_2O$ 相对分子质量 = 136.09，0.2mol/L 溶液为 27.22g/L。
HAc 相对分子质量 = 60.05，0.2mol/L 溶液为 12.01g/L。

7. 甘氨酸–盐酸缓冲液（0.05mol/L）

XmL 0.2mol/L 甘氨酸 + YmL 0.2mol/L HCl 加水稀释至200mL。

pH（20℃）	X/mL	Y/mL	pH（20℃）	X/mL	Y/mL
2.2	50	44.0	3.0	50	11.4
2.4	50	32.4	3.2	50	8.2
2.6	50	24.2	3.4	50	6.4
2.8	50	16.8	3.6	50	5.0

注：甘氨酸相对分子质量=75.07，0.2mol/L 甘氨酸溶液含15.01g/L。

8. 邻苯二甲酸钾–盐酸缓冲液（0.05mol/L）

XmL 0.2mol/L 邻苯二甲酸钾 + YmL 0.2mol/L HCl，再加水稀释至20mL。

pH（20℃）	X/mL	Y/mL	pH（20℃）	X/mL	Y/mL
2.4	5	3.960	3.2	5	1.470
2.6	5	3.295	3.4	5	0.990
2.8	5	2.642	3.6	5	0.597
3.0	5	2.022	3.8	5	0.263

注：邻苯二甲酸钾相对分子质量=204.23，0.2mol/L 邻苯二甲酸钾溶液含40.5g/L。

9. PBS 缓冲盐（磷酸盐生理盐水缓冲液）

pH	7.6	7.4	7.2	7.0
H_2O/mL	1000	1000	1000	1000
NaCl/g	8.5	8.5	8.5	8.5
Na_2HPO_4/g	2.2	2.2	2.2	2.2
NaH_2PO_4/g	0.1	0.2	0.3	0.4

三、实验室常用酸碱的相对密度和浓度

名称	分子式	相对分子质量	相对密度	质量浓度/%	物质的量浓度/（mol/L）	配制1mol/L溶液加入量/（mL/L）
盐酸	HCl	36.5	1.19	36.5	12.0	84
硫酸	H_2SO_4	98.1	1.84	95.6	18.0	55.6
硝酸	HNO_3	63.02	1.42	70.98	16.0	63
乙酸	CH_3COOH	60.05	1.05	99.5	17.4	159.5
冰乙酸	CH_3COOH	60.05	1.05	36	6.27	57.5
磷酸	H_3PO_4	80	1.69	85.0	18.1	55.2
氨水	NH_4OH	35.0	0.90	27	14.8	67.6
高氯酸	$HClO_4$	100.5	1.67	70	11.65	85.8